全国重点地区农作物种质资源调查

高爱农　胡小荣　姜淑荣　等　著

中国农业科学技术出版社

图书在版编目(CIP)数据

全国重点地区农作物种质资源调查 / 高爱农等著. —北京：中国农业科学技术出版社，2019. 12

ISBN 978-7-5116-4471-8

Ⅰ. ①全… Ⅱ. ①高… Ⅲ. ①作物-种质资源-资源调查-中国 Ⅳ. ①S329. 2

中国版本图书馆 CIP 数据核字(2019)第 246423 号

责任编辑 崔改泵
责任校对 贾海霞

出 版 者 中国农业科学技术出版社
北京市中关村南大街 12 号 邮编：100081
电　　话 (010) 82109194 (编辑室) (010) 82109702 (发行部)
(010) 82109709 (读者服务部)
传　　真 (010) 82106650
网　　址 http://www.castp.cn
经 销 者 各地新华书店
印 刷 者 北京建宏印刷有限公司
开　　本 787 mm×1 092 mm 1/16
印　　张 23. 25
字　　数 552 千字
版　　次 2019 年 12 月第 1 版 2019 年 12 月第 1 次印刷
定　　价 150. 00 元

《全国重点地区农作物种质资源调查》
著　者　名　单

主　著：高爱农　中国农业科学院作物科学研究所

胡小荣　中国农业科学院作物科学研究所

姜淑荣　中国农业科学院作物科学研究所

著　者：魏利青　中国农业科学院作物科学研究所

徐福荣　云南省农业科学院生物技术与种质资源研究所

马晓岗　青海省农林科学院作物育种栽培研究所

吉万全　西北农林科技大学农学院

前　　言

众所周知，种质资源是一切生命科学和生物产业的根本与基础。离开种质资源，所有的生命科学研究及其产业都将成为无米之炊。如何有效保护种质资源，对于在这场“资源战争”中抢得有利位置并最终占据制高点、维护国家和民族根本利益乃至实现中华民族的伟大复兴具有极其重要的战略意义。

中国作物种质资源的丰富性和独特性举世公认，因此，充分利用现代先进的技术，系统研究我国的特有材料，发掘一大批新的功能基因，能够解决作物生理、遗传、育种等重大基础理论和生产实践问题，同时，可以培养一批杰出的专业人才，最终实现全面提升我国科技创新能力，为实现我国农作物种质资源由数量型收集向质量型保存与利用转变，由资源大国向资源强国转变奠定基础。

本研究针对我国农作物种质资源分布具有代表性的重点地区，以粮、棉、油等主要农作物及其野生近缘种种质资源为主，重点调查资源的分布、保护和利用情况，收集珍稀、特有、优异以及濒危物种资源，并对调查收集的资源进行编目。在此基础上，评估我国粮、棉、油等主要农作物种质资源的演变规律，编制我国重点保护农作物物种资源目录，并提出我国农作物种质资源收集、保护、研究、利用与能力建设需求等方面的对策建议。

在农作物种质资源收集整理方面，中国农业科学院作物科学研究所牵头已做了大量工作。对我国10个中期库保存的48.1万份和43个多年生圃中保存的6.7万份农作物种质资源按照保存库（圃）名称、作物名称、物种学名（科、属、种、亚种的中文和拉丁文名称）、属性、物种濒危等级、原产地、保护保存现状、主要经济用途和价值（用途和价值）等条目编写，完成了490 362份农作物种质资源的编目。侧重物种濒危等级、原产地、保护现状和主要经济用途和价值等，便于全面了解物种的濒危等级和保护现状，为领导和管理部门的决策提供科学依据。编目的物种资源分属78科，256属，2 114个种（不含花卉和药用植物）。比较全面地将我国现阶段保存于国家10个中期库的48.1万份和43个多年生圃中的6.7万份农作物种质资源进行了整理，基本反映了我国物种资源保存工作的现状。有助于了解我国的物种资源本底，为充分合理利用资源、交流信息、资源共享等奠定了坚实的基础。

在物种资源的编目中，突出了对我国物种资源的濒危等级和保护现状的评估，这有助于了解我国物种资源的濒危和保护现状，为物种资源的保护和管理决策提供科学依据。完成的编目有《物种资源编目》《中国农作物种质资源编目》和《中国重点保护农作物物种资源目录》。

对重点地区的主要农作物种质资源进行调查收集。主要调查收集了分布于陕西省种质资源，重点涵盖珍稀、特有、优异以及濒危物种资源；调查收集云南少数民族聚居区主要农作物种质资源，云南西双版纳傣族自治州、德宏傣族景颇族自治州、红河哈尼族彝族自治州、普洱市、怒江州、迪庆藏族自治州和临沧市等地区的少数民族聚居区地方传统的作物品种资源；调查收集青海省黄南藏族自治州、果洛藏族自治州、玉树藏族自治州、海南藏族自治州等三江源地区主要农作物种质资源，主要涵盖少数民族聚居区地方传统的作物品种资源。对调查收集的种质资源整理，并入国家中期库保存。按照生态环境部的要求格式，对收集的主要农作物种质资源进行编目。在重点地区共收集农作物种质资源 2 351 份并进行了编目。

著　者

2019 年 8 月

目　　录

1　重点地区主要农作物种质资源编目

1.1　种质库种质资源编目

首先对我国10个中期库保存的48.1万份农作物种质资源按照保存库名称、作物名称、物种学名（科、属、种、亚种的中文和拉丁文名称）、保存份数（已编目份数、待编目份数）、保存类型、资源类型、研究现状、繁殖更新状况（已更新份数、待更新份数）、应用状况等条目编写。侧重资源的保存份数、保存类型、研究现状、繁种更新情况以及应用状况等，方便实际操作和使用。

同时，按照原环境保护部要求的统一格式，对我国10个中期库保存的48.1万份农作物种质资源按照保存库名称、作物名称、物种学名（科、属、种、亚种的中文和拉丁文名称）、属性、物种濒危等级、原产地、保护保存现状、主要经济用途和价值（用途和价值）等条目编写。侧重物种濒危等级、原产地、保护现状和主要经济用途和价值等，内容比较概括，便于全面了解物种的濒危等级和保护现状，利于领导和管理部门的决策。

1.2　国家种质圃种质资源编目

对我国43个多年生圃中保存的6.7万份农作物种质资源按照保存圃名称、作物名称、物种学名（科、属、种、亚种的中文和拉丁文名称）、保存份数（已编目份数、待编目份数）、保存类型、资源类型、研究现状、繁殖更新状况（已更新份数、待更新份数）、应用状况等条目编写。侧重资源的保存份数、保存类型、研究现状、繁种更新情况以及应用状况等，方便实际操作和使用。

同时，按照原环境保护部的统一格式，对我国43个多年生圃中保存的6.7万份农作物种质资源按照保存圃名称、作物名称、物种学名（科、属、种、亚种的中文和拉丁文名称）、属性、物种濒危等级、原产地、保护保存现状、主要经济用途和价值（用途和价值）等条目编写。侧重物种濒危等级、原产地、保护现状和主要经济用途和价值等，内容比较概括，便于全面了解物种的濒危等级和保护现状，利于领导和管理部门的决策。

1.3　编目本底调查报告

完成《中国农作物种质资源编目本底调查报告》，该《报告》按照保存库（圃）名称、作物名称、物种学名（中文、拉丁文）、保存份数、保存类型、资源类型、研究现状、繁殖更新状况、应用状况等条目编写。我国农作物种质资源目前主要保存于2个国家长期库、10个中期库和43个多年生圃中。

1.4 重点地区收集资源编目

研究中对重点地区调查和收集的重要农作物种质资源进行详细的整理并编目，编有《陕西省主要农作物种质资源调查收集目录》《云南省主要农作物种质资源调查收集目录》《青海省主要农作物种质资源调查及编目》。收集资源并详细整理后共编目2 351份。

收集分布于陕西省种质资源1 019份（居群），重点涵盖珍稀、特有、优异以及濒危物种资源，并编目，入国家中期库、国家圃或植物园保存。编写《陕西省主要农作物种质资源调查报告》和《陕西省主要农作物种质资源调查收集目录》。

对云南省少数民族聚居地区主要农作物种质资源进行调查、收集。对云南省具有代表性的少数民族聚居地区的农作物种质资源进行调查并收集。主要调查收集了红河哈尼族彝族自治州（简称红河州，下同）、西双版纳傣族自治州（简称西双版纳州，下同）、德宏傣族景颇族自治州（简称德宏州，下同）、普洱市、怒江（傈僳族自治）州（简称怒江州）、迪庆藏族自治州（简称迪庆州，下同）和临沧市等地区的主要农作物种质资源，并对调查收集的种质资源整理，并入国家中期库保存。按照原环境保护部的要求格式，对收集的主要农作物种质资源进行编目。编写《云南省主要农作物种质资源调查收集目录》，共编入757份。完成《云南省主要农作物种质资源调查报告》等技术报告。

对青海省黄南藏族自治州（简称黄南州，下同）、果洛藏族自治州（简称果洛州，下同）、玉树藏族自治州（简称玉树州，下同）、海南藏族自治州（简称海南州，下同）等三江源地区主要农作物种质资源进行调查。收集青海省黄南州、果洛州、玉树州、海南州等三江源地区主要农作物种质资源575份，并入国家中期库保存；完成《青海省主要农作物种质资源调查报告》和《青海省主要农作物种质资源调查收集目录》。

1.5 物种资源编目成果评估

本次编目的物种资源分属78科，256属，2 114个种（不含花卉和药用植物），比较全面地将我国现阶段保存于国家10个中期库的43.8万份和43个多年生圃中的6.7万份农作物种质资源进行了整理，完成了490 362份农作物种质资源的编目，基本反映了我国物种资源保存工作的现状，有助于了解我国的物种资源本底，为充分合理利用资源、交流信息、资源共享等奠定了坚实的基础。

在物种资源的编目中，突出了对我国物种资源的濒危等级和保护现状的评估，这有助于了解我国物种资源的濒危和保护现状，为物种资源的保护和管理决策提供科学依据。

2 重点地区主要农作物种质资源野外调查

对重点地区的主要农作物种质资源进行调查收集，并对种质资源的分布范围、分布程度、生物学特性、生存环境（海拔、经纬度、土壤、伴生植物等）、生存状况、危害因素、保护与利用情况进行详细调查。

收集分布于陕西省的种质资源 1 000 份（居群），重点涵盖珍稀、特有、优异以及濒危物种资源，并编目。编写《陕西省主要农作物种质资源调查报告》《陕西省主要农作物种质资源调查收集目录》等技术报告。

收集云南省少数民族聚居地区地方传统的作物品种资源 500~600 份，并入国家中期库保存。编写《云南少数民族地区农作物种质资源与民族文化和传统知识相互关系的调查报告》《云南少数民族地区主要农作物种质资源调查收集目录》。

调查收集青海省三江源地区主要农作物种质资源的分布、保护与利用状况。收集主要农作物种质资源 600~800 份，对其进行编目并入国家中期库保存。编写《青海省三江源地区主要农作物种质资源调查报告》《青海省三江源地区主要农作物种质资源目录》等技术报告。

围绕“过去曾经有过什么、现在还有什么、未来还能留下什么”的资源变化与保护的核心问题，对陕西省和青海省种植的粮、棉、油等主要农作物资源变化情况进行详细普查，为制定科学、合理的保护与利用策略提供准确的基础数据。

濒危、特异资源调查收集：在对陕西省、云南省和青海省的主要农作物资源进行详细调查的基础上，收集濒危、特异资源 50~60 份。特异资源共包括三类：一类是与该民族生存、发展密切相关的品种资源，另一类是该地区特有的品种资源，第三类是在品质、抗逆性等方面特别优异的农作物品种资源。

对调查收集的部分珍惜资源、特异资源的可利用性从表现型和生理生化水平进行鉴定评价，阐明其保护与利用的价值。这项工作为今后的资源保护和利用提供了科学依据。

2.1 调查方案

2.1.1 落实项目方案和技术培训计划

为了做好本次资源调查收集工作，结合实际采取了先培训后调查的做法，使全体参加考察收集的工作人员的业务水平有了很大提高，对考察收集工作具有很好的指导作用。尤其在分布状况、濒危程度、多样性和特异性程度、利用价值等四个方面对资源考察工作者起到了积极的促进作用。

2.1.2 确定调查内容

主要围绕地方传统作物品种资源，调查搜集该品种的农艺性状、品质、产量、抗病虫性、抗旱、耐寒、耐贫瘠等抗逆性，以及该品种的功用、食用方式、保健与药用价值，种植年限，保存方式及其民族生物学知识等。对实地调查获得分布于该地区的农作物（植物）种质资源有关资料进行详细记载并综合分析。

有关资料包括地理系统：地形、地貌、海拔、经纬度、气温、地温、年降水量等；生态系统：土壤、植被类型、植被覆盖率等；植物学：物种种类、分布状况、伴生植物、生长发育及繁殖习性、极端生物学特性等；民族生物学：当地居民对分布植物的认知、利用和危害程度等。

2.1.3 制定科学的取样原则

在考察收集中严格按照确定的实施方案与收集、取样策略进行。具体工作原则如下。

第一，准确、科学地描述品种资源的生存状况及其多样性。

第二，获得新发现、新结论、新亮点。也就是说在普通收集的基础上，按不同的民族、不同的地区抓住重点，认真调查总结。

第三，避免一叶障目。

具体做法如下。

采集点的确定：在考察区（点）首先观察记录生态环境、物种的分布状况如何及居群的基本状况，根据实际情况确定采集点。

对不同物种（作物或作物品种）无论生态环境和分布状况，均应设置采样点，并实施采样。采样必须遵循以下几个原则：不使原有居群、植被、生态环境和生态系统遭受破坏；随机抽样尽可能少的样本；抽取的样本代表了原居群的基因库或基因分布频率>85%；忠实、详尽地记录原始数据。

对同一物种（作物或品种）应视生态环境的不同，设置不同的采集点；分布于相同生态环境条件下的同一物种（作物）应根据用途不同选择不同的采样方法。

◆ 准备用作保存或一般性研究

分大居群种或优势种或自交种间隔 50km 设置一采样点。小居群种或伴生种或异交种间隔 100~150km 设置一采样点，如果同一品种出现阴坡、阳坡不同，土壤不同，植被不同，湿度不同，则各设置一个采样点。

对于异花授粉作物或该作物是采集点的大居群种或优势种，至少应在 500~1 500m^2 的范围内，随机采集 100 个样品或从 100 株植株收获种子。对于自花授粉作物或该作物是采集点的小居群或伴生种，至少应在 500~1 000m^2 范围内，随机采集 20 个样品或从 20 个植株上收获种子。每一个居群（作物品种）的样品无论是混合还是分收都只能有一个采集号或编号（相当于种质资源中的 1 份），不能分别编号。

◆ 准确用作遗传、分类或分子生物学等研究

取样策略为：采样只能将被认定的有用单株、单穗甚至单粒单收分装。注意：一定

要单收分装。

通俗的做法：每到一个考察点，如遇到同一品种（物种）连片种植有一定的面积的则用上述方法。如果遇到同一品种（物种）只有一块田甚至更少时则可采用通常的方法，即一块田四个角（离田埂2m左右）和田的正中央各取1个样点共5个分布点，此时要根据时间和人力的情况，提前确定好在田间地头记载哪些项目，而有些项目可在晚上或下雨天在室内调查。

摄像、照相：在无特殊情况下，每采样点所收集的任何材料都必须摄制该采样点的生境、伴生植物、土壤、收集样品的全景和特景影像。

标本：标本是校对和历史的见证。在无特殊情况下，都必须制作1~2个相应材料的典型、完整的标本。标本的标签必须注明：采集编号、采集地点、分布状况、生境、海拔、伴生植物（如果不能识别的可采标本回来鉴定）属或种、采集人、采集时间等。

2.2 重点物种资源实地调查及成果

2.2.1 陕西省主要农作物种质资源调查

陕西省是一个自然地带结构复杂、生态多样的省份。地处中国内陆腹地、黄河中游，处于北纬31°43′~39°34′与东经105°29′~111°14′之间，跨纬度7°51′、经度5°45′。南北长约870km，东西宽200~500km，状似袋形，面积205 603km^2，约占全国国土总面积的2.14%。位于中国的中纬度地带，兼跨温带、暖温带和北亚热带三个气候带，成为中国自然地带结构最复杂的省份。在地理位置上，陕西是黄河中游偏东靠南的省份。陕西地理位置由于处于内陆的特点，使陕西在中国从东南湿润区域到西北干旱区域，从东部森林区域到西北草原、荒漠区域，从东部农业区到西北农牧区之间起着过渡带的作用。陕西地貌的总特点是南部、北部高，中部低。全省有秦岭、乔山横贯东西，把境内分为陕北、关中、陕南三大自然区。从南向北，依次由山、川、塬组成，地貌分区明显，类型复杂。位于凤翔、铜川、韩城一线以北是著名的黄土层覆盖的陕北高原，海拔一般为800~1 300m，约占全省土地总面积的45%，基本地貌类型有黄土塬、梁、峁、沟、壑、石质山地和河流谷地，长城沿线以北是风沙地形、属毛乌素沙漠，煤资源丰富，牧业较为发达。关中平原东起潼关，西至宝鸡，东西长约300km，宽30~80km，一般海拔325~800m，约占全省土地总面积的19%，号称“八百里秦川”，土壤肥沃，物产富饶，农产品众多。基本地貌类型是河流阶地和黄土台塬。陕南包括秦岭、大巴山和夹于两山之间的汉水谷地。海拔一般在1 200~2 500m，约占全省土地总面积的36%，是陕西农林特产的宝库。

按照作物收获季节的不同，工作组分3次对陕西省的陕北、关中、陕南的41个县市进行了实地调查收集，占全省县市近40%，具有广泛代表性。按照各地主要农作物分布状况的不同，主要调查了陕北的神木、府谷、靖边、定边、吴旗、安塞、子长、佳县、米脂、绥德、清涧、延长、延安、洛川、黄龙、富县等16个县市；关中的华阴、华县、渭南、大荔、阎良、富平、武功、杨凌、岐山、扶风、陇县、千阳等12个县市；

陕南的汉中、南郑、城固、洋县、西乡、镇巴、紫阳、镇安、安康、山阳、丹凤、商南、商洛等13个县市。

具体调查收集方法。首先将作物分成大类，以陕西省审定品种为主线，按照品种系谱扩展搜集资源，同时搜集当地特有的、创新的种质资源，按类别分类收集、整理、鉴定。由种子管理、作物育种方面的专家组成作物资源调查收集的专业队伍，重点是对分布于陕西省的谷类作物（包括小麦、玉米、水稻、粟、黍稷、大麦、燕麦、高粱、荞麦）、豆类作物（包括大豆、小豆、绿豆、蚕豆、豌豆、豇豆、小扁豆、鹰嘴豆、刀豆、芸豆）、薯类作物（包括甘薯、马铃薯）、油料作物（包括油菜、花生、芝麻、向日葵、胡麻）等26种作物及原产于陕西的野生近缘种种质资源的分布程度、分布范围、生物学特性、生存环境（海拔、经纬度、土壤、伴生植物等）、生存状况、危害因素、保护与利用情况等进行系统的调查。重点是放在主要农作物的推广品种、农家品种、特殊类型上。在深入调查的基础上，收集这些种质资源，重点涵盖珍稀、特有、优异以及濒危物种资源，并编目。所收集资源在无特殊情况下，每一采集点所收集的任何材料，制作一个相应材料的完整标本，拍摄相应照片，记录所处的生存环境（海拔、经纬度、土壤、伴生植物等）。

经过对各地的调查和野外实地考察，共搜集到主要农作物种质资源1 019份（居群），较好地完成了项目计划规定的任务。其中，普通小麦464份、硬粒小麦2份、玉米99份、水稻23份、豆类作物19份、薯类作物25份、油料作物56份、纤维作物14份，小麦野生近缘植物195个居群、野生大豆12个居群、野生燕麦51个居群。并压制标本476个。

另外还收集到一批特异种质：在收集的谷类作物中，有小麦抗条锈病种质20个、小麦抗白粉病种质23个、小麦抗赤霉病种质2个、小麦优质种质32个、大穗种质16个；彩色玉米种质8个、甜型玉米8个、糯质玉米种质10个；清涧软糜子1个。在收集的薯类作物中，高淀粉甘薯1个、高蛋白甘薯2个，彩色系列马铃薯12个。在收集的油料作物中，含有相异不育基因的油菜不育系6个（以及对应的保持系）、早熟油菜种质12个、双低油菜25个。

本次调查收集到一批珍稀资源，填补了目前保存资源类型的空白。如清涧软糜子（1份）、彩色系列马铃薯（12份）等。

（1）未编目的推广品种（主要是近年来审定的品种）。“九五”以来，陕西省先后审定各类农作物新品种90个，谷类作物71个（包括小麦28个、玉米26个、水稻7个、糜子1个、谷子5个、大麦1个、高粱1个、荞麦2个）、豆类作物2个（大豆2个）、甘薯1个、油料作物14个（包括油菜11个、芝麻1个、油葵1个、胡麻1个）。

（2）未编目的优异性状的高代品系或种质。各类农作物新种质（新品系）644个，其中谷类作物551个（包括小麦438个、玉米73个、水稻16个、糜子3个、大麦7个、高粱6个、荞麦7个）、豆类作物17个（包括大豆10个、小豆2个、绿豆1个、豇豆1个、芸豆3个）、薯类作物24个（包括甘薯12个、马铃薯12个）、油料作物42个（包括油菜27个、芝麻3个、油葵12个）、纤维作物8个（包括大麻1个、苘麻1个、棉花6个）

在征集的谷类作物中，有小麦抗条锈病种质20个、小麦抗白粉病种质23个、小麦抗赤霉病种质2个、小麦优质种质32个、大穗种质16个；彩色玉米种质8个、甜型玉米8个、糯质玉米种质10个；水稻23个、清涧软糜子1个、谷子5个、大麦8个、高粱6个、荞麦9个。

在征集的薯类作物中，高淀粉甘薯1个、高蛋白甘薯2个，彩色系列马铃薯12个。

在征集的油料作物中，含有相异不育基因的油菜不育系6个（以及对应的保持系）、早熟油菜种质12个、双低油菜25个。

（3）未编目的野生和近缘植物。原产于陕西的小麦近缘野生种的分布程度、分布范围、生物学特性、生存环境（海拔、经纬度、土壤、伴生植物等）、生存状况、危害因素、保护与利用情况等进行了系统的调查和整理，共收集到小麦近缘野生植物285个居群，见附件三。

主要物种包括冰草（*A. cristatum*）、蒙古冰草（*A. mongolicum*）、肥披碱草（*E. excelscus*）、老芒麦（*E. sibiricus*）、紫野大麦（*H. violaceum*）、赖草（*L. secalinus*）、华山新麦草（*Ps. huashanica*）、纤毛鹅观草（*R. ciliaris*）、五龙山鹅观草（*R. hondai*）、鹅观草（*R. kamoji*）、大肃草（*R. stricta* f. *major*）、多秆鹅观草（*R. multiculmis*）、肃草（*R. stricta*）、野生大豆（*G. soja*）、野燕麦（*A. fatua*）、节节麦（*Ae. tauschii*）

小麦近缘野生植物冰草（*A. cristatum*）和蒙古冰草（*A. mongolicum*）在陕北定边县的黄土台塬、坡地零星分布；肥披碱草（*E. excelscus*）在榆林地区的绥德、米脂、横山等县的滩涂、沟边呈片状或零星分布；老芒麦（*E. sibiricus*）在延安的南泥湾零星分布；紫野大麦（*H. violaceum*）在靖边县零星分布；赖草（*L. secalinus*）在靖边和定边的公路边与台塬坡地呈片状分布；华山新麦草（*Ps. huashanica*）在秦岭北麓华山段（东起华阴市蒲峪、西止华县高塘镇的东涧峪，北起华山脚下的玉泉院、南止港子村，面积约10km^2）；纤毛鹅观草（*R. ciliaris*）、五龙山鹅观草（*R. hondai*）、鹅观草（*R. kamoji*）、多秆鹅观草（*R. multiculmis*）在陕西从榆林的北部一直到安康的南部到处呈零星分布；野燕麦（*A. fatua*）在陕西从榆林的北部一直到安康的南部到处呈零星分布；节节麦（*Ae. tauschii*）在陕西杨凌呈零星分布。

野生大豆在陕西省主要发现于安康市的平利县、镇坪县、岚皋县、旬阳县、镇安县、柞水县、石泉县、洋县、宁陕县，商洛地区的商南县、商州区，延安市的黄龙等县区沟坡与河谷地带，呈片状和零星分布。原来广泛分布的陕北黄芥和臭芥仅仅在靖边县的黄渠则和席麻湾乡油坊庄零星种植。

2.2.2 云南省少数民族聚居地区主要农作物种质资源调查收集

云南省是中国少数民族种类最多、民族自治地方最多和特有民族最多的省份。云南少数民族人口约为1 500万人，约占全省总人口1/3，占全国少数民族总人口1/6。云南有25个世居少数民族居住在全省70%的土地上，其中有16个民族跨境而居，15个民族为云南省所特有。该区域是现今世界上农业生物多样性最丰富，且保存最完好的地区之一。

（1）在云南省所选择的调查地区。云南省的种质资源具有独特性和重要性，围绕云南特有民族开展农作物种质资源为主的相关系统调查研究具有开创性。在普查的基础上系统调查了 7 个州（市）12 个县 35 个乡 81 个村，分别是德宏州的潞西市（现芒市）、梁河县，怒江州的贡山县，迪庆州的维西县，临沧市的耿马县、沧源县，普洱市的墨江县、澜沧县、西盟县、孟连县，西双版纳的景洪市、红河州的元阳县。

以上调查范围基本代表了云南傣族（云南省独有，跨境而居的少数民族，是一个农耕民族）、哈尼族（云南省独有，跨境而居的少数民族）、独龙族（云南省独有，全国最后一个通电通公路的少数民族）、佤族（云南省独有，跨境而居的少数民族）、基诺族（云南省独有少数民族）、布朗族（云南省独有少数民族）地区作物种质资源状况、分布、多样性及濒危程度等。所选择的 6 个民族在云南省具有独特性和重要性，围绕这 6 个民族开展作物种质资源为主的相关系统调查研究具有开创性。

傣族和哈尼族都是云南特有和跨境而居。傣族世代生活在热带、亚热带气候的肥沃富饶的坝区，主要聚居在西双版纳傣族自治州、德宏傣族景颇族自治州的河谷坝区，人口为 102.513 万人（1990 年）。哈尼族多居于半山区或边远山区，主要分布于云南省元江和澜沧江之间，主要聚居于红河哈尼族彝族自治州的红河南岸、墨江哈尼族自治县等，人口为 125.395 万人（1990 年）。傣族和哈尼族都是云南省的主体少数民族，傣族和哈尼族分别代表坝区与山地农业的地方传统作物种质资源、种植的作物种类、传统耕作方式、传统饮食习惯及民族生物学等特征，这两个民族又居住在中缅、中老边境，该区域是现今世界上农业生物多样性最丰富和保存最完好的地区之一。因此，选择傣族、哈尼族作为云南少数民族地区主要作物种质资源调查收集的目标民族，在云南省具有较强的代表性。

（2）本项研究具有重大意义和创新性，受到了各级领导、种质资源相关技术人员和社会各界的高度重视，工作的开展引起了较好的社会反响。

在云南省少数民族（傣族、哈尼族）地区开展主要农作物种质资源调查收集研究，旨在查清云南傣族、哈尼族等少数民族地区主要农作物种质资源的分布、保存与濒危状况，为制订科学、可行的收集、保护、研究和利用方案提供重要依据。该项研究工作得到了有关领导及社会各界相关方面的高度重视。包括原环境保护部，中国农业科学院，中央民族大学，云南省农业科学院，云南省相关地（州）、县（市）农业局、农科所、乡（镇）农业综合服务站、村委会等的各级领导、专家和技术人员，也得到了有关农户的积极支持与配合。2006 年 7 月 9 日，原环境保护部生物多样性处、中国农业科学院作物科学研究所、中央民族大学、北京大学等单位的领导与专家一行 6 人就云南项目组织实施进行深入实地的培训、指导和前期检查等。云南省农业科学院的有关领导和专家作为该项目技术负责和总协调直接参与到项目中。各相关地（州）、县（市）等农业行政部门专门行文，如德宏州于 2006 年 7 月 11 日以德农通字〔2006〕66 号文件下发各县市农业局和州直相关单位。各县市也成立了相应的领导机构，并以潞农发〔2006〕24 号、梁农字〔2006〕16 号文件，下发相关单位，并上报州农业局。主管农业的行政领导挂帅，农业科技部门负责，各相关人员积极参与，各地都把该项工作作为大事要事来抓、来落实。原德宏州潞西市种子管理站站长肖庆昆同志是一位从事种子工作 30 多年的老同志，对潞西市地方品种极为熟悉，被当地农业界称为“地方品种的活地图”。

当他看到当年9月就从全德宏州调查收集到80多份地方种质资源时，感慨地说："想不到你们现在还能找到这么多老品种，你们的工作很了不起，你们给后人留下的不仅仅是这些资源，更是一种对社会、对国家、对人类负责任的表现"。

（3）本项研究采用多学科、多方共同参与的组织方式，实施过程中重视培训和制订统一的规范，使调查研究结果具有科学性。

本项目的调查收集研究队伍由来自中国农业科学院作物科学研究所的李立会研究员、高爱农博士、杨欣明副研究员、李秀全副研究员，云南省农业科学院陈勇研究员、徐福荣副研究员、钱洁副研究员、余腾琼助理研究员、汤翠凤助理研究员、硕士研究生樊传章和胡意良，以及相应调查地区的协作单位，即地（州）农业局、农业科学研究所、县（市）农业局、乡（镇）领导和农技推广中心科技人员，村社干部及村农科员（当地农民）组成。这种多方的共同参与，不是盲目的，而是通过严格的技术讲座培训，实地考察培训后，制订可行的实施方案，各地均采用统一的规程进行调查研究。调查组约20人，由种质资源学、社会科学、植物分类学、植物病理学、作物遗传育种学、分子生物学、土壤学、蔬菜、果树等多学科、多层次、多领域的研究人员组成。同时还重视走群众路线，虚心听取当地农民和干部的意见和建议，使调查研究结果具有科学性。

（4）本项研究基本查清了云南傣族、哈尼族、独龙族、佤族、基诺族、布朗族等6个少数民族聚居地区主要农作物种质资源的分布、保存与濒危状况。大量的县、村级调查结果证明，地方品种资源消失迅速，作物多样性显著减少，农业生态危机凸现。说明开展本项目研究的科学意义和现实意义。受访者的回答进一步证明开展本项研究的紧迫性和必要性。

从表2-1可知，经过25年，元阳县地方作物品种资源的消失率在65.7%左右，也就是说，地方品种资源仅存不到35%。再从元阳县胜村乡阿者科村种植的水稻品种数量与面积调查表2-2、表2-3可知，该村仍大量种植地方品种，但总共只种植7个品种，除了仅有7户少量种植‘西南175’外，其余的农户均种植另6个地方品种，地方品种的种植面积虽很大，品种却很单一。因为该地区海拔1 880m，该地水稻种植田块长年灌水，田块冷凉，灌溉水为高寒山沟的冷山泉水，只有耐冷性与病虫害抗性较强的品种才能适应。该地区属于云南哈尼族居住的典型山地农业区，现代育成的品种难以适应该地的种植条件与生态环境，地方品种资源保存相对其他低海拔地区较完整，但作物品种资源多样性分布不丰富。

表2-1 红河哈尼族彝族自治州元阳县地方作物品种资源近25年来濒危程度对照表

作物类别	1982年品种数	2006年品种数	消失率/%
水稻	195	50	74.4
陆稻	47	0	100
玉米	29	14	51.7
大豆	22	11	50

（续表）

作物类别	1982 年品种数	2006 年品种数	消失率/%
小麦	8	2	75
荞麦	2	2	0
花生	3	2	33. 3
蚕豆	3	0	100
饭豆/缸豆等其他豆类	—	13	
油菜	3	0	100
芝麻	2	1	50
蔬菜	200	24	88
高粱	—	1	
花卉	—	5	
药用植物	—	2	
合计	514	127	

注：消失率（%）=［（原有品种数-现存品种数）/原有品种数］×100

表 2-2　元阳县胜村乡阿者科村水稻品种种植情况

品种名称	种植农户数/户	占调查户数/%	种植面积/亩*	占调查水稻总种植面积/%	备注
月亮谷	55	98. 21	106. 5	83. 66	地方品种
小谷	1	1. 78	1. 2	0. 94	地方品种
小矮谷	10	17. 86	8	6. 28	地方品种
团棵糯	10	17. 86	3. 3	2. 59	地方品种
冷水糯	6	10. 71	3. 3	2. 59	地方品种
老埂糯	1	1. 78	0. 05	0. 04	地方品种
西南 175	7	12. 5	4. 95	3. 88	种植已有超过 50 年的引进育成品种
合计		100	127. 3	100	

注：该村共有 59 户，调查了 56 户；＊1 亩≈667m²，全书同。

表 2-3　元阳县胜村乡阿者科村农户种植的水稻品种情况

种植的品种名称	种植农户数/户	占调查户数的百分率/%	种植面积/亩	占调查水稻总种植面积百分率/%
月亮谷	27	48. 21	46. 5	36. 53
月亮谷、团棵糯	7	12. 5	22. 8	17. 91

（续表）

种植的品种名称	种植农户数/户	占调查户数的百分率/%	种植面积/亩	占调查水稻总种植面积百分率/%
月亮谷、西南 175	5	8.93	13.85	10.88
月亮谷、小矮谷	6	10.71	14.7	11.55
月亮谷、冷水糯	5	8.93	13.3	10.43
小矮谷、小谷	1	1.78	2.4	8.79
月亮谷、团棵糯、小矮谷	1	1.78	2.5	1.96
月亮谷、老埂糯、小矮谷	1	1.78	2.35	1.96
月亮谷、团棵糯、西南 175	2	3.57	6.9	5.42
月亮谷、冷水糯、小矮谷	1	1.78	2	1.57
合计	56	100	127.3	100

注：共有 59 户，调查了 56 户。

从德宏傣族景颇族自治州陇川县清平乡清平村委会芒邦村民小组水稻种植品种调查情况看（表 2-4），由于杂交稻和育成品种的推广应用，致使地方品种种植面积仅占该村水稻总种植面积的 6.4%，常规育成品种占 27.1%，杂交稻占了总面积的 66.5%。该村共种植 7 个杂交稻组合，3 个育成品种，12 个地方品种。因此，不难看出，杂交稻的大面积种植，是导致很多地方品种消失的主要原因。但是，地方品种的种植面积虽小，品种数却很多，说明地方品种的种植，有利于保护作物品种资源的遗传多样性。

表 2-4　2006 年德宏傣族景颇族自治州陇川县清平乡清平村委会芒邦村民小组水稻品种种植情况

品种名称	种植农户数	占调查户数/%	种植面积/亩	占水稻总种植面积/%	备注
岗优 23	49	67.1	170.5	53.2	杂交稻
岗优 26	8	11.0	27	8.4	杂交稻
岗优 881	1	1.4	2	0.6	杂交稻
岗优 118	1	1.4	1	0.3	杂交稻
云光 17	3	4.1	10.5	3.3	杂交稻
岗优多系 1 号	1	1.4	2	0.6	杂交稻
杂交粳	1	1.4	0.3	0.1	杂交稻
滇陇 201	31	42.5	62.2	19.4	育成品种
滇屯 502	6	8.2	17.5	5.5	育成品种
德优 15	1	1.4	7	2.2	地方品种
凉粉谷	3	4.1	2.3	0.7	地方品种
黄壳糯	3	4.1	1.7	0.5	地方品种
小颗 201（硬米）	1	1.4	5.5	1.7	地方品种

（续表）

品种名称	种植农户数	占调查户数/%	种植面积/亩	占水稻总种植面积/%	备注
中早稻	2	2.7	8	2.5	地方品种
鸡血糯	1	1.4	0.5	0.2	地方品种
花壳糯	1	1.4	0.6	0.2	地方品种
米线谷（硬米）	1	1.4	2	0.6	地方品种
毫糯	19	26.0	9.7	3.0	地方品种
黑糯谷	2	2.7	0.7	0.2	地方品种
紫糯谷	1	1.4	2	0.6	地方品种
黄板所	6	8.2	14.3	4.5	地方品种
矮中选	1	1.4	0.2	0.1	地方品种
合计			320.6		

注：总户数 113 户，调查 73 户。

表 2-5　2006 年西双版纳傣族自治州勐纳县勐纳乡曼旦村委会曼旦村水稻品种种植情况

品种名称	种植农户数/户	占调查户数的/%	种植面积/亩	占调查水稻总种植面积/%	备注
杂交稻	47	58.8	94.9	21.8	杂交稻
软饭米	11	13.8	21	4.8	育成品种
杂交糯米	4	5.0	7	1.6	育成品种
毫喝好	40	50.0	118.5	27.2	地方品种
毫喝乃	29	36.3	89.5	20.5	地方品种
毫糯（糯谷）	13	16.3	41.8	9.6	地方品种
曼勇（拥）种	5	6.3	15.5	3.6	地方品种
曼岭种（糯谷）	3	3.8	11	2.5	地方品种
毫糯囡	3	3.8	11	2.5	地方品种
软糯米	5	6.3	11	2.5	地方品种
香糯米	3	3.8	4.5	1.0	地方品种
紫糯米	4	5.0	3.3	0.8	地方品种
毫弄火	2	2.5	1.5	0.3	地方品种
毫安问	2	2.5	2.5	0.6	地方品种
毫伞	1	1.3	1	0.2	地方品种
毫工	1	1.3	1	0.2	地方品种
毫糯慌	1	1.3	1	0.2	地方品种
合计			436	100	

注：总户数 84 户，调查 80 户。

从西双版纳傣族自治州勐纳县勐纳乡曼旦村委会曼旦村水稻品种种植调查的情况看

（表2-5），该村84户农户中，调查了80户，有58.8%农户种植杂交稻，面积却只占整个水稻种植面积的21.8%，常规育成品种仅占总面积的6.4%，18.8%的农户种植。但是，有2个地方品种‘毫喝好’‘毫喝乃’的种植面积分别占总面积的27.2%和20.5%，其中地方品种‘毫喝好’的种植面积在该村是最大的，并且仍有50.0%的农户种植该品种。调查还发现，很多农户均种植1个杂交稻或者育成品种，1个地方糯稻品种，该村种植的14个地方品种都是糯稻品种。以上两个傣族村寨调查研究的结果显示，傣族居住地区属于低热河谷的坝区农业，由于杂交稻等育成品种的推广应用，地方品种的种植面积大量减少，但是地方品种的类型较哈尼族地区丰富，这与该区域的生态环境和民族传统习惯密切相关。

过去山区半山区是地方品种资源最丰富的地区，因此特别是粳型杂交稻的推广应用，使地方品种的种植面积急剧下降。例如，当到原德宏州潞西市轩岗乡芹菜塘村委会调查时，农户杨恩平感慨地说："原来种老品种，你们说产量低，要淘汰，现在又来找老品种，我们两三年前就不种了，如果你们三年前来找，随便可以找上10个、20个，现在要找可能只有杂交稻田混杂进去的几株了"。

总之，地方品种资源的濒危程度较想象中稍好一些。但是，近年来由于农业产业结构的调整，经济作物如橡胶、甘蔗、香蕉等大面积商业化种植，粮食作物的种植面积急剧减少，作物种植类型越来越单一，宝贵的地方品种资源就更无藏身之地，地方传统品种资源在急剧减少的现象不容乐观。同时，调查组基本掌握了作物种质资源分布的内在规律，现今地方品种资源多分布在边、偏、远、穷、险，气候多样、特殊的地区及田块。该项目的调查研究可为少数民族地区制订科学、可行的收集、保护、研究和利用方案提供重要依据和模式。因此，开展本项目研究具有重要的科学意义和现实意义，并且非常紧迫和必要。

（5）本项研究获得了一批重要的作物品种资源。

① 发现了一些适合生态农业、绿色农业、有机农业发展所需的种质资源。如不需要施用化肥的水稻地方品种资源，多年生的辣椒（树）资源在与其他作物混合栽种时可以起到驱虫防病作用。

在德宏州潞西市调查时，收集到1个地方品种毫比相（又叫鸡血糯），听农户说，他们家已经4代人种植该品种了，据推测已有100多年的历史了。再如，当在德宏州陇川县调查时，该县护国乡帮掌村农户杨清恩老人，他自己的4亩承包责任田从1982年一直种植叫"毫目吕"的老地方水稻品种，从不施化肥、不打农药，靠合理密植和使用农家肥，亩产仍保持在280kg左右。另外，在元阳县哈尼梯田调查收集到的如月亮谷、高山水稻早谷、高山黑谷、红脚老粳谷等水稻品种资源，在基本上不施肥、不打药的情况下亩产仍能保持350kg左右，米质还较好。以上这些地方品种为品种改良与推广应用提供了宝贵的环境农业种质资源。

在德宏州调查收集到的"小米辣""涮涮辣"是德宏州的特色辣椒品种，不但辣味浓、口感好，而且具有很好的宿根性，在潞西市江东乡李子萍村委会大水沟村农户番廷牙、勐嘎镇勐稳村农户周复兴和西山乡南瞄寨农户黄四种植的"涮涮辣"，据农户说宿根年限已10年以上，树径10~15cm，树高2.5m左右，树冠3m^2，单株年产量4~6kg

鲜椒。另外从墨江哈尼族自治县文武乡马甫村收集到的雀屎辣是鸟类采食后排放于山间的粪便生长而成的特种辣椒，这种辣椒要在特殊的地域内才能生长，一般都生长在海拔880m以下的低热河谷，且湿润陡峭险要的地带，属多年生植物，在盛产期单株可收获2~3kg鲜椒，株高可达1.2~1.5m，雀屎辣颗粒细小，如米粒大小，采摘十分困难，目前全县分布范围也逐渐减少，它是辣椒系列中的王中王，口感比较好，又香又辣，是一种送礼佳品，现在市场价每公斤（1公斤=1kg。全书同）在300元以上。据当地农户反映，这种多年生辣椒（树）的种植具有驱虫防病的作用。以上地方品种是适合生态农业、绿色农业、有机农业发展所需的宝贵种质资源。

② 调查收集了在品质、抗逆性等方面特别优异的作物品种资源60余份。

涮辣（洋辣子）：采自澜沧县山区，种植历史悠久，在佤族等民族地区种植比较普遍。该品种株高在60~80cm，生育期100d左右，皮皱、果实大，果长5~8cm，味特辣，是很好的调味品；适宜性广，抗逆性强，宿根性好，种植一次可多年收获。一般在4—5月播种，产量低，年亩产量50~100kg。食用方便，在汤里一涮汤即有辣味。种植简便，价格高，销路广，深受广大少数民族地区群众的喜爱。

澜沧县佤族涮辣

黄壳糯（俗名俄怕顶）：采集于沧源县勐来乡民良村委会大寨自然村，成穗率高，秕谷少，适宜混栽，高抗白叶枯病（与该品种混栽的汕优63高感白叶枯病，而黄壳糯达到了免疫），适口性好，黏糊性强。当地佤族、傣族同胞节假日常用来舂成糯米粑粑或掺以芝麻、苏子、红糖蒸成糯米饭食用。

冬荞（小米荞）：采自澜沧县山区的荞麦品种，种植历史悠久，是陆稻产区轮作的主要品种。小米荞一般株高在70~80cm，生育期90d左右，千粒重15g，皮壳率在15%~20%，抗逆性强。小米荞可加工食品，也可作饲料，是一种用途广泛，深受农民朋友喜爱的优质小杂粮。一般在8—9月播种，亩产量100~150kg。小米荞可用于减肥、

沧源县黄壳糯

美容、降血脂、治糖尿病等，食用方便，适口性好，所以人们一直保留种植。小米荞为异花授粉植物，同一植株边开花边结粒，花期长，花粉为优质蜜源。

澜沧县冬荞

这次调查发现了已栽种超过300年历史的水稻品种‘冷水谷’‘月亮谷’，可作为持久抗病虫害和耐冷的资源加以研究利用，以筛选发掘持久抗病虫与耐冷基因和地方品种资源的进化研究。

德宏州盈江县昔马镇和勐弄乡勐典坝是一个低温寡照的高寒山区，目前推广的粳杂品种均难以适应，仍大面积种植老品种‘冷水谷’，据当地农民反映该品种在清朝就有种植，至今已有300多年的历史。再如在原潞西市勐嘎镇调查收集到一个籼稻品种‘勐稳谷’，它的耐寒性超过了目前生产上的“粳杂”，据调查这些田块是靠“龙洞”水灌溉，水温很低，当地农民叫“冷浸田”。曾试种“粳杂”，都因灌溉水温度过低，无法结实，多年以来都种植该品种，亩产可达250~300kg。

在红河哈尼族彝族自治州元阳县胜村乡阿者科村调查收集水稻种质资源（表2-2），调查了该地哈尼梯田水稻种植品种与面积，发现该村只有1个农户没有种植‘月亮谷’，该品种的种植面积占总面积的83.66%。据农户反映该品种在这个地方可能已经种植上百年了，即自记忆以来都在种植这个品种，具体种植年限无法考证，是阿者科村种植年限最长的当家地方品种，其米质较好，在基本上不施肥、不打药的情况下亩产仍能保持350kg左右。该地水稻种植田块长年灌水，田块冷凉，灌溉水为高寒山沟的冷山泉水，只有耐冷性较强的品种才能适应，所以该品种具有较强的耐冷性与病虫害抗性。这些地方品种资源不仅可以作为持久抗病虫害和耐冷的资源加以研究利用，以筛选发掘持久抗病虫与耐冷基因，还可以作为地方作物品种资源进化与可持续农业方面的研究种质。

③本项研究还收集到一些具有保健与药用等价值的地方品种资源，如“金荞麦”“薏苡”“猪牙魔芋”“墨江紫糯谷”“旱地紫糯”“红花生”资源等30余份，可为新药物及保健食品的开发提供种质资源。

从墨江县收集到的金荞麦属多年生草本植物，株高1.5~2m，喜生长在湿润背阴的地带，一年除冬季落叶外，均能开花结实，其生命力极强，植株一旦接触地面，从节间就能生出新的根系，并形成主根，根系较发达，其别名有“野荞麦、荞麦三七、金锁银开”等。金荞麦具有清热解毒、清肺排痰、排脓消肿、祛风化湿的作用，并被广泛用于肺脓疡、咽喉肿痛、痢疾、无名中毒、跌打磅伤、风湿关节痛及小儿支气管炎的治疗。近年的研究又证明它在临床上具有抗癌、抑制肿瘤细胞侵袭和转移以及消炎抗菌等方面的疗效。另外金荞麦的食用价值也很高，许多研究表明，其蛋白质、脂肪、纤维素及维生素的含量均较丰富，其籽粒粗蛋白含量高达12.5%以上，均高于种植的栽培甜荞和苦荞，脂肪含量在1.74%~1.89%，介于苦荞和甜荞之间，多属不饱和脂肪酸，其亚油酸、维生素 B_1、维生素PP的含量均高于甜荞和苦荞，维生素 B_2 和维生素P的含量低于苦荞，高于甜荞，在其籽粒中含有丰富的营养矿物质元素和多种人体必需的氨基酸，金荞麦可以作为一种较理想的保健食品开发利用。

从墨江哈尼族自治县调查收集到11份墨江紫糯谷，墨江紫糯谷种植历史悠久，品种的颖壳为紫色或紫褐色，米色为黑色、紫黑色和紫红色三种。紫糯谷一般株高1~1.3m，穗长12~22cm，千粒重24~28g，生育期180~200d，适应栽植范围广，但在特定环境气候、土壤上种植的米质、品质、品味不尽相同。以紫米为原料制作的“八宝饭”“紫米汽锅鸡”具有独特的风味，常作为筵席佳肴，该紫米有补血、补铁、益气、健肾护肝、健脑明目、收宫滋阴的食疗功效，同时还具有接筋接骨等作用。当地哈尼族人民还将“紫糯米”称为“月米”（也就是当地妇女分娩后，总用紫米粥来滋补身体而得名）。

从耿马傣族佤族自治县（简称耿马县，全书同）收集到的“旱地紫糯米”，在当地种植近百年。具有优质、抗病、抗寒的特点，但产量低，亩产100kg左右，因此在当地种植面积小。该品种除食用外，还具有药用价值，可补血，可用作接骨药，食用对糖尿病有疗效。

从耿马县收集到的“红花生”，具有优质、抗病的特点，亩产200kg左右。红花生与猪肘同煮，具有补血功效；红花生用白米醋浸泡一星期，每晚吃5~10粒，连服两个月可降血压。

④本项研究调查收集到珍稀、特异资源——版纳糯质‘四棱玉米’、德宏爆粒型

墨江紫糯谷

‘猴子玉米’共2份，野生、半野生等近缘作物种质资源约16份，填补了目前保存资源类型的空白。

从西双版纳州收集到的四棱玉米是傣族群众喜食的鲜食玉米，是西双版纳州特有的地方作物品种，糯性好、黏性强，口感极佳。既是糯质玉米，又是高赖氨酸种质资源，由于胚乳中赖氨酸含量达2.5～3.3g/10g蛋白质，比普通玉米‘白马牙’品种高31.6%～73.7%，是糯玉米遗传育种利用中的宝贵材料。德宏爆粒型‘猴子玉米’是德宏州陇川县调查收集到的特异地方品种资源，现种植面积较少，每家种植还不足0.1亩，品质口感较好，主要用于“青食”及成熟后做“苞米花”，籽粒较小，果穗也非常小，是育种利用的宝贵种质资源。

在西双版纳州、德宏州还调查收集到多种热带野生蔬菜、野辣椒、野花椒、野茄子、树番茄、树棉花等近缘野生作物种质资源。以上这些资源填补了目前保存资源类型的空白。

野辣椒（老鼠屎辣椒）：半野生种，味辛辣而香，抗病虫，耐贫瘠。样品采集于勐简乡勐简村芒嘎组大塘包地。

野花椒：当地野生品种，采集于耿马县，已有200多年的历史，具有抗病虫、喜阴的特点。味香、麻，在当地作佐料用，也可作药用，主要用于治牙痛，将野花椒果皮捣烂敷于痛处即可（疑为麻醉作用）。

⑤ 收集到与目标民族生存发展密切相关的品种资源8份。

阿佤芫荽：属野生品种，耐旱、耐瘠、香味独特，具有“十里飘香”美称，佤族饮食口味偏辛辣，常用作佐料。是当地民族烹调菜肴、煮鸡肉烂饭及佤王宴菜谱中不可缺少的佐料之一。

小红米：产量高，抗病虫害，是酿酒的头等原料，是佤族地区家家户户必种的品种，佤族人民喜爱的水酒离不了它。耐贫瘠，对土地没有特殊要求，基本不用管理，可净作也可套种于陆稻中。

⑥ 发现了一些当地习惯使用的地方品种资源，这些资源中包含着丰富的民族传统知识，对此进行研究有利于协调丰富的民族传统知识与民族地区经济发展的关系，也有

耿马县“红花生”

利于地方作物品种资源及其民族生物学知识的有效保护与发展。

在作物品种资源的调查收集过程中发现，当地民族的传统知识、民风民俗、生活习惯等对地方品种的保护起到了关键作用。例如，“祭魂谷”（雅欢毫）：由于稻谷栽培在傣族人民生活中具有无比重要的意义，信奉“万物有灵”的傣族人民便很自然地将谷子神圣化，赋予其超自然神灵的身份和法力，形成对“雅欢毫”（谷魂奶奶）的崇拜礼俗和祭祀活动。每年栽秧之前，要由家中老人编制一个小蔑箩，内装一个打开一个口的鸡蛋，一包糯米饭和各色山花，带到头田中供奉，并点燃一对蜂蜡先行祭祀，然后由老

勐简乡野辣椒

耿马县野花椒

阿佤芫荽

人率先栽下第一排秧苗，边栽边祈祷说：“今天是栽秧的好日子，现在是吉利的好时间。祈求谷魂保佑秧苗穗多粒饱快快长大，不要有病虫害，不要被动物糟蹋，颗颗谷子

佤族小红米

佤族小红米

都像鸡蛋那么大。”

调查收集到大量糯谷品种资源，由于长期居住在西双版纳州、德宏州等地的傣族喜食糯米，保留着古代先民“饭则糯馕”“以手抟而啮之”和“日舂造饭以竹器盛之，举家围坐，捻成米团而食之”的千年古俗。其次，糯米的作用还渗透到婚姻丧葬、节庆娱乐和宗教活动之中，如“毫滇”“毫火”“毫嘿”“毫动（即粽子）”“毫诺索（糯米粑粑）”“香竹饭”。紫糯米还是傣族的滋补品和民间医生“摩雅”的治病良药。按照傣族传统，妇女生育后 5 天内不能吃油腻食物，产后虚弱的身体主要靠吃紫糯米来滋补；老人年高体弱也主要靠吃紫糯米来保持元气。在治病方面，如果有人不小心摔断了手脚，“摩雅”就会抓一把紫糯米，再加少许松木屑、鸡骨、甜笋叶等一齐舂细，再倒入泡米水和牛油将其调匀，用芭蕉叶包起来放在火上慢慢熏烤；接着手持一杯米酒坐到病人身边，对着病人的伤口吹气念供词，供词曰：“翁巩洞水，水滴水银，银子水，冷水，酒水，骨头断骨头来，肉断肉来，皮断皮来，好好来，紧紧来哪！”然后叫病人喝一口酒，“摩雅”接着口含一大口酒喷洒在病人的伤口上，再把已经烤热的紫米草药包上去，据说这种方法和药物对治疗跌打痨伤非常有效。

还有，长期生活在山区、半山区的哈尼族，善于制作梯田，闻名于世，成为世界农业生产的最高典范。他们喜食红米，认为吃红米饭，长时间不会感觉到饿，俗话说“经饱”。还有些哈尼族农户保留着将丰收后的稻穗挂在自家房梁或者灶台上的习惯，如此年复一年的挂下去，他们这样的含义是把谷子当作神灵供奉起来，祈祷来年有个好收成。在元阳县调查时就收集到了长达 11 年供奉的稻穗，即近 11 年来每年都挂 1 串。通过调查，当地农户反映，一般农户家里挂近 3~5 年的稻穗比较普遍，最长的也就是 10 余年，因为老鼠的危害及其他因素不能长时间保存。

以上这些民风民俗、当地民族的传统知识和民族生物学知识，无疑对保护和利用传统地方品种资源起到了积极的作用，因此，将地方传统品种资源和农民传统知识的调查收集研究紧密结合，并对该领域进行深入研究，可为政府部门制订科学、可行的保护、研究和利用地方品种资源方案提供重要参考。既有利于促进地方品种资源遗传多样性保护和农业的可持续发展，也有利于促进民族地区经济的协调发展。

（6）收集一批特异资源。

①与当地少数民族生活密切相关的作物品种资源。

大树棉花：布朗族古老纺织工艺最为独特的原料来源。大树棉花具有抗病抗虫抗寒的特点，是当地布朗族主要纺织原料。

兰烟：当地布朗族、佤族人采收叶片后烘干成烟叶，再加工成草烟吸食，味道极浓烈，长期吸食的人身上有特殊味道。据传早年人们进山狩猎身上带有此物，蚊虫、蛇等不敢靠近。

变色辣：味香而辣，该辣椒在生长的不同阶段，会从白色、紫色变成红色具有观赏价值。该品种还耐贫瘠。

盐霜：野生植物，样品采于邦丙乡，具有抗病、抗虫、抗寒、耐贫瘠的特点，产量约为 200kg/亩。当地布朗族、佤族采其种子新鲜食用（味酸）或晒干制成醋食用，是天然绿色的调味料。

②当地优异作物资源。

泡竹谷：当地山区水、旱两用的优良地方品种之一，其特点为抗性好，基本无病害，产量高，每亩可达 200kg 以上，在当地具有较强的适应性。

香红糯：当地优良地方品种，其特点是抗性好，是旱稻中糯性最好的品种。

冬荞（小米荞）：小米荞可用于减肥、美容、降血脂、治糖尿病等，食用方便，适口性好，所以人们一直保留并长期种植。

香冬瓜：抗性好，果实小，肉厚，品质优良。煮食时具有一股香味，是极具开发潜力的品种之一。

③对科学研究具有一定价值的作物品种资源。

炸花玉米（八包玉米）：已经种植 200 多年，1 株能结 8 个玉米棒子，品质优，但产量低。雄花可用来治疗高血压。

版纳黄瓜（地黄瓜）：云南西双版纳地区特有变种，多在山区套作栽培。果形长椭圆和圆形、肉色橙黄，胡萝卜素含量明显高于普通栽培黄瓜。

野花椒：当地野生品种，采集于耿马县迎门村芒品厂组米树河，已有 200 多年的历史，具有抗病虫、喜阴的特点。味香、麻，在当地作佐料用，也可作药用，主要用于治牙痛，将野花椒果皮捣烂敷于痛处即可（疑为麻醉作用）。

（7）珍稀、特异资源的鉴定评价。

研究内容主要是稻类资源的表型和特异性评价。特异种质资源“毫目吕”等70个品种的特异性评价。这部分工作在昆明温室盆栽、池栽等可控条件下进行，主要对水土高效利用与抗病性进行评价。5个处理，每个处理2次重复。

进行了现在收集的品种资源与过去30年前收集的差异性评价。选择了30余份现今生产上仍在种植利用的品种，即本项目调查收集到的资源，与保存于种质库，地方来源县相同、名称相同的资源进行评价，共设3个处理，每个处理2次重复。

资源的繁殖与表型评价。在景洪等地对收集到的560余份种质资源进行表型鉴定与繁殖入库，每个品种种植120株，均单本种植，株行距15cm×30cm，1次重复。

2.2.3 青海高原三江源区农业生物资源调查

青海三江源区位于我国西部、青藏高原腹地、青海省南部，为长江、黄河和澜沧江的源头汇水区。地理位置为北纬31°39′~36°12′、东经89°45′~102°23′，行政区域涉及玉树、果洛、海南、黄南四个藏族自治州的16个县和格尔木市的唐古拉乡，总面积36.3万km^2，海拔为3 335~6 564m。约占青海省总面积的50.4%。

气候状况：源区气候为典型的高原大陆性气候，表现为冷热两季交替、干湿两季分明，年温差小、日温差大、日照时间长、辐射强烈，无四季区分的气候特征。由于海拔高，绝大部分地区空气稀薄，植物生长期短，无绝对无霜期。年平均气温为-5.6~3.8℃。年平均降水量262.2~772.8mm，年蒸发量在730~1 700mm。

经济发展水平和人口密度：主体经济以天然畜牧业为主，牧业生产方式以自然放牧为主，经济结构单一。三江源地区平均人口密度不到2人/km^2，牧民人口密度为1人/km^2左右，该区总人口近60万人，牧业人口40.89万人，其中藏族人口占90%以上，而且信教群众占绝大多数，宗教氛围浓厚。人口总量较少，人均占有草地700亩。但贫困人口占牧业人口的75%，贫困群体呈现整体性、民族性的特点，牧民群众的生活水平较低。

植物种类：三江源区的野生维管束植物有87科、471属、2308种，约占全国植物种数的8%，其中种子植物种数占全国相应种数的8.5%。在471属中，乔木植物11属，占总属数的2.3%；灌木植物41属，占8.7%；草本植物422属，占89%，植物种类以草本植物居多。

系统普查三江源区极端逆境下物种多样性、遗传多样性的变化情况，以及对当地农牧业发展、生态建设、民族文化、社会经济等产生重大和长远影响的重要农作物种质资源，将对保护三江源区提供科学依据。

系统普查：

（1）对青海省各相关地区特别是青海境内比较偏远落后、原生态状况较为完整的特有少数民族地区资源的调查做了充分的准备工作，查阅了大量的有关民族分布与历史、风土人情、民族宗教、区域经济、农作方式、生物资源等文献资料，掌握了初步的概况。项目实施期间共查阅有关资料和书籍文献共计 40 多篇（部），获得较为翔实的资料（表 2-6）。

表 2-6 查阅著作类资料一览表

资料名称	作者
青海植物志	中国科学院西北高原生物研究所
黄河源区植物资源及其环境	吴玉虎等
青海省农用土地情况资料	青海省农业区划所
青海地理	张忠孝
青海省农业资源动态分析	青海省农业资源区划办公室
青海省综合农业区划	青海省农业区划所
三江源区生态保护与可持续发展高级学术研讨论文汇编	青海省科技厅、中国科学院西北高原生物研究所
青海资源环境与发展研讨会论文集	中国青藏高原研究会
青海生态建设与可持续发展论文集	青海省科学技术协会
青海主要药用野生植物资源分布规律及保护利用对策研究	中国科学院西北高原生物研究所
青海统计年鉴	青海省统计局
三江源自然保护区生态保护和建设总体规划	青海省发展计划委员会、林业局、农牧厅

（2）以三江源区为核心、周边地县为辐射区进行了农作物种质资源的系统普查，范围涉及相关 3 州一地共 16 个县。普查地域共计 127 963km^2，农区海拔在 2 217~3 513m。

（3）调查地区主要包括藏族、回族、土族、撒拉族、蒙古族、汉族等 6 个民族。

（4）普查对象主要以当地农牧业植物资源为主，同时对当地人口发展、经济状况、耕地变化、文化教育、生态环境等均做了系统普查。

（5）以农业生物资源（种类）多样性、特异性和青海三江源地区以及周边地区的区域小块农业代表性为依据，根据各地植物物候期和生长季节的地理差异等具体情况，有针对性的实施先东部地区后西南部、先低海拔温暖河谷地区后高海拔寒冷地区的分步骤、分阶段的考察方案，对相关县乡村进行普查，为进一步确定重点地区的系统调查做好前期工作。

重点调查：

（1）资源收集取得了较大进展。根据普查结果，对三江源及周边小块农业区共计 19 个县、45 个乡、82 个村、近百户农牧民进行了有针对性的系统调查。涉及 5 个少数民族（土族、藏族、回族、撒拉族、蒙古族）。采访对象有乡长、农牧民技术员、老村干部、护林员、民间中藏医、药农等有关人员，年龄在 50~80 岁。调查资料可信度较强。

（2）资源收集。以农作物资源为主，迄今已收集各类资源 575 份，其中麦类作物

64 份，蔬菜类 63 份，油料类 20 份，牧草类 93 份，中藏药材类 31 份，灌木类 57 份，其他类 110 份。共计 28 科、105 属、273 个种。收集地区包括河谷灌区、山旱地、高寒草原、森林、高原湖泊湿地、干旱荒漠草地、沙漠等海拔在 2 500~4 500m 的自然生态区。同时对其历史演化和民族生物学应用等进行了调查，获得了一些有价值的资料。

（3）一些传统的作物农家祖传品种资源被及时了解和拯救收集。如调查中收集到很有价值的白菜型黄籽油菜地方品种、亚麻、青稞、蚕豆、豌豆、小麦以及蔬菜、杂果、药材和许多野生牧草类物种，并对各种物种的利用方式、生产方式、历史演变等作了细致的调查和分析。调查中发现：作为青藏高原特色作物的青稞老品种‘肚里黄’、蚕豆品种‘青海马牙蚕豆’、‘青海小油菜’、‘红胡麻’等在不同地区长期以来仍保持着顽强的生命力，世代相传，并在不同生态区域逐步演化为多个不同的地区生态型，极为珍贵。

（4）采用现实和灵活的工作方法，工作得以顺利开展。为获得较丰富和有价值的信息及实物资料，针对项目的特殊性需要，积极主动地与基层农业单位、基层乡镇领导等建立良好的合作关系，不断摸索和改进工作方法，通过各种关系尽力寻找调查地的知故老者、退离休基层老干部等。讲究工作策略，促膝交谈，晓之以理动之以情，特别对当地特别有身份的长老，备以重礼，登门造访，并对捐赠资源者适当给予现金回报等这些行之有效的措施，果然获得不小的收获，这是实施中得到的较为宝贵的工作经验。

（6）项目实施期间得到青海省省农牧区划办，农牧厅，三江源办公室，青海大学农牧学院、畜牧兽医学院、生命科学学院，中国科学院高原生物研究所，各县农牧局、农牧技术推广站、草原站，各乡政府等省地县相关部门的大力支持，在资料、人力、向导、翻译等方面提供了帮助，保证了普查工作的顺利开展。

2.2.4 特异资源

黄籽油菜：白菜型地方品种，这种油菜油质清香净亮，产量稳定，除作为良好的食用油外，这种油还用于藏传佛教寺院供佛油灯用。

循化线椒：是青海黄河谷地撒拉族人民在长期栽培中，逐步培育筛选的一个优良特色作物品种。其种质特征明显：浆果细长，三弯一勾，匀称得体，具有较好的观感，且肉厚粒少，清香味醇，可口不辣，深得食用者喜爱。目前已逐步实现了规模化系列产品的产业开发，成为当地社会经济发展和农民增收的一大支柱产业。

露仁核桃（濒危）：产于循化县，因核桃皮薄似纱网，果仁外露，轻轻剥皮 即可食用，故名“露仁核桃”。是当地一大优异特色种质资源。现全县境内仅存一棵树，据说已有 600 多年的历史，且处于黄河上游积石峡水电站的淹没区，进行抢救性保护极为紧迫。

小麦（洋麦子）：采集于循化县察汗都斯乡。该品种生育期短，株高 1.2 米左右，长麦芒，芒色黑白间杂，一般亩产大约 200kg 左右，抗病但不抗倒伏。该品种已在当地几代人自留自种，主要用途为在乳熟期搓揉青吃或作为凉拌菜肴。

访谈调查工作照

青稞麦饭

焪锅馍馍

荨麻菜饼（背口袋）

青稞美酒

豌豆面饭团

风味酿皮

青稞麦索（风味小吃）

农家花椒

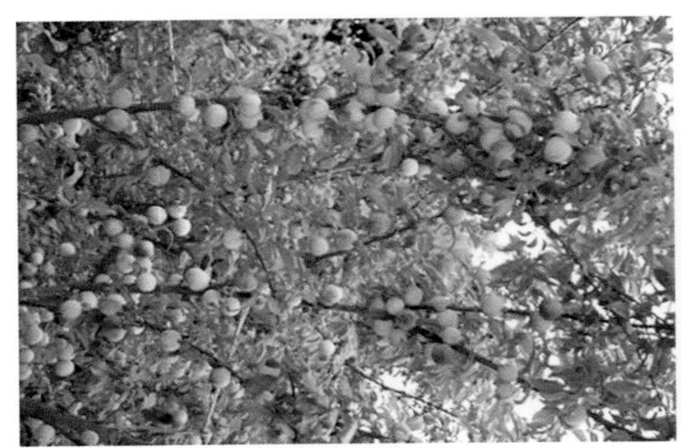

农家杏树

当地烟草

在撒拉族入户调查

在回族入户调查

撒拉族当地线椒资源产业化开发

褡裢

圪褙（用胡麻胶处理，做鞋底用）

土族存良种的方式

焪锅馍馍的做法

在焪锅馍馍中撒有香豆

撒拉族准备用焪锅馍馍招待客人

土法酿制青稞酒

储存于瓦罐中的种子

野外调查工作照

2.2.5　北京植物园迁地保存农作物种质资源调查

北京植物园自 1955 年建园以来，长期从事植物特别是农业用途物种的引种、驯化和新优良种的选育、推广工作。通过大量的野外采集和国际种质交换工作，运用露地栽培、冷室、温室等设施，经过几十年的积累，先后从温带、暖温带、亚热带及热带地区收集、栽培各类植物材料 5 000 多种（含部分品种），其中许多是粮、油、果、药物、香料、木材、花卉等农作物资源。北京植物园迁地保存农作物物种资源编目是在经过大量的调查、核准认定、研究评价基础上筛选而成的。以北京植物园露地栽培的活植物资源为主，有少量温室栽培植物，基本没有涵盖植物园以种子等离体材料形式收集的农作物物种。植物种类以粮、油、果等经济植物为主。其中具有代表性的植物有苹果属、李属、葡萄属、猕猴桃属、胡桃属等重要果品的种质资源和品种，兼有暖温带、亚热带的果品类，榆属、槭属、白蜡属、椴属等木材用的种质资源，鼠尾草属、五加属、鼠李属、薰衣草属等香料、药材的种质资源，以及蕨类、兰属、百合属、丁香属等观赏价值的种质资源。总计有 85 科 250 属 889 种 34 变种 240 品种，其中有许多为我国特有、珍稀濒危植物，具有重要的经济价值、科研价值和文化价值。

2.2.6 野生大豆种质资源调查

对 20 世纪 80 年代初东北地区首次野生大豆考察的部分野生大豆原分布点进行了回访调查。通过对黑龙江、吉林和辽宁三省 98 个县进行了考察，新收集野生大豆资源 449 份，其中有 20 个县是以前未曾收集到野生大豆的新分布点，在这些新发现的有野生大豆分布的县共收集野生大豆资源 96 份，进一步丰富了大豆种质基因库。

野生大豆调查结果表明，野生大豆原分布点生态环境及分布状况发生了很大变化，且目前野生大豆大多呈较零散分布，很少能够见到较大的野生大豆群落，只在管理较差又不准放牧的苗圃或小柏树、小柳树林中及在牲畜很难进入的水沟旁有时还可见到较大的野生大豆群落，在垦荒地的荒地格中有时还可见到野生大豆。

3　农作物种质资源保护评估体系

3.1　农作物种质资源保护、评估指标体系的研究进展

农作物种质资源是生物资源中与人类生存和发展关系最密切的部分，是人类食品、衣着的最重要来源，是地球上最宝贵的财富，是人类赖以生存和发展的重要物质基础。中国幅员辽阔，生态环境复杂，农业历史悠久，作物种质资源十分丰富，是世界作物多样性中心之一。据初步统计，世界上栽培植物有 1 200 余种，中国就有 600 余种，其中有 300 余种是起源于中国或种植历史在 2 000 年以上。

人们已认识到，育种实质上是种质资源再加工，因此保护农用植物基因资源多样性，利用分子技术发掘其中优异基因，推动农业科技革命，是实现农业可持续发展的中心策略。

然而面对数十万份种质资源如何进行开发利用，又如何将潜在优势变为现实优势，这是目前迫切需要解决的一个科学问题，同时也是世界各国普遍关注的研究领域。对物种资源进行全面的规范评估，筛选出具有直接和潜在利用价值的资源，可以对重要农作物种质资源的保护提供理论依据，创造良好的共享环境和条件，搭建高效的共享平台，有效的保护和高效的利用农作物种质资源，充分挖掘其潜在的经济、社会和生态价值，促进全国农作物种质资源事业的跨越式发展。

为此编写了《重要作物种质资源保护评估指标体系》技术报告，并按照专家的建议和本研究在实际评估中的应用情况进行了修改和完善。《重要作物种质资源保护评估指标体系》由评估的目的和意义、评估的原则和方法、评估的指标体系、农作物种质资源评估体系数据质量控制规范和附件（农作物种质资源评估体系数据采集表）五部分组成。

在物种资源的评估中，突出了对我国物种资源的濒危等级和保护现状的评估，这有助于了解我国物种资源的濒危和保护现状，为物种资源的保护和管理决策提供科学依据。

3.2　评估指标体系的应用与评估结果

制定统一的农作物种质资源评估指标体系，有利于整合全国的农作物种质资源，在规范农作物种质资源的收集、整理和保存的基础上，针对大量的农作物种质资源，重点在珍稀资源、濒危资源，以及目录列出的资源等，进行全面的规范评估，筛选出具有直接和潜在利用价值的资源，为重要农作物种质资源的利用和保护提供理论依据。

农作物种质资源评估指标体系采用了农作物种质资源描述规范中的描述符及其分级

标准，以便对农作物种质资源进行标准化整理和数字化表达。

3.2.1 确定了农作物种质资源评估的原则

（1）物种的特有性。即原产地为中国的物种或是中国所特有。

（2）物种的优异性。根据物种资源的品质性状、抗病性鉴定和抗逆性鉴定的结果评估物种资源的优异性。

（3）物种的保护状况。根据物种资源所处的自然状况和保存状况评估物种资源的保护价值和保护措施。

（4）物种的濒危状况。根据物种的具体情况确定濒危等级，按照国家有关的保护办法建议采取相应的保护措施。

（5）物种的特异性。根据评价鉴定的结果筛选有特异性的物种，确定其保护价值。

（6）物种的可利用性。评价确定物种的可利用性，包括农艺性状、品质性状、抗逆性状、抗病虫性状、特异功能因子等。

3.2.2 规定了评估的范围和六类评估指标

（1）本体系规定了农作物种质资源评估指标的描述符及其分级标准。

（2）本体系适用于农作物种质资源的鉴定评估、保护级别评估、选优评估，农作物种质资源的收集、整理和保存，以及数据库和信息共享网络系统的建立。

（3）农作物种质资源。是可向农作物传递种质的植物材料。农作物种质资源包括农作物中各个种及其亲缘属的植物。有野生的和栽培的，有地方品种、育成品种和引进品种，也有具特殊优良性状的品系、突变体、雄性不育以及非整倍体等。

（4）基本信息。农作物种质资源基本情况描述信息，包括全国统一编号、种质名称、原产地、编号、保存单位、选育单位、育成年份、选育方法等。

（5）形态特征和生物学特性。农作物种质资源形态学特征和生物学特性，以及经济性状和与农事活动相关的性状。在我国实际操作中仅包括形态学性状（如芒状、壳色、穗型、粒形、粒色等）、发育性状（如拔节期、抽穗期、成熟期等）、产量性状（如穗粒数、千粒重等）和与农事活动相关的性状（如播种期、出苗期等）。

（6）品质性状。农作物籽粒的营养品质包括蛋白质及赖氨酸的含量；加工品质包括磨粉品质和食品加工品质。

（7）抗逆性。农作物种质资源对逆境（如干旱、盐碱、寒冷、耐湿等）的抵抗（耐受）能力。

（8）抗病性。农作物种质资源对病害的病原菌侵入和扩展的抵抗能力。对病害免疫的为抗侵入，对病害具有不同程度的抵抗能力的为抗扩展，无抵抗能力的为感病。如小麦种质资源的主要病害有条锈病、叶锈病、秆锈病、白粉病、赤霉病、根腐病、纹枯病、黄矮病及全蚀病等。

（9）抗虫性。农作物种质资源对害虫危害的抵抗能力。如小麦种质资源的主要害虫有麦蚜虫、吸浆虫等。

（10）农作物的生育周期。根据农作物不同生育阶段的特点，可把农作物的一生划分为不同时期。例如小麦可划分为 12 个生育时期，即出苗、三叶、分蘖、越冬、返青、起身、拔节、孕穗、抽穗、开花、灌浆、成熟期。根据农作物器官形成的特点，可将几个连续的生育时期合并为某一生长阶段，苗期阶段即从出苗到起身期，主要进行营养生长，以长根、长叶和分蘖为主。中期阶段即从起身至开花期，是营养生长与生殖生长并进阶段，即有根、茎、叶的生长，又是麦穗分化发育的过程。后期阶段即从开花至成熟，也称子粒形成阶段，以生殖生长为主。

3.2.3 确定了评估物种濒危状况的具体标准

3.2.3.1 灭绝 Extinct（EX）

如果有理由怀疑一分类单元的最后一个个体已经死亡，即认为该分类单元已经灭绝。于适当时间（日、季、年），对已知和可能的栖息地进行彻底调查，如果没有发现任何一个个体，即认为该分类单元已经灭绝。但必须根据该分类单元的生活史和生活形式来选择适当的调查时间。

3.2.3.2 野外灭绝 Extinct in the Wild（EW）

如果已知一分类单元只生活在栽培、圈养条件下或者只作为自然进化种群（或种群）生活在远离其过去的栖息地时，即认为该分类单元属于野外灭绝。于适当时间（日、季、年），对已知的和可能的栖息地进行彻底调查，如果没有发现任何一个个体，即认为该分类单元属于野外灭绝。但必须根据该分类单元的生活史和生活形式来选择适当的调查时间。

3.2.3.3 极危 Critically Endangered（CR）

当一个分类单元的野生物种面临即将灭绝的概率非常高，即符合极危标准中的任何一条标准（A~E）时，该分类单元即列为极危。

3.2.3.4 濒危 Endangered（EN）

当一分类单元达到极危标准，但是其野生种群在不久的将来面临灭绝的概率很高，即符合濒危标准的任何一条（A~E）时，该分类单元即列为濒危。

3.2.3.5 易危 Vulnerable（VU）

当一分类单元未达到极危或者濒危标准，但是在未来一段时间后，其野生种群面临灭绝的概率很高，即符合易危标准中的任何一条标准（A~E）时，该分类单元即列为易危。

3.2.3.6 近危 Near Threatened（NT）

当一分类单元未达到极危、濒危或者易危标准，但是在未来一段时间后，接近符合或可能符合受威胁等级，该分类单元即列为近危。

3.2.3.7 无危 Least Concern（LC）

当一分类单元被评估未达到极危、濒危、易危或者近危标准，该分类单元即列为无危。广泛分布和种类丰富的分类单元都属于该等级。

3.2.3.8 数据缺乏 Data Deficient（DD）

如果没有足够的资料来直接或者间接地根据一分类单元的分布或种群状况来评估其灭绝的危险程度时，即认为该分类单元属于数据缺乏。属于该等级的分类单元也可能已经做过大量研究，有关生物学资料比较丰富，但有关其丰富度和/或分布的资料却很缺乏。因此，数据缺乏不属于受威胁等级。列在该等级的分类单元需要更多的信息资料，而且通过进一步的研究，可以将其划分到适当的等级中。重要的是能够正确地使用可以使用的所有数据资料。多数情况下，确定一分类单元属于数据缺乏还是受威胁状态时应当十分谨慎。如果推测一分类单元的生活范围相对地受到限制，或者对一分类单元的最后一次记录发生在很长的时间以前，那么可以认为该分类单元处于受威胁状态。

3.2.3.9　未予评估 Not Evaluated（NE）

如果一分类单元未经应用本标准进行评估，则可将该分类单元列为未予评估。

具体评估指标体系见《重要作物种质资源保护评估指标体系》。

3.2.4　对物种实际评估的结果与分析

以此评估体系对已编目的各类型物种进行实际评估，重点在于对物种特有性、优异性、保护状况和濒危状况进行评估，初步评估结果显示种质库中有412份、多年生资源圃中有1012份重要物种资源处于濒危而需要保护。这些物种资源大多数原产中国或为中国所特有，是十分珍贵的资源。具体见《中国重点保护农作物物种资源目录》。

该评估指标体系通过在资源调查收集中的实际应用，认为评估体系目的明确，评估原则合理，评估指标体系具体。从本专题评估得到的各类重要物种名录看，通过评估基本摸清了我国物种资源目前所处的自然状况以及保护保存状况，也基本摸清了处于濒危而需要保护的重要物种，为今后制定物种资源保护策略提供了科学依据。

3.3　重要作物种质资源保护评估指标体系

3.3.1　种质资源保护评估目的和意义

农作物种质资源是指农业栽培植物及其野生近缘植物种质资源，也称为农作物基因资源。或称为遗传资源。农作物种质资源是生物资源中与人类生存和发展关系最密切的部分，是人类食品、衣着的最重要来源，是地球上最宝贵的财富，是人类赖以生存和发展的重要物质基础，也是农业起源和发展的基本前提条件，是作物育种及其生物技术产业的物质基础，也是研究起源、演化、分类、生态、生理生化、遗传等学科的物质基础。

中国幅员辽阔，生态环境复杂，农业历史悠久，作物种质资源十分丰富，是世界作物多样性中心之一。据初步统计，世界上栽培植物有1 200余种，中国就有600余种，其中有300余种是起源于中国或种植历史超过2 000年。中国的种质资源被引种到世界各地，在科研和生产上均发挥了巨大作用。中国经整理编目的种质资源已有374种作物，共50万份，入国家种质库长期保存的有43.5万份，入国家种质圃保存的6.5万份，它们分属78科，256属，2 114个种（不含花卉和药用植物）。对入国家种质库长期保存的种质资源全部进行了农艺性状鉴定，部分进行了品质、抗逆和抗病虫鉴定，从中已初步筛选出2万余份综合性状较好或具有某一特优性状的种质资源。这些优异材料，部分已提供给 1 600 多个生物技术、育种或教学单位利用，有些还在高寒地区、盐碱地区、干旱地区和矿山复垦区直接推广利用，有些还向世界各国提供，都已初显成效。

由于人口不断增加，粮食问题已成为世界面临的重大问题之一。增加粮食产量，不能主要靠扩大种植面积，因为大量开垦荒地会损害生态环境，危害生物多样性。要使农业持续发展，粮食持续增产主要得靠提高单位面积产量。欲提高单产，灌溉、施肥及其他栽培措施固然重要，而优良品种却是首要因素。选育良种要靠作物基因的多样性。目前任何高新技术都还不能创造基因，而只能在生物体之间转移、复制，或对基因进行修饰，丰富的基因存在于多种多样的品种（包括古今中外的品种）及其野生亲缘植物中。人们已认识到，育种实质上是种质资源再加工，因此保护农用植物基因资源多样性，利用分子技术发掘其中优异基因，推动农业科技革命，是实现农业可持续发展的中心策略。

然而面对数十万份种质资源如何进行开发利用，又如何将的潜在优势变为现实优势，这是目前迫切需要解决的一个科学问题，同时也是世界各国普遍关注的研究领域。

评估指标体系是国家自然科技资源建设的基础，制定统一的农作物种质资源评估指标体系，有利于整合全国的农作物种质资源，在规范农作物种质资源的收集、整理和保存的基础上，针对 50 万份农作物种质资源，重点在珍稀资源、濒危资源以及目录列出的资源等，进行全面的规范评估，筛选出具有直接和潜在利用价值的资源，对重要农作物种质资源的保护提供理论依据。创造良好的共享环境和条件，搭建高效的共享平台，有效的保护和高效的利用农作物种质资源，充分挖掘其潜在的经济、社会和生态价值，促进全国农作物种质资源事业的跨越式发展。

农作物种质资源评估指标体系采用了农作物种质资源描述规范中的描述符及其分级标准，以便对农作物种质资源进行标准化整理和数字化表达。农作物种质资源数据标准规定了农作物种质资源各描述符的字段名称、类型、长度、小数位、代码等，以便建立统一、规范的农作物种质资源数据库。农作物种质资源数据质量控制规范规定了农作物种质资源数据采集全过程中的质量控制内容和质量控制方法，以保证数据的系统性、可比性和可靠性。

3. 3. 2　种质资源保护评估的原则和方法

3. 3. 2. 1　农作物种质资源评估指标制定的原则和方法

（1）制定原则。

1）优先考虑现有农作物种质资源数据库中的描述符和描述标准。

2）以我国农作物种质资源和育种研究需求为主，兼顾生产需要，讲求实效。

3）既考虑我国当前农作物种质资源研究的基础，亦顾及将来发展。

4）借鉴国际植物遗传资源研究所（IPGRI）等研究单位发布的描述符表。

（2）农作物种质资源评估的原则。

1）物种的特有性，即原产地为中国的物种或是中国所特有。

2）物种的优异性，根据物种资源的品质性状鉴定、抗病性鉴定和抗逆性鉴定的结果评估物种资源的优异性。

3）物种的保护状况，根据物种资源所处的自然状况和保存状况评估物种资源的保护价值和保护措施。

4）物种的濒危状况，根据物种的具体情况确定濒危等级，按照国家有关的保护办法建议采取相应的保护措施。

5）物种的特异性，根据评价鉴定的结果筛选有特异性的物种，确定其保护价值。

6）物种的可利用性，根据以下方面评价确定物种的可利用性。

①农艺性状。

②品质性状。

③抗逆性状。

④抗病虫性状。

⑤特异功能因子。

（3）方法和内容。

1）评价指标类别分为6类。

①基本信息。

②形态特征和生物学特性。

③种子品质特性。

④抗逆性。

⑤抗病虫性。

⑥其他特征特性。

2）描述符代号由描述符类别加两位顺序号组成。如第一类描述符的第5个描述符代号为“105”，第五类的第10个描述符的代号为“510”。

3）描述符性质分为3类。

M：必选描述符。即所有的该类别种质资源必须具备的描述符。

O：可选描述符。描述该类别种质资源可以选择的描述符，如植株整齐度、幼苗习性、粒质等。

C：条件描述符。只需对某一类该类别种质资源进行描述的描述符，如该种质育成品种的系谱、选育单位、育成年份等。

4）描述符的代码顺序为：数量性状从低到高、从小到大、颜色从浅到深，抗性从强到弱等。

5）每个描述符都有基本的定义或说明，数量性状以单位表示，质量性状以评价标准和等级划分。

6）植物学形态性状描述符的每个代码均有对应的模式图。

3.3.2.2　农作物种质资源评估指标数据标准制定的原则和方法

（1）原则。

1）与农作物种质资源描述规范相一致。

2）优先考虑现有数据库中的数据标准。

（2）方法和要求。

1）数据标准中代号与描述规范中的代号一致。

2）字段名最长 10 位，5 个汉字。

3）字段类型分字符型（以 C 表示）、数值型（以 N 表示）和日期型（以 D 表示），格式为 YYYYMMDD，其中 YYYY 为年，MM 为月，DD 为日。

3.3.2.3　农作物种质资源评估指标数据质量控制规范制定的原则和方法

（1）采集的数据应具有系统性、可比性和可靠性。

（2）数据质量控制以过程控制为主，兼顾结果控制。

（3）数据质量控制方法应具有可操作性。

（4）鉴定评价方法以现行国家标准和行业标准为首选依据。如无国家标准和行业标准，则以国际标准或国内比较公认的先进方法为依据。

（5）每个描述符的质量控制应包括田间设计，样本数或群体大小，时间或时期，取样数和取样方法，计量单位、精度和允许误差，采用的鉴定评价规范和标准，采用的仪器设备，性状的观测和等级划分方法，数据校验和数据分析。

3.3.3　农作物种质资源的评估指标体系（以小麦为例）

1　范围

本标准规定了农作物种质资源评估指标的描述符及其分级标准。

本标准适用于农作物种质资源的鉴定评估、保护级别评估、选优评估，农作物种质资源的收集、整理和保存，以及数据库和信息共享网络系统的建立。

2　规范性引用文件

下列标准中的条款通过本标准的引用而成为本标准的条款。凡是注日期的引用标准，其随后所有的修改单（不包括勘误的内容）或修订版均不适用于本标准。但是，鼓励根据本标准达成协议的各方研究是否可使用这些标准的最新版本。凡是不注日期的引用标准，其最新版本适用于本标准。

ISO 3166-1　国家和地区名的代码表示法　第 1 部分：地区代码

ISO 3166-2　国家和地区名的代码表示法　第 2 部分：国家地区代码

ISO 3166-3　国家和地区名的代码表示法　第 3 部分：国家以前所用名的代码

GB/T 2260　全国县及县以上行政区划代码表

GB/T 12404　单位隶属关系代码

GB 3543　农作物种子检验规程

GB/T 19557.2—2004　小麦新品种 DUS 测试指南

3　术语和定义

3.1　农作物种质资源

可向农作物传递种质的植物材料。农作物种质资源包括农作物中各个种及其亲缘属的植物。有野生的和栽培的，有地方品种、育成品种和引进品种，也有具特殊优良性状的品系、突变体、雄性不育以及非整倍体等。

3.2　基本信息

农作物种质资源基本情况描述信息，包括全国统一编号、种质名称、原产地、编号、保存单位、选育单位、育成年份、选育方法等。

3.3 形态特征和生物学特性

农作物种质资源形态学特征和生物学特性，以及经济性状和与农事活动相关的性状。在中国实际操作中仅包括形态学性状（如芒状、壳色、穗型、粒形、粒色等）、发育性状（如拔节期、抽穗期、成熟期等）、产量性状（如穗粒数、千粒重等）和与农事活动相关的性状（如播种期、出苗期等）。

3.4 品质性状

农作物籽粒的营养品质包括蛋白质及赖氨酸的含量；加工品质包括磨粉品质和食品加工品质。

3.5 抗逆性

农作物种质资源对逆境（如干旱、盐碱、寒冷、耐湿等）的抵抗（耐受）能力。

3.6 抗病性

农作物种质资源对病害的病原菌侵入和扩展的抵抗能力。对病害免疫的为抗侵入，对病害具有不同程度的抵抗能力的为抗扩展，无抵抗能力的为感病。小麦种质资源的主要病害有条锈病、叶锈病、秆锈病、白粉病、赤霉病、根腐病、纹枯病、黄矮病及全蚀病等。

3.7 抗虫性

农作物种质资源对害虫危害的抵抗能力。小麦种质资源的主要害虫有麦蚜虫、吸浆虫等。

3.8 农作物的生育周期

根据农作物不同生育阶段的特点，可把农作物的一生划分为12个生育时期，即出苗、三叶、分蘖、越冬、返青、起身、拔节、孕穗、抽穗、开花、灌浆、成熟期。根据农作物器官形成的特点，可将几个连续的生育时期合并为某一生长阶段，苗期阶段即从出苗到起身期，主要进行营养生长，以长根、长叶和分蘖为主。中期阶段即从起身至开花期，是营养生长与生殖生长并进阶段，即有根、茎、叶的生长，又是麦穗分化发育的过程。后期阶段即从开花至成熟，也称子粒形成阶段，以生殖生长为主。

4 基本信息

4.1 全国统一编号

主持全国农作物种质资源编目单位赋予每份种质材料的编号。如国内普通小麦种质资源的编号由“ZM”加6位顺序号组成。

4.2 种质库编号

农作物种质在国家农作物种质资源长期库中的编号，由“I1B”加5位顺序号组成，国家长期库使用。

4.3 引种号

农作物种质资源从国外引入时国家主管单位赋予的编号，国家引种主管单位使用。

4.4 采集号

农作物种质资源在野外采集时赋予的编号。

4.5 种质名称

农作物种质资源的中文名称。

4.6 种质外文名

国外引进农作物种质的外文名称或国内种质对外交换用的汉语拼音名称。

4.7 科名

如：禾本科（Gramineae）。

4.8 属名

如：小麦属（*Triticum* L.）。

4.9 学名

如：普通小麦的学名为 *Triticum aestivum* L.

4.10 原产国

农作物种质资源原产国家名称或引进（来源）国家。

4.11 原产省

农作物种质资源的原产省份。

4.12 原产地

农作物种质资源的原产省、县、村名称。

4.13 海拔

农作物种质资源原产地的海拔，单位为 m。

4.14 经度

农作物种质资源原产地的经度，单位为度和分。格式为 DDDFF，其中 DDD 为度，FF 为分。

4.15 纬度

农作物种质资源原产地的纬度，单位为度和分。格式为 DDFF，其中 DD 为度，FF 为分。

4.16 来源地

农作物种质资源的来源国家、省、县名称，地区名称或国际组织机构名称。

4.17 保存单位

农作物种质资源提交国家种质资源长期库前的原保存单位名称。

4.18 保存单位编号

农作物种质资源在原保存单位中的编号。

4.19 系谱

育成的农作物品种或种质材料的杂交亲本组合。

4.20 选育单位

选择培育农作物品种或种质材料的单位名称或个人。

4.21 育成年份

农作物品种（系）培育成功的年份。

4.22 选育方法

农作物品种（系）的育种方法。

4.23　种质类型

农作物种质资源类型分为6类。

（一）野生资源

（二）地方品种

（三）选育品种

（四）品系

（五）特殊遗传材料

（六）其他

4.24　图像

农作物种质资源的图像文件名，图像格式为.jpg。

4.25　观察地点

农作物种质资源形态特征和生物学特性的观察地点。

5　形态特征和生物学特性

5.1　冬春性

如：小麦种质苗期通过春化阶段所需要低温的程度和时间。

（一）冬性

（二）弱冬

（三）春性

（四）兼性

5.2　播种期

农作物田间播种的日期，以“月/日”表示，格式“MM/DD”。

5.3　出苗期

农作物播种后，全区50%以上的幼苗露出地面2~3cm的日期，以“月/日”表示，格式“MM/DD”。

5.4　返青期

北方秋播的冬性材料，在冬季地上叶片因寒冷而干枯或退绿，到翌年春季老叶返绿叶片长出的日期。以“月/日”表示，格式“MM/DD”。

5.5　拔节期

当茎伸长达到3~4cm，第一节间伸出地面1.5~2.0cm的日期。以“月/日”表示，格式“MM/DD”。

5.6　抽穗期

穗子从旗叶鞘伸出的日期。以“月/日”表示，格式“MM/DD”。

5.7　开花期

麦穗开花或露出花药的日期。以“月/日”表示，格式“MM/DD”。

5.8　成熟期

子粒成熟的日期，以“月/日”表示，格式“MM/DD”。

5.9　熟性

根据当地生产上大面积种植品种的成熟情况，分为：

（一）极早
（二）早
（三）中
（四）晚

5.10　全生育期

从播种之日至成熟之日的天数，以 d 表示。

5.11　光周期反应特性

苗对光照长度的反应。

（一）迟钝型
（二）中等型
（三）敏感型

5.12　休眠期

种子成熟后需要一定时期的后熟，种子才能发芽，这段时间称为休眠期。不同品种之间种子休眠期长短差异很大。

（一）短
（二）中
（三）长

5.13　芽鞘色

幼芽鞘伸出地面长约 2cm 时芽鞘的颜色。

（一）绿色
（二）紫色

5.14　幼苗习性

农作物种质在分蘖盛期叶片的姿态。

（一）直立
（二）半匍匐
（三）匍匐

5.15　苗色

幼苗的颜色。

（一）浅绿
（二）绿
（三）深绿

5.16　苗叶长

幼苗叶片的长度。

（一）短
（二）中
（三）长

5.17　苗叶宽

幼苗叶片的宽度。

（一）窄
（二）中
（三）宽

5.18 叶片茸毛

苗叶表面的茸毛特性。
（一）无
（二）有

5.19 株型

植株抽穗后主茎和分蘖茎的集散程度。
（一）紧凑
（二）中等
（三）松散

5.20 叶姿

叶片的形态，茎叶夹角及披散情况。
（一）挺直
（二）中间
（三）下披

5.21 旗叶长度

穗下第一叶称为旗叶，叶片基部至叶尖的长度。
（一）短
（二）长

5.22 旗叶宽度

穗下第一叶称为旗叶，叶片中部最大宽度。
（一）窄
（二）宽

5.23 旗叶角度

旗叶与穗下茎之间的角度。
（一）挺直
（二）中等
（三）下披

5.24 叶耳色

在叶舌的两旁，有一对从叶片基部边缘伸出来的突出物，颜色分为：
（一）绿色
（二）紫色

5.25 花药色

花药是花丝顶端膨大呈囊状的部分，是雄蕊的重要组成部分，颜色分为：
（一）黄
（二）紫

5.26　穗蜡质

开花至灌浆期，在穗表面有一层白色粉状蜡质。

（一）无

（二）轻

（三）重

5.27　茎蜡质

开花至灌浆期，在茎表面有一层白色粉状蜡质。

（一）无

（二）轻

（三）重

5.28　叶蜡质

开花至灌浆期，在叶表面有一层白色粉状蜡质。

（一）无

（二）轻

（三）重

5.29　穗形

穗子的形状。

（一）纺锤形

（二）长方形

（三）圆锥形（塔形）

（四）棍棒形

（五）椭圆形

（六）分枝形

5.30　秆色

蜡熟期观察茎秆的颜色。

（一）黄色

（二）紫色

5.31　芒型

指外稃顶尖的延长物有无、长短和形状。

（一）无（顶）芒

（二）短芒

（三）长芒

（四）勾曲芒

（五）短曲芒

（六）长曲芒

5.32　芒色

成熟时芒色与壳色多为一致。一般情况下芒色不写，只注明特殊芒色如黑芒等。

（一）白

（二）红
（三）黑

5.33　壳色

成熟期护颖和外稃的颜色。

（一）白
（二）红
（三）色
（四）白底黑花（边）
（五）红底黑花（边）

5.34　壳毛

指颖壳是否披茸毛，只记颖壳有茸毛者。

5.35　护颖形状

护颖侧面的形状，以主穗中部护颖为准。

（一）长圆形（披针形）
（二）椭圆形
（三）卵形
（四）长方形
（五）圆形

5.36　颖肩

护颖肩部的形状，以主穗中部护颖为准。

（一）无肩
（二）斜肩
（三）方肩
（四）丘肩（肩外部向上凸出）

5.37　颖嘴

护颖先端的形状，以主穗中部护颖为准。

（一）钝形
（二）锐形
（三）鸟嘴形

5.38　颖脊

护颖中部突起的龙骨为颖脊，有些品种脊上有锯齿。

（一）不明显
（二）明显

5.39　粒形

完全成熟后籽粒的形状。

（一）长圆形
（二）卵形
（三）椭圆形

（四）圆形

5.40　腹沟

籽粒腹面凹沟的深浅、宽窄。

（一）浅

（二）深

5.41　冠毛

籽粒顶端的茸毛。

（一）少

（二）多

5.42　粒色

成熟籽粒的颜色。

（一）白

（二）红（浅红）

（三）黑紫色

（四）青色

5.43　粒质

根据籽粒质地的软硬，分为

（一）软质

（二）半硬

（三）硬质

5.44　粒大小

完全成熟籽粒，根据千粒重分为

（一）小

（二）中

（三）大

（四）特大

5.45　饱满度

完全成熟籽粒的充实度。

（一）饱满

（二）中等

（三）不饱满

5.46　籽粒整齐度

籽粒之间大小差异程度，目测是否整齐。

（一）不齐

（二）中

（三）齐

5.47　株高

植株的高度，乳熟期前后从地面量至穗顶（不包括芒）的长度，单位为 cm。

5.48　植株整齐度

抽穗至成熟期间，植株高度、主穗与分蘖穗的整齐程度。

（一）不整齐

（二）中等

（三）整齐

5.49　分蘖数

单株总分蘖数。单位“个”。

5.50　有效分蘖数

单株成穗数。单位“个”。

5.51　穗长

穗子的长度，从穗基部到穗顶部（不包括芒）的长度，单位 cm。

5.52　小穗着生密度

平均每 10cm 穗轴上着生的小穗数。

（一）稀

（二）中

（三）密

（四）极密

5.53　每穗小穗数

一个麦穗上着生小穗的总数，包括不育小穗。

5.54　不育小穗数

一个麦穗下部不结实的小穗数（顶部小穗不育另注明）。

5.55　小穗粒数

着生在穗中部结实最多的小穗结实粒数。

5.56　穗粒数

全麦穗脱粒后，数其总粒数。

5.57　穗粒重

全麦穗脱粒后，称其粒重，单位 g。

5.58　千粒重

1 000 粒干燥籽粒的重量，单位 g。

5.59　单株生物学产量

包括根、茎、叶及穗子的重量，用 1/100 天平称重，单位 g，精确至 0.01g。

5.60　落粒性

籽粒完全成熟后，自然落粒的程度。

（一）口紧

（二）中

（三）口松

5.61　抗倒伏性

农作物抽穗后至成熟阶段，遇风雨倒伏后植株的恢复程度。

（一）极弱

（二）弱

（三）中

（四）强

6　品质特性

6.1　种子含水量

种子中所含有水分的质量占种子总质量的百分率，单位%。

6.2　容重

小麦籽粒在单位容积内的质量，单位 g/l。

6.3　硬度

农作物籽粒软硬程度，一般采用研磨时间法（GT），数值越小越硬，单位 s。

6.4　粗蛋白含量

籽粒含粗蛋白含量的比率，单位%，精确至 0.1。

6.5　沉降值

在一个标准时间间隔内，在一定浓度的乳酸溶液中，悬浮面粉的沉淀体积，单位 ml，精确至 0.1。

6.6　湿面筋含量

以含水量为 14%的农作物面粉含有湿面筋的百分数表示，单位%。

6.7　面团稳定时间

稳定时间长短反映面团的耐揉性，即对剪切力降解的抵抗力。稳定时间越长，面团韧性越好，面筋的强度越大，面团加工过程的处理性能越好，单位 min。

7　抗逆性

7.1　苗期抗旱性鉴定

农作物种质在苗期抵抗土壤干旱或天气干旱的能力，以苗期的相对成活苗率表示，精确至 0.1。

1　HR　高抗

3　R　抗

5　MR　中抗

7　S　敏感

9　HS　高感

7.2　成株期抗旱性鉴定

在拔节至孕穗期，在旱棚或田间条件下进行。计算抗旱指数，精确至 0.1。

1　HR　高抗

3　R　抗

5　MR　中抗

7　S　敏感

9　HS　高感

7.3　全生育期耐旱性鉴定

指农作物植株抵抗土壤干旱或大气干旱的能力，以全生育期的抗旱指数表示，精确至0.1。

1　HR　高抗
3　R　抗
5　MR　中抗
7　S　敏感
9　HS　高感

7.4　苗期耐盐性

农作物苗期对土壤中高浓度盐分胁迫的忍耐能力，以苗期耐盐力表示，精确至0.01。

1　HT　高耐
3　T　耐
5　MT　中耐
7　S　敏感
9　HS　高感

7.5　芽期耐盐性

指农作物对土壤中高浓度盐分胁迫的忍耐能力，以芽期耐盐力表示，精确至0.01。

1　HT　高耐
3　T　耐
5　MT　中耐
7　S　敏感
9　HS　高感

7.6　全生育期耐盐性

指农作物对土壤中高浓度盐分胁迫的忍耐能力，以全生育期耐盐力表示，精确至0.01。

1　HT　高耐
3　T　耐
5　MT　中耐
7　S　敏感
9　HS　高感

7.7　抗寒性

指冬小麦幼苗在冬季抵抗寒冷的能力，以越冬返青率（%）表示。

1　HR　高抗
3　R　抗
5　MR　中抗
7　S　敏感

9 HS 高感

7.8 耐湿性

指农作物对土壤水分过多的胁迫环境的耐力。

1 强

2 中

3 弱

7.9 抗穗发芽

进入成熟期，在田间或收获后，遇有连阴雨或潮湿天气，籽粒在穗子上的发芽程度。

1 HR 高抗

3 R 抗

5 MR 中抗

7 S 敏感

9 HS 高感

8 抗病虫性

8.1 条锈病抗性

农作物对条锈病菌 *Puccinia striiformis* Westend. 侵害的抵抗能力。

1 HR 高抗

3 R 抗

5 MR 中抗

7 S 敏感

9 HS 高感

8.2 叶锈病抗性

农作物对叶锈病菌 *Puccinia triticina* Eriks 侵害的抵抗能力。

1 HR 高抗

3 R 抗

5 MR 中抗

7 S 敏感

9 HS 高感

8.3 秆锈病抗性

农作物对秆锈病菌 *Puccinia graminis* Pers. 侵害的抵抗能力。

1 HR 高抗

3 R 抗

5 MR 中抗

7 S 敏感

9 HS 高感

8.4 白粉病抗性

农作物对白粉病菌 *Blumeria graminis*（DC.）E. O. Speer 侵害的抵抗能力。

1　HR　高抗
3　R　抗
5　MR　中抗
7　S　敏感
9　HS　高感

8.5　赤霉病抗性

农作物对赤霉病菌 *Fusarium* spp. 侵害的抵抗能力。

1　HR　高抗
3　R　抗
5　MR　中抗
7　S　敏感
9　HS　高感

8.6　根腐病抗性

农作物对根腐病菌 *Bipolaris sorokiniana*（Sacc.）Shoemaker 侵害的抵抗能力。

1　HR　高抗
3　R　抗
5　MR　中抗
7　S　敏感
9　HS　高感

8.7　纹枯病抗性

农作物对纹枯病菌 *Rhizoctonia cerealis* Van der Hoeven 侵害的抵抗能力。

1　HR　高抗
3　R　抗
5　MR　中抗
7　S　敏感
9　HS　高感

8.8　黄矮病抗性

农作物对黄矮病毒（Barley yellow dwarf virus）侵害的抵抗能力。

1　HR　高抗
3　R　抗
5　MR　中抗
7　S　敏感
9　HS　高感

8.9　全蚀病抗性

农作物对全蚀病菌 *Gaeumannomyces graminis*（Sacc.）Arx. Oliver 危害的抵抗能力。

1　R　抗
2　MR　中抗
3　S　敏感

4　HS　高感

8.10　吸浆虫抗性

农作物对麦红吸浆虫（*Sitodiplosis mosellana* Genin.）危害的抵抗能力。

0　I　免疫

1　HR　高抗

2　MR　中抗

3　LR　低抗

4　S　敏感

8.11　蚜虫抗性

农作物对麦蚜［麦长管蚜 *Sitobion avenae*（Fabricius）、麦二叉蚜 *Schizaphis graminum*（Rondani）、禾缢管蚜 *Rhopalosiphum padi*（Linnaeus）、麦无网长管蚜 *Metopolophium dirhodum*（Walker）］危害的抵抗能力。以麦株的蚜虫头数和分布部位分抗性等级，分为：

1　HR　高抗

3　R　抗

5　MR　中抗

7　S　敏感

9　HS　高感

9　其他特征特性

9.1　杂交后代

两个遗传性不同的小麦品种间杂交产生的具有杂种优势的子一代。

9.2　农作物非整倍体

染色体数偏离其基数完整倍数的农作物种质资源，包括单个植株或成套系统，它们的染色体组中个别染色体或染色体臂多于或少于正常数目。

9.3　核型

核型（karyotype）是细胞分裂中期染色体特征的总和，包括染色体的数目、大小和形态特征等。

9.4　近等基因系

近等基因系（Near isogenic lines，NIL）是指经过一系列回交过程中一组遗传背景相同或相近，只在个别染色体区段上存在差异的株系。

9.5　重组近交系

即 RILs 群体，由 F_2 经过多代自交单粒传递（Single seed descendant，简称 SSD）使后代基因组相对纯合的群体。

9.6　DH 群体

即加倍单倍体群体（Doubled haploid），简称 DH。也是小麦 QTL 研究中经常使用的一种群体。

9.7　分子标记

农作物种质指纹图谱和重要性状的分子标记类型及其特征参数。

1：RAPD

2：RFLP

3：AFLP

4：SSR

5：STS

6：SNP

10 濒危状况

10.1 灭绝 Extinct（EX）

如果有理由怀疑一分类单元的最后一个个体已经死亡，即认为该分类单元已经灭绝。于适当时间（日、季、年），对已知和可能的栖息地进行彻底调查，如果没有发现任何一个个体，即认为该分类单元已经灭绝。但必须根据该分类单元的生活史和生活形式来选择适当的调查时间。

10.2 野外灭绝 Extinct in the Wild（EW）

如果已知一分类单元只生活在栽培、圈养条件下或者只作为自然进化种群（或种群）生活在远离其过去的栖息地时，即认为该分类单元属于野外灭绝。于适当时间（日、季、年），对已知的和可能的栖息地进行彻底调查，如果没有发现任何一个个体，即认为该分类单元属于野外灭绝。但必须根据该分类单元的生活史和生活形式来选择适当的调查时间。

10.3 极危 Critically Endangered（CR）

当一个分类单元的野生物种面临即将灭绝的概率非常高，即符合极危标准中的任何一条标准（A～E）时（见第Ⅴ部分），该分类单元即列为极危。

10.4 濒危 Endangered（EN）

当一分类单元达到极危标准，但是其野生种群在不久的将来面临灭绝的概率很高，即符合濒危标准的任何一条（A～E）时（见第Ⅴ部分），该分类单元即列为濒危。

10.5 易危 Vulnerable（VU）

当一分类单元未达到极危或者濒危标准，但是在未来一段时间后，其野生种群面临灭绝的概率很高，即符合易危标准中的任何一条标准（A～E）时（见第Ⅴ部分），该分类单元即列为易危。

10.6 近危 Near Threatened（NT）

当一分类单元未达到极危、濒危或者易危标准，但是在未来一段时间后，接近符合或可能符合受威胁等级，该分类单元即列为近危。

10.7 无危 Least Concern（LC）

当一分类单元被评估未达到极危、濒危、易危或者近危标准，该分类单元即列为无危。广泛分布和种类丰富的分类单元都属于该等级。

10.8 数据缺乏 Data Deficient（DD）

如果没有足够的资料来直接或者间接地根据一分类单元的分布或种群状况来评估其灭绝的危险程度时，即认为该分类单元属于数据缺乏。属于该等级的分类单元也可能已经做过大量研究，有关生物学资料比较丰富，但有关其丰富度和/或分布的资料却很缺乏。因此，数据缺乏不属于受威胁等级。列在该等级的分类单元需要更多的信息资料，而且通过进一步的研究，可以将其划分到适当的等级中。重要的是能够正确地使用可以使用的所有数据资料。多数情况下，确定一分类单元属于数据缺乏还是受威胁状态时应当十分谨慎。如果推测一分类单元的生活范围相对地受到限制，或者对一分类单元的最后一次记录发生在很长的时间以前，那么可以认为该分类单元处于受威胁状态。

10.9 未予评估 Not Evaluated（NE）

如果一分类单元未经应用本标准进行评估，则可将该分类单元列为未予评估。

3.3.4 农作物种质资源评估体系数据质量控制规范（以小麦为例）

1 范围

本标准规范了农作物种质资源评估体系的数据采集过程中的质量控制内容和方法。

本标准适用于农作物种质资源的鉴定评估、保护级别评估、选优评估，农作物种质资源的收集、整理和保存，以及数据库和信息共享网络系统的建立。

2 规范性引用文件

下列标准中的条款通过本标准的引用而成为本标准的条款。凡是注日期的引用标准，其随后所有的修改单（不包括勘误的内容）或修订版均不适用于本标准。但是，鼓励根据本标准达成协议的各方研究是否可使用这些标准的最新版本。凡是不注日期的引用标准，其最新版本适用于本标准。

ISO 3166-1 国家和地区名的代码表示法 第1部分：地区代码

ISO 3166-2 国家和地区名的代码表示法 第2部分：国家地区代码

ISO 3166-3 国家和地区名的代码表示法 第3部分：国家以前所用名的代码

GB/T 2260 全国县及县以上行政区划代码表

GB/T 12404 单位隶属关系代码

GB/T 3543.1—1995 农作物种子检验规程 总则

GB/T 5490—1985 粮食、油料及植物油脂检验 一般规则

GB/T 3543.6—1995 农作物种子检验规程 水分测定

GB 5498—85 粮食、油料检验 容重测定法

GB 2905—82 谷类、豆类作物种子粗蛋白质测定法

GB/T 5506—85 小麦粉湿面筋检验法

GB/T 15685—1995 小麦粉沉淀值的测定法

GB/T 7871—87 土壤全盐量测定

NY/PZT 001—2002 小麦耐盐性鉴定评价技术规范

GB/T 19557.2—2004 小麦新品种 DUS 测试指南

3 数据质量控制的基本方法

3.1 形态特征和生物学特性观测实验设计

（一）试验地点

试验地点的气候和生态条件应能够满足小麦植株的正常生长及其性状的正常表达。

（二）田间设计

田间试验设计采用不完全随机区组排列，行长 2m，行距 30cm，每行平均稀条播 70~80 粒，2~3 行为一小区，也可根据生态区、种质类型和当地种植习惯而定。在正常年份，每小区可收获 300~50g 种子。

（三）播种日期

华北地区，冬小麦 9 月下旬至 10 月上旬播种，春小麦次年 3 月上旬播种。其他地区，按当地生产习惯适期播种。

3.2 栽培环境条件控制

种植农作物种质资源的试验地应具有当地代表性，在气候条件、土壤类型、土壤肥力等方面要保证试验材料生长发育所必需的条件。试验地要远离污染、无人畜侵扰、附近无高大建筑物。试验地的栽培管理与大田生产基本相同，采用相同水肥管理：土地要求平整、底肥充足、良好的墒情；生长期间及时除草、施肥、去杂，北方麦区立冬前后冬灌一次，在拔节期、抽穗期和灌浆期根据旱情酌情灌水；南方麦区冬季清沟理墒，防止春季麦田土壤湿害。及时防治病虫害，保证幼苗和植株的正常生长。

3.3 对照品种设置

对照品种应选用当前生产上推广面积较广的同类型主栽品种，每 20 行设一对照。

3.4 保护行设置

试验地周围设保护行，具体依据田间实际情况而定。

3.5 数据采集

形态特征和生物学特性观测试验原始数据的采集应在种质正常生长情况下获得。如遇自然灾害等因素严重影响植株正常生长，应重新进行观测试验和数据采集。

3.6 试验数据统计分析和校验

对每份农作物种质资源的形态特征和生物学特性观测数据，依据对照品种进行校验。根据每年 2~3 次重复、2 年度的观测校验值，计算每份种质性状的平均值、变异系数和标准差，并进行方差分析，判断试验结果的稳定性和可靠性。取校验值的平均值作为该种质的性状值。

对农艺性状（如产量、品质、抗逆、抗病等）及分子生物学性状（分子标记等），应用生物统计的方法进行整理分析，了解其各种性状的变异程度、差异显著性及遗传关系、遗传多样性等。

4 基本信息

4.1 全国统一编号

主持全国农作物种质资源编目单位赋予每份种质材料的编号。已编目的农作物种质资源编号分为 4 类：

（一）国内普通小麦的编号为 ZM000001~……，ZM 为中国小麦的简称“中麦”二字的汉语拼音的首写字母。

（二）国外普通小麦的编号为 MY000001~……，MY 为“麦引”二字的汉语拼音的首写字母。

（三）小麦稀有种的编号为 XM000001~……，XM 为稀有种小麦的简称“稀麦”

二字的汉语拼音的首写字母。

（四）小麦特殊遗传材料的编号为 TM000001～……，TM 为小麦特殊遗传材料简称“特麦”二字的汉语拼音的首写字母。

4.2 种质库编号

种质库编号是由“I1B”加 5 位顺序号组成的 8 位字符串，如“I1B10001”。其中“I”代表国家农作物种质资源长期库中的 1 号库，“1”代表粮食作物，“A”代表小麦，后五位为顺序号，从“00001”到“99999”，代表具体作物小麦种质的编号。只有已进入国家农作物种质资源长期库保存的种质才有种质库编号。每份种质具有唯一的种质库编号，由国家长期库使用。

4.3 引种号

引种号是由年份加 4 位顺序号组成的 8 位字符串，如“19940024”，前 4 位表示种质从境外引进年份，后 4 位为顺序号，从“0001”到“9999”。每份引进种质具有唯一的引种号，由国家引种主管单位使用。

4.4 采集号

种质资源在野外采集时赋予的编号。一般由年份加 2 位省份代码加顺序号组成。

4.5 种质名称

国内种质的原始名称，如果有多个名称，可以放在英文括号内，用英文逗号分隔，如“种质名称 1（种质名称 2，种质名称 3）”；国外引进种质如果没有中文译名，可以直接填写种质的外文名。

4.6 种质外文名

国外引进种质的外文名和国内种质的汉语拼音名。每个汉字的汉语拼音之间空一格，每个汉字汉语拼音的首字母大写，如“Bi Ma Yi Hao”。国外引进种质的外文名应注意大小写和空格。

4.7 科名

科名由拉丁名加英文括号内的中文名组成，如“Gramineae（禾本科）”。如没有中文名，直接填写拉丁名。

4.8 属名

属名由拉丁名加英文括号内的中文名组成，如“*Triticum* L.（小麦属）”。如没有中文名，直接填写拉丁名。

4.9 学名

学名由拉丁名加英文括号内的中文名组成，如“*Triticum aestivum* L.（普通小麦）”。如没有中文名，直接填写拉丁名。

4.10 原产国

农作物种质原产国家名称、地区名称或国际组织名称。国家和地区名称参照 ISO 3166-1、ISO 3166-2 和 ISO 3166-3，如该国家已不存在，应在原国家名称前加“前”，如“前苏联”。国家组织名称用该组织的英文缩写，如“IPGRI”。

4.11 原产省

农作物种质原产省份，省份名称参照 GB/T 2260。

4.12　原产地

农作物种质的原产县、乡、村名称。县名参照 GB/T 2260。

4.13　海拔

农作物种质资源原产地的海拔，单位为 m。

4.14　经度

农作物种质资源原产地的经度，单位为度和分。格式为 DDDFF，其中 DDD 为度，FF 为分。东经为正值，西经为负值，例如，“12125”代表东经 121°25′，“-10209”代表西经 102°9′。

4.15　纬度

农作物种质资源原产地的纬度，单位为度和分。格式为 DDFF，其中 DD 为度，FF 为分。北纬为正值，南纬为负值，例如，“3208”代表北纬 32°8′，“-2542”代表南纬 25°42′。

4.16　来源地

农作物种质的来源国家、省、县名称，地区名称或国际组织名称。国家、地区和国际组织名称同 4.10，省和县名称参照 GB/T 2260。

4.17　保存单位

农作物种质提交国家种质资源长期库前的原保存单位名称。单位名称应写全称，例如“中国农业科学院作物品种资源研究所”。

4.18　保存单位编号

农作物种质在原保存单位中的种质编号。保存单位编号在同一保存单位应具有唯一性。编号前冠以保存单位的代号，如“豫 123”代表是河南省农业科学院保存的第 123 号种质。

4.19　系谱

指育成的农作物品种或种质材料的杂交亲本组合。例如碧蚂 1 号的系谱为“蚂蚱麦/碧玉麦”。

4.20　选育单位

选育农作物品种（系）的单位名称或个人。单位名称应写全称，例如“中国农业科学院作物科学研究所”。

4.21　育成年份

农作物品种（系）培育成功的年份。例如“1980”“2002”等。

4.22　选育方法

农作物品种（系）的育种方法。例如“系选”“杂交”“辐射”等。

4.23　种质类型

保存的农作物种质资源的类型，分为：

（一）野生资源

（二）地方品种

（三）选育品种

（四）品系

（五）特殊遗传材料

（六）其他

4.24 图像

农作物种质的图像文件名，图像格式为.jpg。图像文件名由统一编号加“-”加序号加“.jpg”组成。如有多个图像文件，图像文件名用英文分号分隔，如“ZM00001-1.jpg；ZM00001-2.jpg”。图像对象主要包括植株、穗部、叶片、特异性状等。图像要清晰，对象要突出。

4.25 观测地点

农作物种质形态特征和生物学特性的观测地点，记录到省和县名，如“陕西杨凌”。

5 形态特征和生物学特性

5.1 农作物冬春性

冬春性是根据农作物苗期对低温的反应确定的，具体操作以北方正常春、秋播和南方正常冬播，是否正常抽穗和成熟进行鉴别。

（一）冬性：幼苗对低温要求严格，在0~7℃低温条件下，需30d以上才能完成春化。在北方春播和南方冬播不能抽穗。

（二）弱冬：幼苗对低温要求比较严格，在8~12℃温度条件下，比在0~7℃条件下，抽穗延迟。在北方春播和南方冬播部分植株能抽穗但不整齐。

（三）春性：对低温要求不严格，在0~12℃温度条件下，最长不超过10d既能完成春化，在北方春播和南方冬播均能正常抽穗成熟。

（四）兼性：幼苗对低温不敏感，在北方秋、春播均能抽穗成熟。

5.2 播种期

农作物田间播种的日期，表示方法“月/日”，格式“MM/DD”。如“09/28”，表示为9月28日播种。

5.3 出苗期

农作物播种后出苗的日期。以每个试验小区植株为调查对象，采用目测法，记录50%以上的幼苗露出地面2~3cm的日期，表示方法“月/日”，格式“MM/DD”。

5.4 返青期

以每个试验小区植株为调查对象，采用目测法，记录小区50%以上的植株叶片呈现鲜绿色并开始恢复生长的日期，表示方法同5.4。

5.5 拔节期

以每个试验小区植株为调查对象，采用目测法，记录小区50%以上植株的茎伸长达到3~4cm，第一节间伸出地面1.5~2.0cm的日期。表示方法同5.4。

5.6 抽穗期

以每个试验小区植株为调查对象，采用目测法，记录小区50%以上植株的穗子顶部（不含芒）露出旗叶鞘1cm（密穗型穗子从旗叶鞘中上部侧面挤出，见到小穗）的日期，表示方法同5.4。

5.7　开花期

以每个试验小区植株为调查对象，采用目测法，记录小区50%以上麦穗开花或露出花药的日期。表示方法同5.4。

5.8　成熟期

以每个试验小区植株为调查对象，采用目测法，记录小区植株进入枯黄，籽粒达蜡熟至完熟的日期，表示方法同5.4。

5.9　熟性

以当地中熟品种为对照，分为：

（一）极早熟：比当地中熟品种早熟7天（d）以上。

（二）早　熟：比当地中熟品种早熟3天（d）以上。

（三）中　熟：与当地中熟品种近似的成熟期。

（四）晚　熟：比当地中熟品种晚熟7天（d）以上。

（五）极晚熟：特别晚熟，甚至不能正常成熟。

5.10　全生育期

从播种之日至成熟之日的天数，以天数（d）表示。

5.11　光周期反应类型

小麦是长日照作物。经过对低温反应敏感的春化时期后便进入对光照敏感的时期。

根据对光周期的反应敏感程度，分为：

（一）迟钝型：每天8~12小时（h），经过16天（d）左右就可以抽穗。

（二）中等型：每天12小时（h），经过24天（d）左右可以抽穗。

（三）敏感型：每天日照多于12小时（h），经过30~40天（d）后才能抽穗。

5.12　休眠期

种子成熟后需要一定时期的后熟，种子才能发芽，不同品种材料之间种子休眠期长短差异很大。

根据休眠期的长短，分为：

（一）长：种子完熟后，经过45d以上才能发芽。

（二）中：种子完熟后，经过20~45d才能发芽。

（三）短：种子完熟后，很快即可发芽。在收获前如遇连阴雨，在田间穗上就可发芽。

5.13　芽鞘色

当幼芽伸出地面约1~2cm时，以每个试验小区的幼苗为观测对象，在正常一致的光照条件下，采用目测法观察芽鞘的颜色。

芽鞘的颜色分为：

（一）绿色

（二）紫色

5.14　幼苗习性

以每个试验小区植株为调查对象，采用目测法，于冬麦越冬前和春麦5~6片叶期，观测全区幼苗叶片生长的姿态。

根据幼苗叶片生长的姿态，幼苗习性分为：

（一）直　立：大部分叶直立向上。

（二）半匍匐：大部分叶倾斜。

（三）匍　匐：大部分叶匍匐地面。

5.15　苗色

在分蘖盛期，以每个试验小区的植株为观测对象，在正常一致的光照条件下，采用目测法观测每个小区幼苗叶片的颜色。

幼苗叶片的颜色可分为：

（一）淡绿

（二）绿

（三）深绿

5.16　苗叶长

在分蘖盛期，以每个试验小区为观测对象，随机抽取 10 个单株，用直尺测量每个单株叶片基部至叶尖的距离。单位为 cm，取其平均值，精确到 0.1cm。

5.17　苗叶宽

在分蘖盛期，以每个试验小区为观测对象，随机抽取 10 个单株，用直尺测量每个单株叶片中部最宽处的距离。单位为 cm，取其平均值，精确到 0.1cm。

5.18　叶茸毛

在抽穗期，以每个试验小区植株为观测对象，采用目测的方法，观察旗叶叶片和倒二、三叶片上有无茸毛。

叶茸毛分为：

（一）无

（二）有

5.19　株型

在抽穗期，以每个试验小区植株为观测对象，采用目测的方法，观察主茎和分蘖的集散程度。

根据主茎和分蘖的集散程度，株型分为：

（一）紧凑

（二）中等

（三）松散

5.20　叶姿

在抽穗期，以每个试验小区为观测对象，随机抽取 10 株，采用目测的方法，观测植株中上部完整叶片的着生方向。

根据植株中上部完整叶片的着生方向，叶姿分为：

（一）挺直：叶片向上而立

（二）中间：叶片沿水平方向伸展

（三）下披：叶片向下而垂

5.21 旗叶长度

在灌浆期，以每个试验小区为观测对象，随机抽取10个单株旗叶，用直尺测量每个单株旗叶叶片的全长。单位为cm，取其平均值，精确到0.1cm。

根据旗叶叶片的全长，旗叶分为：

（一）长：旗叶叶片全长>30.0cm

（二）中：旗叶叶片全长介于25.1~30.0cm

（三）短：旗叶叶片全长≤25.0cm

5.22 旗叶宽度

在灌浆期，以每个试验小区为观测对象，随机抽取10个单株旗叶，用直尺测量每个单株旗叶叶片最宽处的宽度，单位cm，取其平均值，精确至0.1cm。

根据旗叶叶片的宽度，分为：

（一）宽：旗叶叶片最宽处的宽度>2.0cm

（二）中：旗叶叶片最宽处的宽度介于1.6~2.0cm

（三）窄：旗叶叶片最宽处的宽度≤1.5cm

5.23 旗叶角度

在抽穗后10~15d，以每个试验小区为观测对象，随机抽取10株，用量角器测量穗下茎处旗叶与穗下茎之间的角度。单位为度，取其平均值，精确至0.1°。

根据旗叶角度的大小，分为：

（一）挺直：旗叶与穗下茎之间的角度≤20.0°

（二）中等：旗叶与穗下茎之间的角度介于20.1°~90.0°

（三）下披：旗叶与穗下茎之间的角度>90.0°

5.24 叶耳色

在抽穗期，以每个试验小区植株的叶耳为观测对象，在正常一致的光照条件下，采用目测法观测每个小区旗叶叶耳的颜色。

叶耳的颜色分为：

（一）绿色

（二）紫色

5.25 花药色

在开花期，以每个试验小区植株的花药为观测对象，在正常一致的光照条件下，采用目测法观察每个小区花药的颜色。

花药的颜色分为：

（一）黄

（二）紫

5.26 穗蜡质

在开花至灌浆期，以每个试验小区植株穗部为观测对象，采用目测法观察每个小区穗部蜡质，确定种质的蜡质有无。

穗蜡质分为：

（一）无：无蜡质

（二）轻：蜡质不明显

（三）重：蜡质层明显

5.27 茎蜡质

在开花至灌浆期，以每个试验小区植株茎秆为观测对象，采用目测法观察每个小区植株茎秆表面蜡质，确定种质的蜡质有无。

茎蜡质分为：

（一）无：无蜡质

（二）轻：蜡质不明显

（三）重：蜡质层明显

5.28 叶蜡质

在开花至灌浆期，以每个试验小区植株叶片为观测对象，采用目测法，观察每个小区叶表面蜡质，确定种质的蜡质有无。

叶蜡质分为：

（一）无：无蜡质

（二）轻：蜡质不明显

（三）重：蜡质层明显

5.29 穗形

在蜡熟至完熟期，以每个试验小区的植株为观测对象，采用目测的方法，观察5~10个主穗的形状。

根据小麦穗的模式图，确定穗子的形状。

（一）纺锤形：小穗结实很少，穗子两头细尖，中部较粗，形状像纺纱用的纺锤。

（二）长方形：小穗结实较多，穗子的两头和中部的粗度基本一致。

（三）棍棒形：小穗排列较密，穗子下部较细，上端密呈大头形，形状像垒球棒。

（四）分枝形：穗子中下部的穗轴节片上生出分枝，形成分枝状。

（五）圆锥形：小穗结实较多，穗下部大，顶端较小，排列整齐呈塔形。

5.30 秆色

在成熟期，以每个试验小区植株茎秆为观测对象，在正常一致的光照条件下，采用目测法观察每个小区植株茎秆的颜色。

秆色分为：

（一）黄色

（二）紫色

5.31 芒型

在成熟期，以每个试验小区植株作为观测对象，随机选取10个主穗，观察和测量植株主穗芒的有无、长短、形状。

根据农作物芒型模式图，确定种质的芒型。

（一）无（顶）芒：稃尖微有延长或仅穗顶部小花稃尖延长。

（二）短芒：芒直，芒长4cm以下。

（三）长芒：芒直，长度≥4cm。

（四）勾曲芒：芒曲呈蟹爪状。

（五）短曲芒：芒曲呈拳头状，长度<4cm。

（六）长曲芒：芒曲，长度≥4cm。

5.32 芒色

在成熟期，以每个试验小区植株芒为观测对象，在正常一致的光照条件下，采用目测法观察每个小区植株芒色，多数情况下壳色与芒色一致，如红、白和黑色等。

5.33 壳色

在蜡熟至完熟期，以每个试验小区植株为观测对象，在正常一致的光照条件下，采用目测法观察每个小区植株穗部护颖和外稃的颜色。

壳色分为：

（一）白

（二）红

（三）黑

（四）白底黑花（边）

（五）红底黑花（边）

5.34 壳毛

在蜡熟至完熟期，以每个试验小区的植株为观测对象，采用目测法观察护颖和外稃表面的茸毛。

壳毛分为：

（一）无

（二）有

5.35 护颖形状

在蜡熟至完熟期，以每个试验小区的植株为观测对象，采用目测法观察护颖侧面的形状，以主穗中部护颖为准。

根据护颖模式图，确定护颖类型。

（一）长圆形（披针形）

（二）椭圆形

（三）卵形

（四）长方形

（五）圆形

5.36 颖肩

在蜡熟至完熟期，以每个试验小区的植株为观测对象，采用目测法观察护颖上部的形状，以主穗中部护颖为准。

根据颖肩模式图，确定颖肩类型。

（一）无肩

（二）斜肩

（三）方肩

（四）丘肩（肩部向上凸出）

5.37　颖嘴

在蜡熟至完熟期，以每个试验小区的植株为观测对象，采用目测法观察护颖先端的形状，以主穗中部护颖为准。

根据颖嘴模式图，确定颖嘴类型。

（一）钝形

（二）锐形

（三）鸟嘴形

5.38　颖脊

护颖中部突起的龙骨为颖脊，分明显与不明显两类。有些品种脊上有锯齿。

5.39　粒型

种子清选后，随机抽取约100粒种子，根据粒型模式图，确定粒型形状。

（一）长圆形

（二）卵形

（三）椭圆形

（四）圆形

5.40　腹沟

种子清选后，随机抽取20粒种子，用解剖刀横切种子中部，采用目测法观测籽粒腹面沟的深浅。

根据籽粒腹面沟的深浅，腹沟分为：

（一）深（种子腹沟深度≥1/2种子宽度）

（二）浅（种子腹沟深度<1/2种子宽度）

5.41　冠毛

种子清选后，随机抽取100粒种子，观察籽粒顶端的茸毛分布的疏密程度。

根据疏密程度，冠毛分为：

（一）少

（二）多

5.42　粒色

种子清选后，随机抽取100粒种子，采用目测法观察籽粒的颜色。

根据籽粒的颜色，粒色分为：

（一）白

（二）红

（三）黑紫色

（四）青色

5.43　粒质

种子清选后，随机选取10粒种子，用小刀将籽粒横切，采用目测法观察横切面胚乳软硬。

根据胚乳软硬，粒质分为：

（一）软质：籽粒横断面全部或大部分为粉质。

（二）半硬：籽粒横断面胚乳约一半左右为角质。

（三）硬质：籽粒横断面胚乳全部或大部分为角质或称玻璃质。

5.44　籽粒大小

种子清选后，根据千粒重划分子籽粒大小。

（一）小：千粒重<30.0g

（二）中：千粒重介于30.1~40.0g

（三）大：千粒重>40.1g

（四）特大：千粒重>70.0g

5.45　籽粒饱满度

随机选取100粒种子，采用目测法观察籽粒的饱满度。

（一）饱　满：籽粒完全被胚乳充满，种皮无凹陷。

（二）中　等：籽粒基本被胚乳充满，种皮略有凹陷。

（三）不饱满：籽粒未被胚乳充满，种皮有明显凹陷，籽粒瘪瘦。

5.46　籽粒整齐度

随机抽取100~200粒种子，采用目测法观察籽粒大小是否一致。

（一）不齐：籽粒大小差异较大

（二）中：籽粒大小存在显著差异

（三）齐：籽粒大小基本一致

5.47　株高

乳熟期前后，从每个试验小区随机抽样10个单株，用直尺测量从地面量至穗顶（不包括芒）的长度。单位为cm，取其平均值，精确到0.1cm。

根据株高，植株分为：

（一）矮：株高<80.0cm

（二）中：81.1~110.0cm

（三）高：株高>111.1cm

5.48　植株整齐度

在抽穗至成熟期间，以每个试验小区植株作为观测对象，采用目测法观察每个小区植株高度、主穗与分蘖穗的一致性：

（一）整齐：全区麦穗高低整齐，相差不到一个穗子的高度。

（二）中等：穗的高低相差在两个穗子长度以内。

（三）不整齐：穗的高低参差不齐。

5.49　分蘖数

在成熟期，从每个试验小区随机抽取10个单株，调查单株总分蘖数，取其平均值。单位为“个”。

5.50　有效分蘖数

在成熟期，从每个试验小区随机抽样10个单株，调查单株成穗数，单位为“个”，取其平均值，精确到0.1个。

5.51 穗长

在成熟期，从每个试验小区随机选取测量10个主穗，用直尺测量每个麦穗穗基部第一结实小穗至穗顶部（不包括芒）的长度，单位为cm，取其平均值，精确至0.1cm。

5.52 小穗数

在成熟期，从每个试验小区随机选取10个主穗，调查着生在每个主穗上小穗的总数，包括不育小穗，单位为个，取其平均值，精确至0.1。

5.53 不育小穗数

在成熟期，从每个试验小区随机选取10个主穗，调查着生在主穗下部不结实的小穗数（顶部小穗不育另说明），单位为个，取其平均值，精确至0.1。

5.54 小穗着生密度

在成熟期，以每个试验小区为观测对象，随机测量10个主穗轴长度，单位为cm，精确至0.1cm；计数每穗小穗数（含不育小穗），单位为个，精确至0.1。按公式D=［（小穗数-1）/穗轴总长度］×10，计算小穗着生密度，计算10次，取其平均值。

根据小穗着生密度数值，小穗着生密度分为：

（一）稀：小穗着生密度≤20

（二）中：小穗着生密度20.1~25.0

（三）密：小穗着生密度25.1~30.0

（四）极密：小穗着生密度>30.1

5.55 小穗粒数

在成熟期，从每个试验小区随机选取10个主穗，调查着生在主穗中部结实最多的小穗结实粒数，单位为粒，取其平均值，精确至0.1。

5.56 穗粒数

在成熟期，从每个试验小区随机选取测量10个主穗，单穗脱粒后计数，单位为粒，取其平均值，精确至0.1。

5.57 穗粒重

在成熟期，从每个试验小区随机选取10个主穗，单穗脱粒后，称其粒重。单位为g，取其平均值，精确到0.1g。

5.58 千粒重

种子脱粒晾干后，每份种质数两份500粒种子，分别用1/100天平称重，两者相加即为千粒重，单位g，精确至0.01g。若两者重量相差超过0.5g，再称取第三份样品，从三者中选两个之差不超过0.5g的计算。

5.59 单株生物学产量

在成熟期，以每个试验小区为观测对象，随机抽取10个单株，将全株连根拔出，用1/100天平称重，单位g，取其平均值，精确至0.01g。

5.60 落粒性

籽粒完全成熟后，自然落粒的程度：

（一）口紧：成熟后颖壳紧包籽粒，手搓麦穗或碰撞时麦粒不易脱落。

（二）中：成熟时一般不易落粒，遇风雨或手碰撞有部分籽粒脱落。

（三）口松：成熟时颖壳张开露籽粒，遇风或未及时收获自行落粒。

5.61 抗倒伏性

农作物在抽穗后至成熟阶段，以每个试验小区植株为观测对象，采用目测法观察全小区植株遇风雨后的倒伏恢复程度：

（一）强：全小区植株倒伏率≤10%

（二）中：全小区植株倒伏率 11%~50%

（三）弱：全小区植株倒伏率 51%~90%

（四）极弱：全小区植株倒伏率≥90%

6 种子品质特性

6.1 种子含水量

称取收获后农作物种质平行样品两份，每份 2.5g，采用国家标准 GB/T 3543.6—1995（农作物种子检验规程 水分测定）测其含水量，单位为%，取平均值，精确至 0.1%。种子含水量在 10.0%~12.0%为最佳，不得高于 13.0%。

6.2 容重

随机选取收获后 100g 干燥健全籽粒两份，采用国家标准 GB 5498—85（粮食、油料检验 容重测定法）测其容重，单位为 g/L，取平均值，精确至 0.1。容重越高，籽粒品质越好。

容重分为：

（一）特低：容重（g/L）≤730.0

（二）低：容重（g/L）介于 730.1~750.0

（三）中：容重（g/L）介于 750.1~770.0

（四）高：容重（g/L）介于 770.1~790.0

（五）特高：容重（g/L）≥790.1

6.3 硬度

随机选取收获后 3g 干燥健全籽粒两份，采用国家标准研磨时间法（GT）测其硬度，取平均值，单位为 s，精确至 0.1s。数值越小，籽粒越硬。

籽粒硬度分为：

（一）硬麦：GT 值 11.0~17.9s

（二）软麦：GT 值 18.0~28.0s

6.4 粗蛋白质含量

随机选取收获后 15g 干燥健全的籽粒两份，采用国家标准 GB/T 5511（粮食、油料检验 粗蛋白质测定法）测其粗蛋白质含量，单位为%，取平均值，精确至 0.1%。

粗蛋白质含量分为：

1 特低 粗蛋白（干基%）≤9.0

3 低 粗蛋白（干基%）介于 9.1~12.0

5 中 粗蛋白（干基%）介于 12.1~15.0

7 高 粗蛋白（干基%）介于 15.1~18.0

9　特高　粗蛋白（干基%）>18.1

6.5　沉降值

随机选取收获后7g干燥健全籽粒两份，采用国家标准GB/T 15685—1995（小麦粉沉降值测定法）测其沉降值，取平均值，单位ml，精确至0.1。沉降值与面筋含量和质量关系十分密切，沉降值高面筋含量多。

沉降值分为：

1　特低　沉降值≤20.0ml

3　低　沉降值介于20.1~30.0ml

5　中　沉降值介于30.1~40.0ml

7　高　沉降值介于40.1~50.0ml

9　特高　沉降值≥50.1ml

6.6　湿面筋含量

选取含水量为14%健全籽粒10g两份，采用国家标准GB/T 14608—93（小麦粉湿面筋含量测定法）测其湿面筋含量，取平均值，水分按国家标准GB 5497测定，单位g，精确至0.01g。

根据湿面筋含量，小麦分为：

1　强筋小麦　湿面筋含量（%）≥32.0（GB/T 17892—1999）

2　中筋小麦　湿面筋含量（%）22.1~31.9

3　弱筋小麦　湿面筋含量（%）≤22.0（GB/T 17893—1999）

6.7　面团稳定时间

随机选取34g干燥健全籽粒，采用国家标准GB/T 14614（小麦粉吸水量和面团揉和性能测定法 粉质仪法）测其面团稳定时间，单位为min，精确至0.1。测定值越大，面筋强度越大，烘烤品质越好。

面团稳定时间分为：

1　特短　稳定时间≤1.5min

3　短　稳定时间介于1.6~7.0min

5　中　稳定时间介于7.1~12.5min

7　长　稳定时间介于12.6~18.0min

9　特长　稳定时间≥18.1min

7　抗逆性

7.1　苗期抗旱性

苗期抗旱性鉴定用两次干旱胁迫-复水法。

（一）试验设计

三次重复，每个重复50苗，塑料箱栽培。在20℃±5℃的条件下进行。

在长×宽×高=60cm×40cm×15cm的塑料箱中装入10cm厚的中等肥力（即单产在200kg/亩左右）耕层土（壤土），灌水至田间持水量的85%±5%，播种，覆土2cm。

（二）第一次干旱胁迫-复水处理

幼苗长至三叶时停止供水，开始进行干旱胁迫。当土壤含水量降至田间持水量的

20%～15%时（壤土）复水，使土壤水分达到田间持水量的 80%±5%。复水 120h 后调查存活苗数，以叶片转呈鲜绿色者为存活。

（三）第二次干旱胁迫-复水处理

第一次复水后即停止供水，进行第二次干旱胁迫。当土壤含水量降至田间持水量的 20%～15%时，第二次复水，使土壤水分达到田间持水量的 80%±5%。120h 后调查存活苗数，以叶片转呈鲜绿色者为存活。

（四）幼苗干旱存活率的实测值

幼苗干旱存活率实测值的计算公式如下：

$$DS = (DS1 + DS2) \cdot 2^{-1}$$
$$= (\overline{X}_{DS1} \cdot \overline{X}_{TT}^{-1} \cdot 100 + \overline{X}_{DS2} \cdot \overline{X}_{TT}^{-1} \cdot 100) \cdot 2^{-1}$$

式中：

DS——干旱存活率的实测值

*DS*1——第一次干旱存活率

*DS*2——第二次干旱存活率

$\overline{X}_{TT}$——第一次干旱前三次重复总苗数的平均值

$\overline{X}_{DS1}$——第一次复水后三次重复存活苗数的平均值

$\overline{X}_{DS2}$——第二次复水后三次重复存活苗数的平均值

（五）幼苗干旱存活率的校正值

按公式（1）计算校正品种幼苗干旱存活率实测值的偏差。依式（2）求出待测材料幼苗干旱存活率的校正值。即：

公式（1）：$ADS_E = (ADS - ADS_A) \cdot ADS_A^{-1}$

公式（2）：$DS_A = DS - ADS_A \cdot ADS_E$

其中：

ADS_E——校正品种干旱存活率实测值的偏差，即校正品种本次实测值与校正值偏差的百分率

ADS——校正品种干旱存活率的实测值

ADS_A——校正品种干旱存活率的校正值，即多次幼苗干旱存活率试验结果的平均值

DS_A——待测材料干旱存活率的校正值

DS——待测材料干旱存活率的实测值

（六）苗期抗旱性分为 5 级

根据干旱存活率，苗期抗旱性分为：

1　HR　干旱存活率（%）≥70.0

3　R　干旱存活率（%）介于 60.0～69.9

5　MR　干旱存活率（%）介于 50.0～59.9

7　S　干旱存活率（%）介于 40.0～49.9

9　HS　干旱存活率（%）≤39.9

7.2 水分临界期抗旱性

水分临界期抗旱性鉴定可在旱棚或田间条件下进行。田间鉴定需有两点的结果。

（一）试验设计

随机排列，三次重复，小区面积旱棚鉴定 $2m^2$、田间鉴定 $6.7m^2$。适期播种，冬小麦和春小麦分别为每亩 15 万和 25 万基本苗。

（二）胁迫处理

播种前浇足底墒水，在抽穗期和灌浆期分别浇一水，使 0~50cm 土层水分达到田间持水量的 80%±5%。

（三）对照处理

播种前浇足底墒水，在拔节—孕穗期、抽穗期和灌浆期分别浇一水，使 0~50cm 土层水分达到田间持水量的 80%±5%。

（四）抗旱指数

按以下公式计算抗旱指数：

$$DI = GY_{S.T}{}^2 \cdot GY_{S.W}{}^{-1} \cdot GY_{CK.W} \cdot (GY_{CK.T}{}^2)^{-1}$$

式中：

DI——抗旱指数

$GY_{S.T}$——待测材料胁迫处理籽粒产量

$GY_{S.W}$——待测材料对照处理籽粒产量

$GY_{CK.W}$——对照品种对照处理籽粒产量

$GY_{CK.T}$——对照品种胁迫处理籽粒产量

（五）水分临界期抗旱性分为 5 级

根据抗旱指数，小麦水分临界期抗旱性分为：

1 HR 抗旱指数≥1.30

3 R 抗旱指数 1.10~1.29

5 MR 抗旱指数 0.90~1.09

7 S 抗旱指数 0.70~0.89

9 HS 抗旱指数≤0.69

7.3 全生育期抗旱性

全生育期抗旱性鉴定可在旱棚或田间条件下进行。田间鉴定需有两个试验点的结果。适期播种，冬小麦和春小麦分别为每亩 15 万和 25 万基本苗。

（一）旱棚鉴定

（1）试验设计

随机排列，三次重复，小区面积 $2m^2$。

（2）胁迫处理

麦收后至下次小麦播种前，通过移动旱棚控制试验地接纳自然降水量，使 0~150cm 土壤的储水量在 150 mm 左右；如果自然降水不足，要进行灌溉补水。播种前表土墒情应保证出苗，表墒不足时，要适量灌水。播种后试验地不再接纳自然降水。

（3）对照处理

在旱棚外邻近的试验地设置对照试验。试验地的土壤养分含量、土壤质地和土层厚度等应与旱棚的基本一致。田间水分管理要保证小麦全生育期处于水分适宜状况，播种前表土墒情应保证出苗，表墒不足时要适量灌水。另外，分别在拔节期、抽穗期、灌浆期灌水，使0~50cm土层水分达到田间持水量的80%±5%。

（二）田间鉴定

在常年自然降水量小于500mm的地区或小麦生育期内自然降水量小于150mm的地区进行田间抗旱性鉴定。

（1）试验设计

随机排列，三次重复，小区面积6.7m^2。

（2）胁迫处理

播种前表土墒情应保证出苗，表墒不足时，要适量灌水。

（3）对照处理

在邻近胁迫处理的试验地设置对照试验。对照试验地的土壤养分含量、土壤质地和土层厚度等应与胁迫处理的基本一致。田间水分管理要保证小麦全生育期处于水分适宜状况，播种前表土墒情应保证出苗，表墒不足时要适量灌水。另外，分别在拔节期、抽穗期、灌浆期灌水，使0~50cm土层水分达到田间持水量的80%±5%。

（三）考察性状

小区籽粒产量。

（四）抗旱指数

以小区籽粒产量计算抗旱指数，方法同7.2.4。

（五）全生育期抗旱性分为5级：

1　HR　抗旱指数≥1.30

3　R　抗旱指数1.10~1.29

5　MR　抗旱指数0.90~1.09

7　S　抗旱指数0.70~0.89

9　HS　抗旱指数≤0.69

7.4　苗期耐盐性

小麦苗期耐盐性鉴定采用NY/PZT 001—2002《小麦耐盐性鉴定评价技术规范》的标准方法。

将种子播于清洗后无盐的石英砂中，待生长至3叶期后，加灌22mΩ±1mΩ的NaCl盐溶液中，7d后调查100株幼苗的盐害症状，统计盐害指数。

1类苗：生长基本正常，叶尖青枯

2类苗：生长基本正常，有3片绿叶

3类苗：生长受抑制，整株仅有2片绿叶

4类苗：受害严重，整株仅有1片绿叶或仅心叶存活

5类苗：全株死亡

根据盐害级别计算盐害指数，计算公式为：

盐害指数（%）=｛［Σ（1×1 类苗数+2×2 类苗数+3×3 类苗数+4×4 类苗数+5×5 类苗数）］/（5 级×100）｝×100

根据苗期盐害指数，苗期耐盐性分为 5 级：

1　HT　盐害指数 0%~20.0%

3　T　盐害指数 20.1%~40.0%

5　MT　盐害指数 40.1%~60.0%

7　S　盐害指数 60.1%~80.0%

9　HS　盐害指数 80.1%~100.0%

7.5　芽期耐盐性

小麦芽期耐盐性鉴定参照 NY/PZT 001—2002《小麦耐盐性鉴定评价技术规范》的标准。

试验设 1 个对照和 1 个处理，重复 4 次，每次用种 100 粒。将准备好的种子均匀放在直径为 9cm 的塑料培养皿中的滤纸上，每个培养皿中加入 350mM 化学纯 NaCl（2%）溶液 10ml，在培养箱内 20℃恒温发芽 10d。对照组每个培养皿中加去离子水 10ml，培养箱内 20℃恒温发芽 7d，调查处理组和对照组的发芽情况，根据下列公式计算相对盐害率。

$$相对盐害率（\%）=\frac{（CK1+CK2+CK3+CK4/4-（T1+T2+T3+T4）/4}{（CK1+CK2+CK3+CK4）/4}\times 100$$

公式中：CK1、CK2、CK3 和 CK4 分别代表对照重复Ⅰ、重复Ⅱ、重复Ⅲ和重复Ⅳ的发芽率。T1、T2、T3 和 T4 分别代表处理重复Ⅰ、重复Ⅱ、重复Ⅲ和重复Ⅳ的发芽率。

根据芽期相对盐害率，芽期耐盐性分为 5 级：

1　HT　相对盐害率 0%~20.0%

2　T　相对盐害率 20.1%~40.0%

3　MT　相对盐害率 40.1%~60.0%

4　S　相对盐害率 60.1%~80.0%

5　HS　相对盐害率 80.1%~100%

7.6　全生育期耐盐性

小麦全生育期耐盐性鉴定参照 NY/PZT 001—2002《小麦耐盐性鉴定评价技术规范》的标准。

试验分为两组，每组用种 100 粒，行间及株间距离为 20cm×5cm，分别播种在盐土胁迫池与非盐土对照池。在盐土胁迫池与非盐土对照池分别播种耐盐小麦对照样本 Kharchia、当地的小麦耐盐品种和待测小麦样品。

成熟后收获待测小麦样品和对照样本 Kharchia 以及当地耐盐对照品种的正常对照和胁迫处理，随机取样 10 株，调查株高、每株穗粒重和千粒重等产量主要因素，作为综合评价指标，计算耐盐指数和耐盐力，划分耐盐等级。

耐盐指数的计算方法：以待测样品盐处理和对照的耐盐系数，除以耐盐对照样本

Kharchia 或当地耐盐小麦品种的耐盐系数。

耐盐力的计算方法：待测小麦样品的耐盐指数，除以对照样本 Kharchia（或当地耐盐小麦品种）的耐盐指数。

根据耐盐力，全生育期耐盐性分为 5 级：

1 HT 耐盐力 0.81~1.00

2 T 耐盐力 0.61~0.80

3 MT 耐盐力 0.41~0.60

4 S 耐盐力 0.21~0.40

5 HS 耐盐力 0.00~0.20

7.7 抗寒性

冬小麦幼苗越冬后，春季（北京 3 月中旬）麦苗返青时记载，以每个小区为观测对象，采用目测法，以 2~3 个 $1m^2$ 的为一取样点，计算公式为（返青后存活蘖数/越冬前总蘖数）× 100%，单位%，精确至 0.1%。

抗寒性分为 5 级：

1 HR 越冬返青率>95.1%

3 R 越冬返青率 90.1%~95.0%

5 MR 越冬返青率 85.1%~90.0%

7 S 越冬返青率 80.1%~85.0%

9 HS 越冬返青率 75.1%~80.0%

7.8 耐湿性

不同种质在渍湿的土地上生长发育的程度。

耐湿性分为 3 级：

（一）强：在渍湿的土地上生长良好，叶片保持正常绿色，产量相对较高而且稳定。

（二）中：在渍湿的土地上栽培，叶片绿色变淡，部分叶片褪绿变黄，产量受到一定影响。

（三）弱：在渍湿的土地上生长不良，叶片褪绿变黄，产量显著降低。

7.9 抗穗发芽

于小麦生理成熟期收获麦穗，随机取样 10 穗，在室温环境下采用人工模拟降雨，保持穗子潮湿，7d 后统计穗发芽率（SP = n/N ×100%）。n：发芽种子数 N：种子总数，单位%，计算平均值，精确至 0.1%。

根据穗发芽率，抗穗发芽分为 5 级：

1 HR 穗发芽率 0%~20.0%

3 R 穗发芽率 20.1%~40.0%

5 MR 穗发芽率 40.1%~60.0%

7 S 穗发芽率 60.1%~80.0%

9 HS 穗发芽率 80.1%~100%

8 抗病虫

8.1 条锈病抗性

农作物对条锈病的抗性鉴定采用人工接种鉴定法。具体操作按国家农业行业标准“小麦新品种 DUS 测试指南”进行。

大田成株鉴定，一般采用对诱发行接种的办法，诱发行常用对 3 种锈病都严重感染的品种，或分别严重感染某一种锈病的混合群体，田间设置采用与试验行行向垂直，每隔一定距离设 1 行。

幼苗返青后酌施氮肥，以增加感病性。接种前进行田间灌水。

接种方法：在小麦拔节期前（华北地区为 3 月中下旬）接种叶片，采用当前流行生理小种混合群体或单一小种。将病菌夏孢子菌粉以吐温-20 配成糊状，进一步用水稀释成孢子悬浮液，以喷雾法接种感病对照品种及鉴定材料。接种宜在下午或傍晚，田间温度夜晚 6~10℃，白天 15~18℃。接种后可覆盖塑料薄膜保湿 12~14h。待发病充分时目测叶片的发病情况。

根据叶片的发病情况，条锈病抗性分级：

1 HR 无可见侵染。

3 R 仅产生枯死斑点或失绿反应，无夏孢子堆。

5 MR 夏孢子堆较小，周围有枯死或失绿反应。

7 S 夏孢子堆中等，周围无枯死或失绿反应。

9 HS 夏孢子堆大，周围无枯死或失绿反应。

8.2 叶锈病抗性

农作物对叶锈病的抗性鉴定采用人工接种鉴定法。具体操作方法按国家农业行业标准“小麦新品种 DUS 测试指南”进行。

大田成株鉴定，一般采用对诱发行接种的办法，诱发行常用对 3 种锈病都严重感染的品种，或分别严重感染某一种锈病的混合群体，田间设置采用与试验行行向垂直，每隔一定距离设 1 行。

返青后酌施氮肥，以增加感病性。接种前进行田间灌水。

鉴定方法：在小麦拔节期后（4 月下旬）接种叶片。接种采用当前流行生理小种混合群体或单一小种。将病菌夏孢子菌粉配制成悬浮液，并适量加入吐温-20 数滴，以喷雾法接种感病对照品种及鉴定材料。接种宜在下午或傍晚。待充分发病时，目测叶片的发病情况。

根据叶片的发病情况，叶锈病抗性分级：

1 HR 无可见侵染。

3 R 仅产生枯死斑点或失绿反应，无夏孢子堆。

5 MR 夏孢子堆较小，周围有枯死或失绿反应。

7 S 夏孢子堆中等，周围无枯死或失绿反应。

9 HS 夏孢子堆大，周围无枯死或失绿反应。

8.3 秆锈病抗性

农作物对秆锈病的抗性鉴定采用人工接种鉴定法。具体操作方法按国家农业行业标准“小麦新品种 DUS 测试指南”进行。

大田成株鉴定，一般采用对诱发行接种的办法，诱发行常用对 3 种锈病都严重感染的品种，或分别严重感染某一种锈病的混合群体，田间设置采用与试验行行向垂直，每隔一定距离设 1 行。

返青后酌施氮肥，以增加感病性。接种前进行田间灌水。

鉴定方法：在小麦拔节期—抽穗期（4 月下旬）接种叶片。接种采用当前流行生理小种混合群体或单一小种。将病菌夏孢子菌粉配制成悬浮液，并适量加入吐温-20 数滴，以喷雾法接种感病对照品种及鉴定材料。接种宜在下午或傍晚。待充分发病时观测叶子的发病情况。

根据叶片的发病情况，秆锈病抗性分级：

1　HR　无可见侵染。

3　R　仅产生枯死斑点或失绿反应，无夏孢子堆。

5　MR　夏孢子堆较小，周围有枯死或失绿反应。

7　S　夏孢子堆中等，周围无枯死或失绿反应。

9　HS　夏孢子堆大并且相互愈合，周围无枯死反应。

8.4　白粉病抗性（成株期）

农作物对白粉病的抗性鉴定采用人工接种鉴定法。具体操作方法按国家农业行业标准“小麦新品种 DUS 测试指南”进行。

取鉴定种质 5g 田间播种，行长 1m，行距 0.3m，同时播感病对照品种，出苗后正常田间管理。返青后酌施氮肥，以增加感病性。接种前进行田间灌水。

接种方法：在室内花盆麦苗上繁殖病菌。在小麦拔节期（4 月上旬）将病苗移栽到田间鉴定行间，使其不断产生分生孢子并通过风雨自然接种到鉴定品种上。接种采用当前流行生理小种混合群体或单一小种。在乳熟期，观测叶片的发病情况。

根据叶片的发病情况，白粉病抗性分级：

1　HR　全株无病。

3　R　仅植株基部叶片有少量病斑。

5　MR　植株中部叶片有一些病斑。

7　S　植株中上部叶片有较多病斑。

9　HS　植株全部叶片发病及穗部也有病斑。

8.5　赤霉病抗性

小麦对赤霉病的抗性鉴定采用人工接种鉴定法。具体操作方法按国家农业行业标准“小麦新品种 DUS 测试指南”进行。

田间采用带病麦粒土表接菌法，或花期喷菌接种法，对种质进行抗性鉴定。

接种方法：病菌以麦粒培养基扩繁，28℃下培养 7~10d，然后铺开并保湿 48h 促其产孢。接种悬浮液分生孢子浓度调至 1×10^5/ml。在小麦扬花期以喷雾法接种麦穗。接种采用当前流行的主要菌株。接种后采取每 2~3d 喷灌一次，以确保田间发病所需湿度条件。接种 21d 后每品种至少观测调查 20 个穗子的反应级。

根据穗子的发病情况，赤霉病反应级分级标准为：

0　无病。

1　侵染仅限于单独小穗，不扩展到穗轴。

2　侵染扩展到穗轴，但不扩展到相邻小穗。

3　侵染经穗轴扩展到相邻小穗，但病小穗不凋枯。

4　侵染扩展到相邻小穗，并造成病小穗凋枯。

5　全穗迅速发病，并形成急性凋枯。

根据参试种质的反应级，计算该种质病情指数并评价其赤霉病抗性等级：

1　HR　病情指数　0~20.0

3　R　病情指数　20.1~40.0

5　MR　病情指数　40.1~60.0

7　S　病情指数　60.1~80.0

9　HS　病情指数　80.1~100.0

8.6　根腐病抗性

小麦对根腐病的抗性鉴定采用人工接种鉴定法。具体操作方法按国家农业行业标准“小麦新品种 DUS 测试指南”进行。

取鉴定种质 5g 田间播种，行长 1m，行距 0.3m。同时播感病对照品种。出苗后正常田间管理。接种前进行田间灌水。

接种方法：病菌以高粱粒培养基扩繁，26℃下培养 7~10d，然后铺开并保湿 48h 促其产孢。接种悬浮液分生孢子浓度调至 1×10^5/ml。在小麦扬花期以喷雾法接种叶片。接种采用当前流行的主要株系。接种后田间通过喷灌保持较高湿度，以利于发病。待充分发病时观测叶片和叶鞘发病程度。

根据叶片和叶鞘发病程度，根腐病抗性分级：

1　HR　叶部无病斑。

3　R　旗叶及上部叶片病斑面积小于 10%~25%。

5　MR　旗叶及上部叶片病斑面积 25%~50%。

7　S　旗叶及上部叶片病斑面积 50%~80%，叶鞘发病。

9　HS　旗叶病斑面积 80%以上，上部叶片枯死，叶鞘严重发病。

8.7　纹枯病抗性

小麦对纹枯病的抗性鉴定采用人工病圃接种鉴定法。具体操作方法如下：

取鉴定种质 5g 田间播种，行长 1m，行距 0.3m。同时播感病对照品种。出苗后正常田间管理。

接种方法：病菌玉米砂培养基或麦粒培养基扩繁，22~25℃恒温培养 21~30d。播种时，先在播种沟内均匀接种玉米砂菌粉 25g/m^2（或带菌麦粒 10g/m^2），再播种试验材料，并盖土，喷灌保湿 1 周。4 月下旬至 5 月上旬，观察 30 个以上基部叶鞘和茎秆的发病情况，按 0~5 级调查病情：

0 级：无病。

1 级：叶鞘发病，但不侵入茎秆。

2 级：病斑侵入茎秆，但不超过茎周的 1/2。

3 级：侵入茎秆的病斑环茎 1/2~3/4。

4 级：茎秆上病斑环茎周的 3/4 以上或茎秆软腐。

5 级：枯孕穗或枯白穗。

计算参试材料的病情指数，并根据病情指数将参试材料抗性分为 5 级：

1 R 病情指数为 0.1~20.0

3 MR 病情指数为 20.1~40.0

5 MS 病情指数为 40.1~60.0

7 S 病情指数为 60.1~80.0

9 HS 病情指数为 80.1~100

8.8 黄矮病抗性

小麦对黄矮病的抗性鉴定采用人工接种鉴定法。具体操作方法按国家农业行业标准“小麦新品种 DUS 测试指南”进行。

取鉴定种质每份 20 粒田间穴播（堆测法），穴距 0.25m，行距 0.3m。同时播感病对照品种。出苗后正常田间管理。

接种方法：采用中国小麦黄矮病主流株系 GPV 为毒源。在室内繁殖无毒麦二叉蚜。将室内繁殖的具典型症状的病叶剪成 1~2cm 小段，放入保湿培养皿内并投放经饥饿的无毒麦二叉蚜，15℃黑暗饲毒 24h。麦苗拔节期以每穴 40~50 头蚜量接种。接种后 30d 喷药灭蚜。待充分发病时观测叶片发病程度。

根据叶片发病程度，黄矮病抗性分级：

1 HR 叶部不发生黄化。

3 T 叶尖黄化长度 1~2cm，植株生长正常。

5 MR 叶片长度 1/3 黄化，植株略矮。

7 S 叶片长度 1/2 黄化，植株明显矮化。

9 HS 叶片严重黄化，植株矮小，穗少而小。

8.9 全蚀病抗性

小麦对全蚀病的抗性鉴定采用人工接种鉴定法。

田间人工接种不同的菌量控制发病程度，病菌在经过高压灭菌的甜菜种子（加葡萄糖）上繁殖，取出晾干后与种子同时播种。乳熟期取样调查。

根据植株生长状况，全蚀病抗性分级：

1 R 轻度发病，植株有活力，根系受侵，但无症。

2 MR 中度发病，植株有活力，根系侵染，有一定病变。

3 S 严重发病，植株矮化，茎基变黑，但有穗子。

4 HS 特重发病，植株严重矮化，茎基严重变黑，无穗子。

8.10 蚜虫抗性

小麦对蚜虫的抗性鉴定采用人工接种鉴定法。具体操作方法按国家农业行业标准“小麦新品种 DUS 测试指南”进行。

取鉴定种质每份 5g 田间播种，行长 1m，行距 0.3m。同时播感虫对照品种。出苗后正常田间管理，返青后酌施氮肥，以增加感虫性。

小麦抽穗后将室内繁殖蚜虫以每行 100 头的密度接虫。接虫后田间土壤保持较高湿度，以利蚜虫繁殖。乳熟期前后，待蚜虫充分繁殖时调查麦株叶片、茎秆及穗上蚜虫分布情况和数量。

根据蚜虫分布情况和数量，蚜虫抗性分级：

1　HR　单株有蚜虫 5 头以下。

3　R　单株有蚜虫 6~10 头。

5　MR　单株有蚜虫 11~30 头，穗部 1/5 以下有蚜虫。

7　S　植株上部叶片有较多蚜虫，穗部 1/2 有蚜虫。

9　HS　植株上部叶片和穗部密布蚜虫。

8.11　吸浆虫

小麦抽穗后，调查记载各小区抽穗盛期和扬花期，并调查成虫羽化情况，观察抽穗期与吸浆虫羽化期的吻合程度。在小麦乳熟期，吸浆虫尚未脱壳入土前，每小区随机取 10 穗，剥查每粒的虫数，记载单穗粒数、单穗虫粒数、单穗虫数。计算穗被害率、粒被害率和损失率。

抗性指数（RI）= 参试种质的损失率/对照种质的损失率。

小麦种质材料对吸浆虫的抗虫性分级标准如下：

0　I　抗性指数（RI）= 0

1　HR　抗性指数（RI）0.10~0.20

2　MR　抗性指数（RI）0.21~0.50

3　LR　抗性指数（RI）0.51~1.00

4　S　抗性指数（RI）>1.00

9　其他特征特性

9.1　杂交

对于自花授粉的雌雄同花作物，配置杂交种子需要三系配套材料，即雄性不育系、雄性不育保持系和雄性不育恢复系、我国利用杂交小麦的途径有：

（一）细胞质雄性不育系的选育和保持

（二）恢复系的选育和测交

（三）温敏、光敏雄性不育系的选育和保持

（四）繁种与制种

（五）化学杀雄

9.2　小麦非整倍体

染色体数偏离其基数完整倍数的小麦种质资源，包括单个植株或成套系统，它们的染色体组中个别染色体或染色体臂多于或少于正常数目。

（一）初级非整倍体：增多或减少的是完整的染色体，包括缺体、单体、三体和四体。

（二）次级非整倍体：增减的是个别染色体的某一臂，包括端着丝体和等臂体。

9.3　核型

在小麦根尖细胞有丝分裂中期，染色体的数目和每一条染色体的形态特征，包括染色体的长度、着丝点的位置、臂比值、随体的有无、次缢痕的数目、位置及异染色质的分布等。如普通小麦核型为2n=6X=42。

9.4　近等基因系

近等基因系（Near isogenic lines，NIL）是指经过一系列回交过程中一组遗传背景相同或相近，只在个别染色体区段上存在差异的株系。

在育种实践中，就是将带有标记性状基因的供体亲本与轮回亲本进行杂交，并多次回交，且每代只选择目标基因个体与轮回亲本回交，从而获得除目标基因外，其他遗传背景与轮回亲本相同的品系。

近等基因系是基因水平上开展遗传研究的理想材料。利用近等基因系，可较准确地筛选到与目标性状连锁的分子标记，有利于构建分子遗传图谱，并可与传统的遗传图谱对应整合。

9.5　重组近交系

用两个品种杂交产生 F_1，自交得 F_2，从 F_2 中随机选择数百上千个单株自交，每株只种一粒，直到 F_6~F_8，形成数百个重组近交系。由于自交的作用使基因纯合，染色体间重组机会增加，因而可以用来更精确地定位紧密连锁的位点。

9.6　DH 群体

通过对 F_1 进行花药离体培养或通过特殊技术诱导产生单倍体植株，再经染色体加倍产生的一种纯合的永久性群体。DH 群体相当于一个不再分离的 F_2 群体，其遗传结构直接反映了 F_1 配子中基因的分离和重组，且基因型是纯合的，利于数量性状的精确定位。

9.7　分子标记

对进行过指纹图谱分析和重要性状分子标记的小麦种质，记录分子标记的方法，并在备注栏内注明所用引物、特征带的分子大小或序列以及分子标记的性状和连锁距离。

（一）RAPD

（二）RFLP

（三）AFLP

（四）SSR

（五）STS

（六）SNP

3.3.5　农作物种质资源评估体系数据采集表（表3-1）

表3-1　农作物种质资源评估体系数据采集表

1. 基本情况描述信息			
全国统一编号（1）		种质库编号（2）	
引种号（3）		采集号（4）	

（续表）

种质名称（5）		种质外文名（6）	
科名（7）		属名（8）	
学名（9）		原产国（10）	
原产省份（11）		原产地（12）	
海拔（13）		经度（14）	
纬度（15）		来源地（16）	
保存单位（17）		保存单位编号（18）	
系谱（19）		选育单位（20）	
育成年份（21）	年	选育方法（22）	
种质类型（23）			
图像（24）		观察地点（25）	
2. 农艺性状描述信息			
冬小麦、春小麦（26）		冬春性（27）	1：冬　2：弱冬 3：春　4：兼性
播种期（28）	月/日	出苗期（29）	月/日
返青期（30）	月/日	拔节期（31）	月/日
抽穗期（32）	月/日	开花期（33）	月/日
成熟期（34）	月/日	熟性（35）	1：极早　2：早 3：中　4：晚
全生育期（36）	d	光照反应特性（37）	1：敏感　2：中等 3：迟钝
休眠期（38）	1：短　2：中　3：长	芽鞘色（39）	1：绿色　2：紫色
幼苗习性（40）	1：直立　2：半匍匐　3：匍匐		
苗色（41）	1：浅绿　2：绿 3：深绿	苗叶长（42）	1：短　2：中　3：长
苗叶宽（43）	1：窄　2：中　3：宽	叶茸毛（44）	1：无　2：有
株型（45）	1：紧凑　2：中等 3：松散	叶型（46）	1：挺直　2：中间 3：下披
旗叶长度（47）	1：短　2：长	旗叶宽度（48）	1：窄　2：宽
旗叶角度（49）	1：窄　2：宽	叶耳色（50）	1：绿　2：紫
花药色（51）	1：黄　2：紫	穗蜡质（52）	1：无　2：轻　3：重
茎蜡质（53）	1：无　2：轻　3：重	叶蜡质（54）	1：无　2：轻　3：重
穗型（55）	1：纺锤　2：长方 3：棍棒　4：椭圆 5：分枝		

（续表）

秆色（56）	1：黄　2：紫	芒（57）	1：无　2：短　3：长 4：勾曲　5：短曲 6：长曲
芒色（58）	1：白　2：红　3：黑	壳色（59）	1：白　2：红　3：黑 4：白底红花　5：红底黑花
壳毛（60）	1：无　2：有	护颖形状（61）	1：长圆形（披针形） 2：椭圆形　3：卵形 4：长方形　5：圆形
颖肩（62）	1：无肩　2：斜形 3：方形　4：丘形	颖嘴（63）	1：钝　2：锐 3：鸟嘴
颖脊（64）	1：不明显　2：明显	粒形（65）	1：长圆　2：卵 3：椭圆　4：圆
腹沟（66）	1：浅　2：深	冠毛（67）	1：少　2：多
粒色（68）	1：白　2：红（浅红）　3：黑紫　4：青		
粒质（69）	1：软　2：半硬　3：硬	粒大小（70）	1：小　2：中　3：大
饱满度（71）	1：饱满　2：中等 3：不饱满		
籽粒整齐度（72）	1：齐　2：中 3：不齐	株高（73）	cm
植株整齐度（74）	1：齐　2：中 3：不齐	分蘖数（75）	
有效分蘖数（76）	个	穗长（77）	
小穗着生密度（78）		每穗小穗数（79）	个
不育小穗数（80）	个	小穗粒数（81）	粒
穗粒数（82）	粒	穗粒重（83）	g
千粒重（84）	g	单株生物学产量（85）	g
落粒性（86）	1：口松　2：中 3：口紧		
抗倒伏性（87）	1：强　2：中　3：弱 4：极弱		
3. 品质性状描述信息			
种子含水量（88）	%	容重（89）	g/L
硬度（90）	S	粗蛋白质含量（91）	%
沉降值（92）	ml	湿面筋含量（93）	%
面团稳定时间（94）	min		
4. 抗逆性状描述信息			
苗期抗旱性（95）	1：HR　2：R　3：MR　4：S　5：HS		

（续表）

芽期抗旱性（96）	1：HR　2：R　3：MR　4：S　5：HS
全生育期耐旱性（97）	1：HR　2：R　3：MR　4：S　5：HS
苗期耐盐性（98）	1：HT　2：T　3：MT　4：S　5：HS
芽期耐盐性（99）	1：HT　2：T　3：MT　4：S　5：HS
全生育期耐盐性（100）	1：HT　2：T　3：MT　4：S　5：HS
抗寒性（101）	1：HR　2：R　3：MR　4：S　5：HS
耐湿性（102）	1：强　2：中　3：弱
抗穗发芽（103）	1：HR　2：R　3：MR　4：S　5：HS
5. 抗病性状描述信息	
条锈病抗性（104）	1：HR　2：R　3：MR　4：S　5：HS
叶锈病抗性（105）	1：HR　2：R　3：MR　4：S　5：HS
秆锈病抗性（106）	1：HR　2：R　3：MR　4：S　5：HS
白粉病抗性（107）	1：HR　2：R　3：MR　4：S　5：HS
赤霉病抗性（108）	1：HR　2：R　3：MR　4：S　5：HS
根腐病抗性（109）	1：HR　2：R　3：MR　4：S　5：HS
纹枯病抗性（110）	1：HR　2：R　3：MR　4：S　5：HS
黄矮病抗性（111）	1：HR　2：R　3：MR　4：S　5：HS
全蚀病抗性（112）	1：R　2：MR　3：S　4：HS
吸浆虫抗性（113）	0：I　1：HR　2：MR　3：LR　4：S
蚜虫抗性（114）	1：HR　2：R　3：MR　4：S　5：HS
6. 其他特征特性描述信息	
杂交小麦（115）	
小麦非整倍体（116）	
核型（117）	
近等基因系（118）	
重组近交系（119）	
DH 群体（120）	
分子标记（121）	1：RAPD　2：RFLP　3：AFLP　4：SSR　5：STS　6：SNP

填表人：　　　　　　　　审核：　　　　　　　　日期：

4 对策报告

4.1 农作物种质资源保护和管理现状

调查中发现的人为因素，包括过度开发利用、法规政策不健全、管理制度漏洞、市场贸易、保护意识缺乏、走私偷猎等违法行为导致遗传资源的流失。

（1）单一作物如经济林果等的大量产业化种植。

（2）作物品种资源管理不善，导致大量资源流失。

（3）作物资源编目、收集与保存力度还远远不够。

（4）作物品种资源研究开发水平偏低。

（5）法规与管理体制不健全。缺少系统健全的管理法规；缺少健全和权威的管理体制；管理不到位，有法不依，执法不力。

针对本研究的实际，提出防止物种资源丧失和流失、促进物种资源保护的政策建议、法规制度措施、技术措施、管理措施、行动方案等。

方案拟包括国际农作物种质资源研究和保护状况与发展趋势、我国农作物种质资源研究与保护状况、我国作物种质资源研究与保护存在的主要问题、我国开展作物种质资源分子评价与保护的紧迫性、我国作物种质资源分子评价与保护对策、“国家农业种质资源拯救行动——应急科技专项计划方案”基本框架、可能取得的效益分析、实施有效保护必要的支撑条件等八部分。

4.2 农作物种质资源丧失和流失分析

4.2.1 青海三江源区植物资源现状与变迁

4.2.1.1 中藏药材资源

三江源中藏药资源开发已列入青海省重点产业之一，几年间青海省中藏药加工企业已由原来的几家迅速发展到目前的几十家。但目前青海省对中藏药生物资源的保护，特别对原生态种质资源的保护，还未获得行之有效的办法。至今还没有一家企事业单位对野生资源进行有意识的种源收集和妥善保护，而且进行野生物种的驯化和人工栽培目前还存在许多有待解决的问题。因为大多数药材入药部分为根、茎、果实等，在某一生育时期采药大大减少了后代数量，且野生药用植物具有生长缓慢、种群增殖能力差等特点，所以滥采乱挖不但破坏了本就很脆弱的草原植被，而且对一些资源来说是“断子绝孙”的开发方式。滥采乱挖使有限的野生药用植物资源已在一定程度上受到破坏，特别是20世纪90年代后期以来，部分种类的野生储量急剧下降，已显示出趋于衰退和灭绝的边缘境地。

川西獐牙菜为藏药材“藏茵陈”的主要原植物种类之一，属于藏医药中用于治疗肝胆类疾病疗效较好的产业资源种类，所开发的系列产品畅销全国，而目前由于加工资源的急剧短缺，有的生产企业已被迫到南亚如尼泊尔等地收购原料，以满足生产需要。

水母雪莲属于藏药材中珍贵的资源种类之一，曾是青藏高原众多高山雪线砾石滩生境中常见的资源物种，但目前已难觅其踪。

桃儿七、多刺绿绒蒿、烈香杜鹃等已列为青海省濒危物种资源。

素有软黄金之称的“冬虫夏草”，个头大，品质好，目前特等的虫草市场价已飚升到每千克几十万元。一根虫草的利润就相当于一年种植两亩小麦的利润。巨额利润每年都吸引各地的采挖人员蜂拥而至，疯狂采掘，对当地生态和虫草资源造成巨大的破坏。根据 1998 年的调查，三江源区虫草主要产区的产量不及往年的 1/3。而距今已过去 20 年，储量已是岌岌可危。

4.2.1.2 农作物及野生近缘物种资源

青稞：青稞生育期短，耐寒性强，是该地种植历史最久、分布范围最广的粮食作物，也是青海最主要的杂粮作物和藏族农牧民群众的主要口粮。虽然目前推广的‘北青号’‘昆仑号’新品种很多，丰产性状也很好，但当地群众仍然喜欢种植一些老品种。受当地群众青睐的老品种有“肚里黄、白浪散、白六棱、门源亮蓝、黑老鸦”，还有一些难以确定名称的杂色青稞种。据群众反映老品种抗逆性强且适口性好，是加工主食糌粑的上好原料。而新品种专用性较强，产量高，主要用于酿酒等加工业的原料。

青稞是喜凉耐寒作物，具有早熟性、耐寒性、耐阴和抗盐碱以及对水肥反应不敏感等特点，在当地耕制改革和生态适应性等方面具有独特优势，在长时期内在当地将持续占据优势，不会被其他作物所取代。

青稞属于栽培裸大麦，据有关考证，青藏高原是栽培大麦的起源地之一，资源种类很丰富。群众主要从籽粒色泽方面进行种质区分为“黑青稞、蓝青稞、白青稞”三类。但随着交通的发展和信息的交流以及新品种推广力度的加强，当地原有的地道资源已是面目全非，所以原种质的保护已是非常的困难。

如在玉树州囊谦县香达村考察中遇到当地一名藏族农民技术员（阿保），63 岁，一生喜好于收集和筛选作物种子，但由于年事渐高，又由于三江源生态移民工程的实施，在搬迁中将多年收集的宝贵种子全部意外损失殆尽。

小麦：青海小麦主要以春小麦为主。近年来随着种植结构的调整和对高效益农作物种植的追求，小麦种植面积剧减，群众基本上已经不再自繁自留麦种，主要是采取异地调种和种子串换，以新培育品种为主。但仍然有一些特异种质材料在当地繁衍流传，如“洋麦子”（资源收集号：HB07303）收集于循化县察汗都斯乡赞仆乎村韩乙布家，菜园内小块种植，株高 1.2m 左右，长麦芒，芒色黑白间杂，一般亩产 200kg 左右，抗病但不抗倒伏。据农户反映，该品种生育期短，产量低，已在当地自留自种数十载，主要用途为在乳熟期搓揉青吃。该品种是以前未曾收集到的一份珍贵资源。

小麦主要分布在三江源周边地区（兴海、同德等县），播种面积占三江源耕地面积的 21%，核心地区有零星分布。20 世纪 50 年代地方品种主要为小红麦、一支麦、红短麦、尕老汉、六月黄以及引进的碧玉麦、阿勃等推广种植，其中阿勃及系列衍生品种仍为目前春小麦的主栽品种，只有小红麦有少量分布。小红麦主要特点是具有较强的抗旱、抗条锈性和较好的品质性状，缺点不抗倒，农艺性状差。其他地方品种都已经失传。

小麦野生近缘物种资源：近年来，有关学者对青海省境内分布的鹅观草属拟冰草组（以礼草属 *Kengyilia*）内的小麦近缘野生物种的研究给予了很大的关注。青藏高原汇聚了该属的大多数种类，且不同等级和演化水平的类群均集聚于此。

物种种类及其特产种种类说明，青藏高原是小麦族野生物种的次生起源地及富集区之一，也是我国小麦近缘植物以礼草属植物的现代分布中心（蔡联炳，1998）。小麦族野生种在青海境内共分布有 8 个属 64 个种及变种。青海以礼草属物种为三江源区主要的牧草草种和生态优势物种，对高寒荒漠化地区有极强的适应性，其居群多集中于高原湖泊边的固定和半固定移动沙丘上及湖岸坡地的石砾灰漠土上，为青藏高原腹地高寒沙化地区的绝对优势种群。其中该属中的大颖草、青海以礼草、大河坝黑药草、无芒以礼草、毛鞘以礼草、梭罗草为青海所特有（郭本兆，1987）。

重要的生态草种——梭罗草（*Kengyilia thoroldiana*）主要分布在三江源区昆仑山及其支脉阿尼玛卿山、巴颜喀喇山和唐古拉山高寒区域，平均海拔 3 800m 以上，年均气温-4～-3℃，为生命物种的极端生境区。它植株矮小，通常为 20cm 左右。在生长季节，特别是在当地 5—6 月夜间经常出现 0℃以下低温的情况下，其植株还能正常生长和发育。在极端低温达到-48. 1℃的黄河源区仍能安全越冬，表现了高度的耐寒性。在青海省玛多县境内的星星海湿地保护区以及黄河乡沙化地区，梭罗草居群在湖岸边的固定和半固定移动沙丘上及湖岸坡地的石砾灰漠土上零星分布，是青藏高原腹地沙化地区禾本科植物的绝对优势种群。

梭罗草是青藏高原重要的生态草种，现代研究认为，梭罗草属于以礼草属短穗组中具备以礼草属性状演变的所有进化特征，是该属系统发育中最进化的类群（蔡联炳，1998），具有重要的种质资源和生态资源研究价值。

随着气候变暖和西部开发经济建设的飞速发展，同时也引发了严重的生态问题，青藏高原生态系统的脆弱性和不稳定性近年来明显增加。包括梭罗草在内的极有研究利用价值的以礼草属禾本科野生物种濒危状况十分严重，其中的一些珍贵物种已难觅踪迹，其生态恢复和保护利用迫在眉睫。

油菜：青海小油菜属于白菜型的北方春油菜基本种，原产于青藏高原海拔冷凉湿润山区，是现有三大类型油菜的共同祖先，是青藏高原优异的油菜种质资源。如“大黄油菜”油质清香净亮，产量稳定，除作为良好的食用油外，还被用于寺院供佛油灯。

蚕豆：原产西南亚一带，自西汉从西域传入我国，青海省是种植最早的地区之一，是青海省传统的主要出口农产品。主要地方品种有“湟源马芽”“互助小蚕豆”等。新育品种有“青海 9 号、11 号、12 号”。

马铃薯：马铃薯在青海种植历史悠久，是贫困山区救灾度荒的优良菜用、粮用主要作物。农家品种主要有“深眼窝”“牛踏扁”“白洋棒”“牛头”等。随着新品种的选育推广以及脱毒产业化制种技术的运用，地方品种几乎绝迹。目前青海还没有较理想和专业的外植体种质资源保存设施为青海地方马铃薯种质提供妥善的保护。目前零星种植的有“深眼窝”等，虽然抗病性和产量性状难与新育品种媲美，但适合当地群众煮食的食用方式和习惯。当地群众有这样的说法：过去村里谁家煮洋芋满巷道都能闻得到香味，但现在的洋芋吃起来就像是啃萝卜。

4.2.2 未编目、审定的农作物品种和新创制的种质资源

陕西省农业科技力量雄厚，直接从事作物品种选育和品种资源创新研究的人员有400多人，每年都培育出几十个农作物新品种、创制出数百份的农作物新种质、新品系和特异性材料。这些材料包括如小麦抗条锈病种质、抗白粉病种质、抗赤霉病种质、小麦和玉米以及谷子等优质种质、大穗种质，它们拥有特殊的基因，但其他农艺性状不尽人意，或晚熟、或不抗倒伏等。因此，它们仅有一少部分被育种家保存、利用，大部分因为育种家利用得少而逐渐被淘汰、丢失。

4.2.3 野生大豆

野生大豆在陕西省主要分布于安康市的平利县、镇坪县、岚皋县、旬阳县、镇安县、柞水县、石泉县、洋县、宁陕县，商洛地区的商南县、商州区，延安市的黄龙等县区沟坡与河谷地带，呈片状和零星分布。

4.2.4 陕北黄芥和臭芥

在过去贫困的年代，榆林和延安及其周边地区的人们以陕北特有的陕北黄芥和臭芥作为主要的食用油原料。随着社会的发展，原来广泛分布的陕北黄芥和臭芥仅仅在靖边县的黄渠则和席麻湾乡油坊庄零星种植。

4.2.5 小麦近缘野生植物

小麦近缘野生植物，冰草（*A. cristatum*）和蒙古冰草（*A. mongolicum*）在陕北定边县的黄土台塬、坡地零星分布；肥披碱草（*E. excelscus*）在榆林地区的绥德、米脂、横山等县的滩涂、沟边呈片状或零星分布；老芒麦（*E. sibiricus*）在延安的南泥湾零星分布；紫野大麦（*H. violaceum*）在靖边县零星分布；赖草（*L. secalinus*）在靖边和定边的公路边和台塬坡地呈片状分布；华山新麦草（*P. huashanica*）在秦岭北麓华山段（东起华阴市蒲峪、西止华县高塘镇的东涧峪，北起华山脚下的玉泉院、南止港子村，面积约10km^2）；纤毛鹅观草（*R. ciliaris*）、五龙山鹅观草（*R. hondai*）、鹅观草（*R. kamoji*）、多秆鹅观草（*R. multiculmis*）在陕西从榆林的北部一直到安康的南部到处呈零星分布；野燕麦（*A. fatua*）在陕西从榆林的北部一直到安康的南部到处呈零星分布；节节麦（*A. squrrosa*）在陕西杨凌呈零星分布。

由于人口的快速增长，使依赖土地为生的农民对土地面积的需求增大。尤其是在边远山区，人民生产、生活方式单一，农、牧、林生产是他们的主要经济来源渠道。由于长期受刀耕火种耕种方式的影响，当地百姓依靠不断开垦荒地、坡地、扩大耕地面积和林地面积来获取更大的经济效益。山区的放牧、开矿、建设修路、生态旅游等对这些野

生资源及其生态环境不同程度产生了破坏。

4.3 农作物种质资源引进分析

物种遗传资源的引进对当地物种资源造成一定的影响和威胁。例如在青海省油菜和蚕豆等作物受到了引进物种的影响。

4.3.1 油菜

青海小油菜原产于青藏高原海拔 3 000m 左右的冷凉湿润山区，从遗传进化角度来讲，是现有三大类型油菜的共同祖先。由于自 20 世纪 70 年代起加拿大优质甘蓝型油菜品种的陆续引进，以及双低高产的常规、杂优新品种的相继育成与推广，小油菜和当地芥菜型油菜种植面积逐步缩小，同时也会引起外来遗传基因的天然导入和当地种质的漂移和丢失，久而久之，当地原有物种遗传特性就会丧失，所以特异种质的收集与保护也同样极为紧迫。

4.3.2 蚕豆

蚕豆原产西南亚一带，据《太平御览》记载“张骞使外国得胡豆归”。青海地处丝绸之路南侧，蚕豆自西汉从西域传入我国，青海是种植最早的地区之一，是我国重要的春蚕豆栽培区，素以产量高、质量优而闻名遐迩，也是青海省传统的主要出口农产品。主要农家品种有“湟源马芽”“互助小蚕豆”等。近年来随着“青海 9 号、11 号、12 号”新育品种的种植与推广，以及日本菜用蚕豆“陵西一存”“德国小蚕豆”“南美蚕豆”种质材料的引进，以及与当地品种进行遗传改良等活动的实施，作为异花授粉的蚕豆作物，其地方品种的地域保护屏障已经十分的脆弱。与油菜等作物类似，无疑会引起外来遗传基因的天然导入和当地种质的漂移和丢失，久而久之，当地原有物种遗传特性就会丧失。

4.4 农作物种质资源丧失与流失的主要因素分析

调查中发现物种生存受威胁和丧失的现状，包括生境现状、种群现状与变化、濒危现状、受威胁因素等。

（1）种植的年限长，品种抗性等退化，或者是由于生态环境的变化，不适应当地的生产环境条件。

（2）高产优良的新品种替代了低产的老品种。

（3）现代育成品种单一化种植，造成大量地方传统优良品种丧失。

（4）信息和交通等在农村的进一步改善，当地农民改变了过去闭关自守思想，人口流动大，商品交换变得更加活跃，农民对新品种接受、应用的速度更快。

（5）为改善民生，国家异地搬迁政策的实施，使一些品种在搬迁过程中容易被忽视，没有注意保护。

4.5 农作物种质资源保护与管理策略和建议

（1）利用国家种质资源库的优势，妥善保存农作物地方品种资源。

（2）扩大收集范围。本专题现在只重点调查收集了陕西省、云南省和青海省的部分地区，而这些省的其他地区还存在大量的优异的物种资源，有些资源处于濒危状态还没有得到很好的保护。建议今后继续开展对其他地区的调查与收集。

（3）陕西省自然地理结构复杂，作物资源十分丰富，特别是有一些特异性资源，为我国农业的可持续发展和人类的未来提供不可缺少的物质条件。因此，应该在国家层面上对陕西省的资源状况加以重视。针对陕西省作物资源存在状况和资源创新的实际，建议继续积极有序地对陕西省农作物遗传多样性进行持续的收集、分类、鉴定和保护。

（4）加强少数民族聚居地区的地方品种资源的调查收集工作。目前由于多种原因地方品种急剧减少，给地方品种资源的收集工作带来了很大的困难。本次调查发现在少数民族聚居地区和边远落后地区还分布有很多珍贵的地方品种。建议今后加强少数民族聚居地区的地方品种资源的调查收集工作，并结合国家种质资源库的保存工作做好妥善保存。这是补救全国大多数地区地方品种急剧减少的有效办法。

（5）针对特异资源进行系统调查，以便制订科学、可行的保护方案。

（6）尽快对已收集的优异资源进行表现型鉴定评价。

（7）在力所能及的范围内，适当增加经费，以便调动县、乡有关人员参与资源保护的积极性。

（8）建议当地农业部门对农业品种资源进行登记保护，把品种资源立档建卡。

（9）建议当地政府加强对年轻一代老百姓的宣传教育，保持与保护当地作物品种资源，科学发展，和谐相处，使老祖宗留下的品种资源得以繁衍延续。

（10）建议农业科研部门对农业品种资源进一步研究，开发利用各品种资源，使其发挥更大的社会和经济效益。

（11）采用科学方法和新技术种植、管理老品种，使其在产量上和品质上得到提升，使当地民族重视该品种的经济潜力。

（12）当地特用、特优品种资源，应合理开发，引入市场，发挥其商品价值。

（13）对有用的资源（特异资源）深入研究与开发利用。不能为了保护而保护，保护的目的是利用，利用是对有用资源最有效的保护手段。

（14）加大宣传力度，增强群众参与意识和对野生植物的保护意识。野生植物保护是一项社会性、群众性和公益性很强的工作，只有引起社会各界的重视和公众的广泛参与才能搞好。然而由于历史原因，广大群众对保护野生植物的意识十分薄弱，“山中物无主”的思想在一定程度上还存在于群众思想中。因此要充分利用广播、电视、报纸、期刊、互联网等多种媒体，采取多种形式，大力宣传保护野生植物对生态环境建设和实施可持续发展战略的重要意义，宣传国家的有关政策法规，宣传在保护野生植物中涌现出来的先进人物和典型事迹；要发挥舆论的监督作用，对破坏野生植物的典型事件要敢于曝光；通过举办夏令营、科普讲座等活动，在中小学生中开展野生植物保护的宣传活动；要充分利用“保护野生植物宣传月”等时机，集中组织开展大型宣传活动，扩大社会影响，真正树立“保护野生植物光荣、破坏野生植物可耻”的良好风尚。

（15）推进野生植物保护执法体系建设，加大执法力度。野生植物的法制建设，执法力度不够，一些地方滥采乱挖、非法经营野生植物的违法犯罪活动十分猖獗。为了保护野生植物免受损失，应加强执法队伍建设，提高执法能力。采取有效措施，继续组织实施严打和日常执法结合起来，坚决打击滥采乱挖野生植物的违法犯罪活动。同时，对借培植野生植物之名，对野生植物行乱采乱挖之实的，要严厉打击，严肃处理。只有这样，才能使野生植物得到保护，野生植物保护法才能真正得到贯彻执行。

（16）加强野生植物保护管理机构队伍建设，提高管理水平。目前，陕西省基层如县级野生植物管理工作很薄弱，已经不适应保护事业发展的需要。在机构改革中，基层野生植物保护工作不能放松，应成立专门的野生植物保护机构，充实力量，以适应新形势下野生植物保护工作的需要，使野生植物保护管理走上正轨。野生植物保护工作政策性强、责任大、管理难、国内外影响大，野生植物保护工作人员一定要有高度的责任感和事业心，认真学习党的方针政策和法律法规，增强法律意识，加强调查研究，提高业务素质；要增强服务意识，建立健全监督制约机制不断改进工作作风，做到廉洁自律，树立野生植物管理的良好形象。

（17）建立重点保护野生植物科研及监测体系。由于没有建立有效的监测和科学研究体系，缺乏动态监测，一些特殊物种的保护和合理利用等方面技术研究还没有突破。因此，要建立国家及省重点保护野生动植物的监测体系；建立野生动植物动态变化数据库。逐步开展野生动植物生境和生态系统等方面的监测，进一步提高野生动植物和自然保护区保护、管理和研究水平。

（18）增加投入，多点原位保护野生大豆资源。与其他保护方式相比，原位保护在生物多样性保护中有着更多的优越性，如能保护足够大的种群和完整的种群结构，能够提供物种生存和自然进化的场所，并能使基本的生态过程和生命系统得以维持等，原位保护是保存种质资源的最有效的手段。鉴于安康地处巴山腹地，沟壑纵横、地形地貌复杂，自然隔离导致野生大豆遗传多样性非常丰富，特别是在这里分布有黑色野大豆、黑色野豌豆、黑色野绿豆，尤其是安康洪山镇的陈梁村、平利县女娲山乡柏树村、旬阳县城关镇清泥村、宁陕县袋沟村野生大豆呈大面积连片分布。因此，在该地区建立野生大豆多点原位保护区非常必要。开展相应的鉴定、挖掘研究，筛选具有重要社会、经济、文化等性状的基因，并充分利用现代农业和生物技术，使这些优异的种质资源发挥更大的社会、经济和生态效益。

（19）定期进行未编目审定的农作物品种资源、新创制的种质资源的征集和入库工作。

5 中国农作物物种资源保护与利用

因为发达国家及其跨国企业利用“种质资源主权”已将别国地里的庄稼变成了他们的专利，“祖祖辈辈种地，今后再种就得向人家交钱”。这对于我国这样一个以农业为主体的国家所可能造成的后果，无疑将是灾难性的。随着跨国企业竞逐对各国多样物种的专利权，发展中国家的农民和土著人痛苦而又不可置信地认识了一个新的概念：“生物海盗”。目前，国际上10家跨国企业控制了全球种子市场的32%，并完全拥有基因改造种子市场。跨国企业通过专利申请，对作物种子及其种质资源进行“跑马圈地”，不但严重侵犯了农民权利，更为可怕的是威胁到以农业为主体的发展中国家的国家利益。

正如科学家们所预见的那样，人类已经跨入21世纪，生物技术便以前所未有的加速度在发展，大有超过信息技术之势。在农业生物技术领域，一场以资源为基础、以基因为核心的“种质资源主权战争”已经打响。众所周知，种质资源是一切生命科学和生物产业的根本和基础。离开种质资源，所有的生命科学研究及其产业都将成为无米之炊。如何有效保护种质资源，对于在这场“战争”中抢得有利位置并最终占据制高点、维护国家和民族根本利益乃至实现中华民族的伟大复兴具有极其重要的战略意义。

所谓种质资源主权是指通过对资源中的某个基因进行标记或克隆而获得的专利权或知识产权。拥有种质资源与拥有种质资源主权具有本质区别，只有后者才能产生巨大的经济和社会效益。目前，国际上农业领域涉及作物种质资源中相关“基因”的专利申请刚刚开始，而且发达国家对作物种质资源主权保护工作也刚刚起步。另一方面，我国是世界上作物种质资源最为丰富的国家之一，现已保存各类作物种质资源达50万份，位居世界第二，为我国抢占国际“基因大战”制高点提供了强有力的物质平台和难得的机遇。

为了抓住这一难得的机遇，本调研报告在对国内外作物种质资源研究和保护的现状与发展趋势、我国作物种质资源研究与保护存在的主要问题等进行全面分析的基础上，提出了在我国开展作物种质资源分子评价与保护的紧迫性及其整体战略。

5.1 国际作物种质资源研究、保护状况与发展趋势

5.1.1 主权保护意识的形成

所谓植物种质资源，是指植物染色体和其他亚细胞机构中包含的遗传基因信息。种质资源具有两个最基本的特性：一是种质资源是研究一切生命活动及其科学发现的载体和供体；二是种质资源所负载的基因具有不可创造性，即人类只能从种质资源中发掘所需要的基因或新基因，而不能创造基因。种质资源的上述特性决定了其在人类生活中，

具有与国计民生密切相关的重要战略地位。正因为如此，世界各国对种质资源保护工作给予了极大的关注。

5.1.1.1　与种质资源保护相关的国际公约

由于作物种质资源的战略地位已为世界各国所认识，因此，不同的国家出于保护本国利益的目的，都在寻求着不同的国际公约支持。在已签署的涉及作物种质资源的国际公约中，如《知识产权保护条约》《与贸易相关知识产权协议》《专利法条约》《国际植物新品种保护公约》《生物多样性公约》等，均更注重于保护育种者或种质资源利用者的权利，而忽略了种质资源拥有者的权利。目前正在讨论阶段的《粮食与农业植物遗传资源国际条约》，提出了种质资源主权和农民权利问题。正是由于种质资源拥有者权利的提出，导致了该条约还未得到许多国家的认可。由此不难看出，当今社会世界各国对作物种质资源的重视程度。

为了保存已收集植物种质资源的生命力，美国于 1958 年建成世界上第一座低温保存库，又于 1992 年建成容量达 100 万份的现代化国家种质库；印度也于 1997 年建成容量 100 万份的国家种质库。据统计，到 1996 年，世界已建成 1300 多座种质库，共保存 610 万份作物种质资源（含部分重复），其中低温库保存 550 万份，田间种植保存 52.7 万份，试管苗保存 3.76 万份。

5.1.1.2　主权保护意识的产生

按照有关种质资源保护和利用的国际公约以及知识产权法规，种质资源为全人类所共有，不存在特定的知识产权，种质资源拥有国并不能从被利用国获得任何利益。例如 20 世纪 90 年代初期，赤霉病每年给美国小麦产业造成高达 20 亿美元的经济损失。后来，美国利用我国的‘苏麦 3 号’等种质资源基本解决了小麦赤霉病所造成的危害，并从中克隆出抗赤霉病基因，但我国并未从中获得任何利益。那么，在经济至上的和平年代如何可以避免这种“为人作嫁”呢？现代生物技术的发展和相关知识产权法规为此找到了出路，即如果在对种质资源中的特定基因评价的基础上，进一步进行分子标记或分离，就能获得相应的知识产权并实施主权保护，进而获得巨大的社会和经济效益。

5.1.2　构建作物种质资源分子评价的技术平台

绘制分子图谱和进行基因组研究，不仅可以为基因定位、数量性状分析和物理图谱构建以及图位克隆提供技术平台，而且可以为阐明物种间的演化关系等基础理论研究奠定坚实的基础。

5.1.2.1　分子图谱绘制

自从在小麦上构建出第一张 RFLP（限制性内切酶片段长度多态性）分子图谱之后，目前国际上已先后对小麦、水稻、大豆、玉米、大麦、黑麦等主要农作物，构建了较为密集的 RFLP、SSR 分子连锁图谱（McCouch，1988；Tanksley et al.，1991；Temnykh et al.，2000；Lee et al.，2002）。截至目前，发达国家已经基本完成了对主要农作物分子连锁图谱的构建工作。高密度分子图谱的绘制对农作物种质资源保护和研究有着重要影响：一是可以有条件进行全基因组扫描，从而进行分子指纹图谱的绘制；二是可以标记、作图和克隆种质资源中的目标基因；三是可以从基因组水平上评价种质资源的遗传多样性和利用潜力；四是可以准确鉴定各分类单位（如属、种、亚种等）间的遗传关系和进化关系，从而为种质资源的利用奠定基础。在过去的20多年中，利用分子图谱绘制的核心技术——分子标记技术进行上述研究所发表的论文不计其数，但目前还没有系统地对库存种质资源进行分析的报道。

5.1.2.2 基因组学研究

包括结构基因组学和功能基因组学研究。在孟山都公司率先公布了水稻基因组的测序结果之后，包括拟南芥、水稻等农作物在内的作物基因组序列的获得，和玉米、小麦、水稻、大麦等BAC库以及大豆、水稻、玉米、小麦、大麦、西红柿、马铃薯、高粱等EST库（有高度代表性的表达序列标签）的构建，给植物育种和生物学研究开辟了一条全新的途径。通过基因组学研究不仅可以使遗传多样性提高到分子多样性水平，而且能够从库存种质资源中发掘新基因。

随着基因组学的不断发展，发达国家已把最先进的技术用在种质资源的研究中。其中一个有代表性的项目是美国农业部已开始的“食物基因组计划”，将试图从作物种质资源中发现与开发各种优异基因着手，用转基因、个体克隆等技术培育出难以想象的高产、优质、美味的新作物品种，这将改变农场和食物的定义。同样，美国国家科学基金会（NSF）资助了名为“玉米进化基因组学研究”的项目，该项目将对约1300份材料（包括自交系、野生近缘种、农家品种等）进行全基因组扫描，并通过把表型性状与各等位基因的天然突变结合起来进行关联分析（该方法已在人类基因组学中得到广泛应用），从而发现控制期望性状的等位基因，最终解决目前的玉米品种在低投入下产量低、不抗倒、营养价值较低等问题。此外，美国还正在计划开展豆类作物基因组研究，研究内容包括豆类（包括大豆、菜豆和豌豆）基因组测序、分子图谱、基因表达、分子标记及应用等31项之多。

5.2 我国作物种质资源研究与保护状况

5.2.1 传统保护已形成比较完整的体系

中国政府一直重视农作物种质资源的收集、保护和评价利用工作。20世纪50年代中期和70年代末期分别组织了两次全国性的作物种质资源征集工作，征集各类作物种质资源20余万份。1978年以来，组织了各种类型的作物种质资源考察30余项，包括新疆、西藏、云南、神农架、三峡、海南、大巴山、黔南桂西、“京九”开发山区等重点地区作物资源综合考察；全国性小麦、芝麻、饲用植物、棉、茶、桑、油菜、烟草、牧草等种质资源考察。通过考察收集各类作物种质资源6.3万份。近30多年来，我国积极开展从国外引种的工作，已从100多个国家和地区引进具有保存价值的种质资源9万份。

目前，我国已保存作物种质资源50万份，在数量上仅次于美国，并建立了比较完整的保护体系。包括2座长期低温种质库（北京）和1座长期低温保存复份库（西宁），用于保存以种子繁殖保持种性的作物种质资源；10座国家级和15座省级中期低温种质库，用于种质资源的评价、研究、分发和利用；43 个国家级作物种质资源圃（含 2 个试管苗库），用于保存以种茎、块根和植株繁殖保持种性的作物种质资源。其中，国家种质长期库保存 43.5 万份种质资源，分属 35 个科，192 属，877 个种（含亚种）；国家种质圃保存 6.5 万份，分属 1 237 个种（含亚种）。以上保存的 50 万份种质资源中含野生种质资源约 3 万份。此外，还为全部 50 万份种质资源建立了 3 000 万个数据项、1 000 兆字节的国家作物种质资源信息系统。

5.2.2 表现型评价已基本完成

近年来，国家对种质资源研究和保护工作的重视是有目共睹的。也正是国家的重视，才使得我国取得了众多有益的积累，并为在分子水平进行种质资源评价奠定了坚实的基础。

众所周知，表现型评价是分子水平上进行基因型评价的基础。农作物种质资源的表现型评价工作，一直是我国“七五”“八五”和“九五”国家种质资源攻关计划的重点内容，并对我国保存的 50 万份种质资源中的 100%进行了主要农艺性状评价，57%的种质资源进行了抗病虫鉴定，53%的种质资源进行了主要品质鉴定，39%的种质资源进行了抗逆性鉴定。通过鉴定评价，发现在丰产、优质、抗病、抗逆等方面携带 1 个或多个优异基因的种质资源 3 万余份。近年来，国家又将种质资源收集、表现型评价单独列入基础性工作专项，这必将使我国保存的种质资源的表现型评价工作更加完善。日益完善的表现型评价工作，必将能提供优异的基因源材料，进而为通过分子评价获得拥有自主知识产权的新基因奠定坚实的物质基础。

5.2.3 基础设施逐步完善

随着综合国力的提高，我国政府对科学研究基础设施建设的投入逐年加大，以及通过近年来广泛开展的国际合作和教育部实施的“211 工程”，我国先后建成了一大批国家级和省部级重点实验室，仅中国农业科学院就已建成 22 个国家和部门重点实验室、27 个质量检验检测中心和投资达 1.4 亿元人民币的“中日农业发展研究中心”，拥有一批可用于种质资源分子评价的先进仪器设备。值得一提的是，正在实施建设的“中国农作物种质资源与基因改良国家重大科学工程”项目，将为种质资源分子评价工作提供更加完善的基础设施和先进的仪器设备。

5.2.4 作物种质资源分子评价工作开始起步

随着我国对外交流科技人员的日益增多，以及国家科技攻关、863 计划、973 计划等涉及分子生物学研究项目的逐步开展，我国已在种质资源分子评价方面积累了一定的技术贮备。例如，在“九五”科技攻关中，先后开展了水稻、小麦、玉米、大豆和棉花五大作物的醇溶蛋白、RFLP、AFLP、SSR 等分子标记工作，初步建立了我国小麦醇溶蛋白指纹图谱数据库，并从我国的小麦种质资源中发现了 2 个抗白粉病新基因和 1 个蓝色籽粒新基因。在大豆耐盐基因标记方面，申请了国家发明专利，并评价出 59 份耐盐种质资源。

5.2.5 作物种质资源利用效果显著

新中国建立以来，主要作物品种更换 4~6 次，良种覆盖率达到 85%以上。每次品种更新换代都使产量增加 10%~20%，作物的抗性与品质也显著提高，其中优异种质资源在我国作物育种及其种子产业中所起作用在 50%以上。如水稻“野败”型种质资源的发现和利用，使我国的杂交水稻研究走在世界的前列；应用多种目的基因聚合法育成小麦新基因源“繁六”和“矮孟牛”，双双获得国家发明科技成果一等奖。根据国家科技攻关计划种质资源项目的资料统计，自“七五”以来，通过评价获得的 168 个种质资源被作为新品种直接推广，累计种植面积 5.52 亿亩，增产 136.71 亿 kg，新增产值 275.6 亿元；通过利用评价出的优异种质资源培育新品种 427 个，累计种植面积 33.54 亿亩，增产 829.16 亿 kg，新增产值 1 647.63 亿元。

5.3 我国开展作物种质资源分子评价与保护的紧迫性

一些跨国公司通过对作物种质资源进行分子评价并申请保护，不仅可以使窃取别国种质资源的“生物海盗”合法化，而且可以申报专利垄断国际种子市场。更为严重的是，这将致使种质资源拥有国在利用本国的种质资源时变成非法，一夜之间可以从一个种质资源富国变成一无所有的“穷光蛋”，进而丧失参与世界“基因大战”的能力。因此，以我国丰富的作物种质资源为基础，建立以基因为核心的知识产权创造、保护行动计划，已成为我国农业和农村稳定与持续发展的当务之急。

5.3.1 “种中国大豆侵美国权”事件

大豆起源于我国，并具有最为丰富的种质资源。孟山都公司利用美国大豆育种家 Richard Bernard 从中国上海电机厂院内私自采摘带回的中国野生大豆作亲本，培育出“高产大豆”新品种，并利用分子标记技术对控制大豆高产性状密切相关的基因进行了“标记”，证明“高产基因”来源于中国野生大豆。为此，2000 年 4 月 6 日，孟山都公司向全球 101 个国家提出了涉及该“高产基因”的 64 项专利保护请求。该专利内容大大超出了基因的层次，其中包括：与控制大豆高产性状的基因有密切关系的“标记”；所有含有这些“标记”的大豆（无论是野生大豆还是栽培大豆）及其后代；生产具有高产性状的栽培大豆的育种方法；以及凡被植入这些“标记”的转基因植物，诸如大麦、燕麦、卷心菜、棉花、大蒜、油菜、亚麻、花生、高粱、甜菜、甘蔗、土豆、苜蓿、向日葵、棕榈、花椰菜等。专利一旦获得批准，极有可能出现的情形是：中国农民或育种专家在并不知晓的情况下，就已经侵犯了孟山都的专利；中国的有些大豆产品甚至因此无法出口，否则将会引起国际贸易制裁。尽管孟山都最终放弃了在中国申请专利，但对大豆起源国来说，无疑是一个巨大的讽刺；同时，也无疑为我国政府和广大科技人员对如何建立我国有效的种质资源主权保护体系敲响了警钟。

5.3.2 印度“香米事件”

印度香米被称为“皇冠的珠宝”，每年出口额达3亿美元。然而，1997年，Rice Tec公司却就此香米注册了20项专利，并将自己培育的“印度香米”推向市场，从而使印度原产的香米为非法。为此，印度政府用近3年的时间准备了1 500页的上诉材料，仅仅使Rice Tec公司放弃了4项专利，但依然拥有16项专利。惨痛的教训使印度政府狠下决心，计划投入40余亿美元，对本国保存的34万余份农作物和草药资源进行系统的DNA水平的基因标记工作，以便切实有效地保护本国植物种质资源的主权。为了进一步控制国际香米市场，Rice Tec公司目前正在对“泰国香米”实施同样的计划。按此发展，该公司可能也会考虑对我国的杂交水稻实施同样的计划。

5.3.3 “高油和高油酸含量玉米”事件

杜邦公司曾投入大量资金培育出高油和高油酸含量玉米新品种，并于1992年开始向欧洲专利局申请专利，2000年获得批准。根据杜邦公司的说法，今后无论谁，采取什么方法，只要生产出在此专利覆盖范围内的高油和高油酸的玉米都会落到杜邦公司专利的“盘子”里，要么交钱，要么侵权。尽管该专利于2003年2月12日被欧洲专利局撤销，但残酷的事实告诉人们，愈来愈多的作物品种及其种质资源正在成为跨国公司“专利垄断”的觊觎对象。

5.3.4 作物种质资源的分子评价势在必行

经过自“六五”以来的连续多年国家攻关计划，以及正在实施的基础性工作专项，我国大规模的种质资源收集、表现型评价工作已基本结束。因此，提高现有种质资源的保存效率，并实现由传统的生命力保护向现代的知识产权保护意识的转变，就成为一件非常现实而又十分紧迫的问题。“印度香米事件”和“种中国大豆侵美国权”等事件的发生，充分说明围绕种质资源的“基因大战”硝烟已经弥漫了整个世界。如果将发达国家掌握着先进的技术和设备与我国种质资源特别是特有资源流失严重同时考虑，那么在分子水平上开展种质资源的研究工作，无疑已成为我国的当务之急。否则，诸如“种中国水稻侵美国权”“种中国小麦侵澳大利亚权”等类似事件的发生，并非是遥远的事。那时，丧失的不仅仅是个别基因，而很可能由此导致我国所保存的种质资源成为“鸡肋”，进而对我国的国家利益构成严重威胁。

5.3.5 抢占国际“基因大战”制高点的难得机遇

目前，国际上农业领域涉及种质资源中相关“基因”的专利申请起步不久，而且发达国家对作物种质资源主权保护工作也才逐步开展，这为我国赶超世界先进水平提供了难得的机遇。更为重要的是，我国在实施作物种质资源主权拯救方面具有以下明显的优势。

5.3.5.1 拥有独特且丰富的种质资源

独特且丰富的种质资源研究材料对于推动科技进步和产业发展具有举足轻重的作

用。与众多发达国家不同，我国所拥有的作物种质资源的丰富性和独特性是举世公认的，这也是近年来美国、加拿大、澳大利亚、日本等发达国家和 IRRI、CIMMYT 等国际组织，积极寻求与我国进行种质资源合作的最主要原因。我国独特的种质资源优势主要表现在三个方面：一是起源物种多。在栽培的 600 余种作物中，有 300 多种起源于我国。物种的起源地，就意味着是该物种遗传或基因的多样性中心。二是地方品种和野生近缘种多。在我国目前保存的 37 万多份作物种质资源中，约 67%属于我国的地方品种和野生近缘种。地方品种是我国劳动人民几千年的智慧结晶，也正是由于悠久的历史和多样化的种植环境，才造就了地方品种具有丰富的基因多样性。三是生态类型多样。我国的植物种质资源在空间格局上，从北热带到寒温带，从海拔低于海平面 154m 的吐鲁番盆地到世界最高的高原（青藏高原），从热带雨林到极旱荒漠，造就了多种多样生态类型的种质资源。拥有独特且丰富的种质资源，为我国在国际“基因大战”中力争占据重要位置提供了重要的物质基础。必须清醒地认识到，中国种质资源特别是特有资源是我国劳动人民几千年的智慧结晶，是前人留给后人等待开发的宝贵财富，如果继续任其依然滞留在库房内，或遗失灭绝或流失国外为他人所用，那不仅是一种遗憾，而且也将愧对祖宗和后代。

5.3.5.2 具备了必要的技术和人才储备

随着综合国力的提高，我国政府对科学基础研究及其设施建设的投入逐年加大，国家科技攻关、863 计划、973 计划等涉及分子生物学的研究项目逐年深入，一大批国家级和省部级重点实验室以及“中国农作物种质资源与基因改良国家重大科学工程”的逐步完善，为改变我国科学技术由过去的跟踪转变为跨越式发展奠定了良好的基础。由我国科学家绘制完成的全球首张水稻基因组“精细图”，就是利用后发优势，集中力量实现跨越式发展的典型代表。

5.3.5.3 具有可供利用的先进技术平台

现代科学研究的突破主要依靠两方面的客观因素，一是技术条件，二是研究材料，两者相辅相成。与发达国家相比，我国在分子生物学领域技术条件的落后是显而易见的。但是，我国拥有种质资源研究材料的优势。既然发达国家已经发明并公开了诸如基因标记、基因组学等方面的技术和成果，那么何不扬长避短，走一次“科学的捷径”呢？利用先进的技术，研究我国的特有材料，不仅可以节约时间和经费，而且更为重要的是可以有效地保护我国特有种质资源，使我国在“基因大战”中跟上发达国家的步伐，并最终占据有利的地位。

5.4 我国作物种质资源分子评价与保护对策

5.4.1 总体方针

（1）建议由科技部牵头，会同国家发展改革委员会、财政部、商务部、农业农村部、国家林业和草原局、国家知识产权局等单位，联合成立“中国作物种质资源主权拯救计划”领导小组。

（2）建议由中国科学院和中国工程院两院的相关院士组成“中国作物种质资源主权拯救计划”顾问委员会。

（3）在领导小组统一协调和顾问委员会指导下，组织全国有关专家，制订系统、详细、切实可行的“中国作物种质资源主权拯救计划方案”，对现有资源开展全方位、有目标和有重点的研究，实现面、线、点三个层次的结合，近期目标与长远目标相结合，并突出前瞻性和可操作性。

5.4.2 预期目标

集中优势力量，并通过5年左右时间的实施，预计我国在作物种质资源主权拯救方面能够实现以下目标：

（1）建立我国50万份作物种质资源的“分子身份证”，并将种群种质资源（种质资源）转变为DNA序列资源或资源基因，实现我国作物种质资源主权保护。

（2）获得我国具有自主知识产权且在农业增效、农民增收和增强农产品国际竞争力等方面发挥重要作物的新功能基因350~500个。

（3）构建解决作物生理、遗传、育种等重大基础理论和生产实践问题的物质和技术平台，突破目前育种遗传基础狭窄的世界性难题。

（4）建立我国以基因为核心的信息管理和共享系统，逐步实现以作物种质长期库到计算机操作为中心的新的作物种质资源管理模式。

（5）预计将产生巨大的经济效益。按每个新功能基因产生1亿元计算，项目完成后，每年至少新增经济效益350亿元。

5.4.3 具体对策与建议

5.4.3.1 抓紧制定“我国农业种质资源保护与利用发展规划”

在国务院领导下，由科技部牵头，会同发展与改革委员会、财政部、商务部、农业农村部、国家林业和草原局、生态环境部、国家质量监督检验检疫总局、中国知识产权局等部委，组织有关专家在全面普查、摸清家底的基础上，制订系统、详细、切实可行的“我国农业种质资源保护与利用发展规划”，对我国农业种质资源开展全方位、有目标和有重点的研究，实现面、线、点三个层次的结合，近期目标与长远目标相结合，为我国农业种质资源的有效保护和持续、充分利用，进而为全面提升我国农业科技创新能力，发展农业生产奠定基础。该规划完成后，建议由国务院下发并实施。

5.4.3.2 尽快实施“国家农业种质资源拯救行动——应急科技专项计划方案”

鉴于当前国际“种质资源主权”争夺的不断升级，预防因我国农业种质资源流失可能引起的诸如“祖祖辈辈种地，今后再种就得向人家交钱”等灾难性后果的发生，以及“种质资源主权”保护的核心是建立种质资源的分子“身份证”和功能基因的分子标记与表达研究，因此，建议由科技部牵头，尽快实施“农业种质资源拯救行动——应急科技专项计划方案”。该方案以确保国家安全和抢占农业科技制高点为目标，提出了拯救我国农业种质资源的指导思想、总体目标、实施原则、主要任务及保障措施等，其核心内容是优先对事关国计民生的粮食、棉花、油料、水果、蔬菜、林木、花卉等我国特有和表现型优异的 10 万份种质资源进行“主权”保护及其有关平台建设。通过 5 年的实施，将使我国在世界农业“基因大战”及其相关产业发展中跨入国际先进行列。

5.4.3.3 增加投入，确保“我国农业种质资源保护与利用发展规划”的实施

农业种质资源的有效保护与持续利用是国家长期的基础性和社会公益性事业，为社会发展与进步提供公共产品，但我国至今还没有专门针对农业种质资源保护与利用的计划。因此，建议国家开辟财政专项，并列入国家财政预算，为我国农业种质资源保护与利用提供长期稳定的经费支持。其中，需要实施“国家农业种质资源拯救行动——应急科技专项”，该专项首期建议实施 5 年（2003—2007），每年提供不少于 2 亿元支持。

5.4.3.4 加强我国农业种质资源保护和利用的制度法规建设和运作

农业种质资源保护和利用的实施运作需要健全有力的制度与法规保障。对于我国这样一个农业种质资源特别丰富、农业地位异常重要的世界主要发展中国家，应当就农业种质资源保护和利用有专门立法，包括对其战略地位的明确、国家主导责任的定位，以及稳定和持续投入的保证等。同时，要充分了解掌握国际上相关的制度体系及运行格局，积极参与相关国际联盟的事务及活动，明确表达我国对农业种质资源保护和利用的意志与要求，主动维护国家与民族的利益。

5.5 “国家农业种质资源拯救行动——应急科技专项计划方案”的基本框架

5.5.1 总体目标

针对国际上“生物海盗”和农业种质资源主权保护“圈地”的迅速蔓延，以及我国农业种质资源丰富和流失严重的客观实际，以确保国家安全和抢占农业科技制高点为目标，综合集成植物生理、遗传、育种、基因组、生物信息等学科的理论和技术，构建农业种质资源主权保护技术平台，并通过建立分子“身份证”和重要功能基因标记与表达研究，优先对事关国计民生的粮食、棉花、油料、水果、蔬菜、林木、花卉等我国特有和表现型优异的 10 万份种质资源实施主权保护；在对表现型和基因型综合分析的基础上，构建我国主要农作物、林木、花卉种质资源的“优异基因核心库”，发掘我国具有自主知识产权的功能新基因 350～500 个；同时，抢救性收集我国野生和稀有农业种质资源 5 000 份；研究建立野生大豆、野生稻、小麦野生近缘植物等起源于我国的主要农业种质资源原生境保护点 20 个；研究建立我国主要农作物、林木、花卉种质资源更新、繁殖和表现型评价试验基地 10 个；研究建立快捷的生物信息分析、管理和查询系统，实现信息共享。

该专项计划完成后，不仅能够使作物、林木、花卉的生理、遗传、育种等许多重大基础理论和生产实践问题得到解决，突破目前育种遗传基础狭窄的世界性难题，实现农业种质资源的保护与高效、持续利用有机结合，而且能够使我国由农业种质资源拥有大国跃升为“种质资源主权”大国，从根本上维护国家利益，全面提升我国科技创新能

力，实现农业增效、农民增收和增强农产品国际竞争力，并使我国在世界农业“基因大战”及其相关产业发展中跨入国际先进行列。

5.5.2 实施原则

农业种质资源是粮食安全首要和不可替代的国家战略性资源，为了有效拯救我国农业种质资源，本行动实施的总体原则是：立足于现有工作基础，并集中全国有生力量，统筹规划、分步实施；制定目标、突出重点，近期目标与长远目标相结合；立足国情，坚持“有所为、有所不为”；以综合集成植物生理、遗传、育种、基因组、生物信息等学科先进的理论和技术为手段，突出前瞻性、创新性和可操作性，实现保护与利用相结合。

5.5.3 实施年限

实施年限为5年。

5.5.4 优先研究领域

5.5.4.1 建立作物种质资源的“分子身份证”

本项工作的主要目的有二：一是清库。剔除重复，并明确回答我国库存种质资源是什么的问题。二是通过建立“身份证”制度，依法保护我国的种质资源，杜绝类似我国野生大豆等特有种质资源非法流入他国类似事件的再次发生。

（1）我国特有种质资源（地方品种、稀有种和野生近缘种）分子指纹图谱绘制。特有种质资源在重大理论研究和生产实践中的价值是不言而喻的。通过在短时间内，对我国的地方品种及其野生种建立DNA分子指纹图谱，不仅可以明确我国特有种质资源的多样性范围，而且可以依法保护。

建立分子指纹图谱的主要技术是简单重复序列（SSR）标记和单核苷酸多态性（SNP）标记。避免使用AFLP技术的重要原因之一是AFLP技术是一种专利技术，不能用于任何商业目的。

首先可以以我国主要农作物（水稻、小麦、玉米、棉花、大豆）约6万份特有种质资源（地方品种、稀有种和野生近缘种）为对象，针对每条染色体至少选择8~10个已作图和定位的标记构建指纹图谱。

（2）我国特有资源的基因多样性分析。通过基因多样性分析，可以明确我国所保存的种质资源中到底有多少可利用的基因和特异基因，以及等位变异范围。

首先以主要作物（如水稻、小麦、玉米、大豆等）的30~40个典型材料为对象，针对每条染色体选定100个SSR标记进行多样性分析。通过多样性分析结果绘制不同作物的多样性图谱，然后再根据“遗传路标”和比较基因组学研究结果，阐明哪些性状有哪些基因、其等位性变异如何、具有多大的改良潜力等问题。

5.5.4.2 新基因的发现与专利保护

本项工作的主要目的有二：一是从种质资源中鉴定出优质、高产、雄性不育、抗病、抗逆等具有重要利用价值的新基因，并实施专利保护；二是为解决重大基础理论和生产实践问题提供研究材料。

（1）重要基因的定位、标记与新基因发现。基因的定位与标记是新基因发现的基础，新基因的发现是种质资源保护的核心或灵魂，而对新基因实施专利保护则是获取最大经济效益、维护国家利益之根本。

首先以通过表现型评价证明在优质、高产、雄性不育、抗病、抗逆等方面具有单一或多个突出优异性状的3万份种质资源为对象，每种作物选用200~300个典型材料，对100~200个已知的重要目标基因进行鉴定，基于连锁不平衡（含义为一些性状或一些基因并非是随机地表现出来，其假设前提是这些性状或基因来源于选择）的原理，并应用专用软件，发掘新基因。这种方法在人类基因组研究中已比较成熟，但在植物上刚进入应用阶段。

发掘新基因的另一条有效途径是通过对种质资源在特定环境下的表现型进行系统的鉴定，结合基因型鉴定资料进行关联分析，发掘控制目标性状的新基因或新的遗传变异。

（2）重要基因的功能及其表达研究。阐明基因的功能及其表达是有效利用基因的理论基础。

优先选用在优质、高产、雄性不育、抗病、抗逆等方面具有重大应用前景的新基因为对象，进行包括遗传效应、结构与特异表达等方面的功能分析。基因功能的验证有多种途径，例如反向遗传学方法（Reverse genetics）中的TILLING技术、QTL定位的关联分析等。

微阵列技术（Microarray）已逐渐成熟，可以用于检测基因的协同表达（即构建基因表达谱（Gene expression profiling）。除该技术外，cDNA-AFLP技术、差异显示技术、SAGE技术、MALDI-TOF技术等均可用于基因表达的研究。

（3）根据比较基因组原理，探询作物中所共有的功能基因及其标记，以便在更大范围内申请专利保护。从水稻、小麦、玉米、大豆、棉花等不同作物中，寻找控制同一性状（如高蛋白质含量）的相似碱基序列，可以极大提高基因的利用和保护效率；同时，亦可以为探讨作物起源、演化等重大基础理论问题提供有力证据。

可以优先考虑以主要农作物所共同关注的如高产、雄性不育、抗逆等性状为对象，根据一个物种的基因及其基因顺序与其他物种有一定程度的一致性（称为共线性）的比较基因组学研究成果，通过与已公布的拟南芥、水稻等基因序列比较，检测遗传多样性，并发现新的有益等位基因。

5.5.4.3 种质资源信息管理系统的建立

本项工作的主要目的是以分子指纹图谱标准化和基因信息为核心，建立快捷的管理和查询系统。

（1）相关数据库的建立。主要包括：

分子指纹图谱数据库：重点解决分子指纹图谱的标准化问题。

基因信息数据库：主要解决已分析基因和新发现基因的系统管理与涉及基因知识产权保护的查询。

（2）相关应用软件的开发。主要包括：

信息的标准化：开发各实验室可通用的实验室信息管理系统（LIMS），以便把基因信息、种质资源的原始信息、鉴定评价信息联系起来。

计算分析：针对重要性状的候选基因（或等位基因）的鉴定和注释、候选基因在不同作物基因组中的作图和定位以及关联分析等领域的软件开发。

5.6 可能取得的效益分析

5.6.1 可达到从根本上维护国家利益的目的

人类保存和保护作物种质资源的目的是为了发掘其中与品质、高产、高效等密切相关的优异基因，并服务于人类本身。如果能够对我国目前保存的50万份作物种质资源开展全面、系统的分子评价，为每份作物种质资源建立“身份证”，并对发掘的关键功能基因实施专利保护，获得我国具有独立自主知识产权的基因成果，那么不仅能够实现保存数量和质量的同步提高，而且能够挽回我国已流失种质资源可能造成的各种恶果，并杜绝“生物海盗”行径以及“种中国大豆侵美国权”和“印度香米事件”等类似事件在我国重演。

5.6.2 全面提升我国科技创新能力

现代科学研究的突破主要依靠两方面的客观因素，一是技术条件，二是研究材料，二者相辅相成，特别是典型试验材料的利用，对解决重大科学问题具有极为重要的推动作用。例如，水稻“野败”型种质资源的发现和利用，使我国的杂交水稻研究走在世界的前列；应用多种目的基因聚合法育成小麦新基因源“繁六”和“矮孟牛”，双双获得国家发明科技成果一等奖。我国作物种质资源的丰富性和独特性举世公认，因此，充分利用基因组学等方面先进的技术，系统研究我国的特有材料，不仅可以节约时间和经费，而且能够发掘一大批新的功能基因，并能够解决作物生理、遗传、育种等重大基础理论和生产实践问题，同时，可以培养一批杰出的专业人才，最终实现全面提升我国科技创新能力的目标。

5.6.3 全面实现“三增”

农业增效、农民增收和增强农产品国际竞争力的关键，在于品质和产量的改良与劳动生产率的提高。而品质和产量的改良以及劳动生产率提高的关键，在于从作物种质资源中发掘高产、优质、抗病、抗逆、高效利用环境资源等优异基因，并培育出新品种。美国大豆产业的发展可以作为一个典型例证。美国先后从我国大豆种质资源中发现了高产基因、抗孢囊线虫基因、抗根腐病基因和耐湿基因，并利用这些基因培育出新品种，使其由原来的大豆进口国变为世界上最大的出口国。由此可见，保护作物种质资源主权并进行深入研究，对于全面实现“农业增效、农民增收和增强农产品的国际竞争力”，具有极为重要的意义。

5.7 实施有效保护必要的支撑条件

5.7.1 物质条件

设备条件：依托“中国农作物种质资源与基因改良国家重大科学工程”“中日农业发展研究中心”以及相关的国家重点实验室，并进行相应的仪器设备补充。

材料条件：由国家作物种质资源保藏中心提供分析所用的种质资源材料。

5.7.2 技术条件（技术平台）

包括分子标记技术、基因组学研究技术（分子指纹图谱构建技术、分子图谱构建技术、基因定位和作图技术、关联分析技术、DNA 测序技术、基因表达谱构建技术、基因功能分析技术、遗传多样性分析技术等）、管理系统和数据库建立技术、生物信息学研究技术等。

5.7.3 人才条件

以熟悉作物种质资源又擅长分子生物学的中青年科技骨干为主体，充分吸收博士后、博士研究生从事相关的研究工作。

5.7.4 经费条件

该项研究立足于解决国民经济和社会发展急需的重大科技问题，属于公益性基础研究，所有经费由国家全部投入。

附　　件

附件一　我国国家长期库保存部分作物种质资源情况

作物名称	地方品种	培育品种	野生种	国外材料	合计	物种数
水稻	48 262	6 126	5 535	7 918	67 841	27
小麦	13 349	10 796	94	13 961	38 200	1
小麦稀有种	317	0	338	1 031	1 686	71
大麦	8 431	1 005	3 079	5 590	18 105	1
玉米	12 458	2 548	0	1 895	16 901	1
高粱	11 056	1 821	8	3 967	16 852	24
谷子	22 845	2 895	29	434	26 203	1
其他粟类	343	4	102	156	605	19
黍稷	7 570	221	18	151	7 960	1
燕麦	1 500	674	7	1021	3 202	5
荞麦	2 378	6	20	15	2 419	5
大豆	21 006	1 779	6 342	1 592	30 719	2
豌豆	2 803	15	0	448	3 266	1
小豆	3 938	56	0	28	4 022	1
饭豆	1 343	3	17	0	1 363	1
绿豆	4 667	91	35	142	4 935	1
普通菜豆	3 339	0	0	171	3 510	1
蚕豆	2 165	69	0	1425	3 659	1

（续表）

作物名称	地方品种	培育品种	野生种	国外材料	合计	物种数
豇豆	2 697	0	0	65	2 762	1
扁豆	35	0	0	0	35	1
四棱豆	10	0	0	5	15	1
黎豆	44	0	0	0	44	1
多花菜豆	174	1	0	11	186	1
小扁豆	382	3	1	313	699	1
利马豆	16	2	0	12	30	1
木豆	2	0	0	7	9	1
鹰嘴豆	35	0	0	239	274	1
刀豆	13	0	0	0	13	1
棉花	1 981	2 350	350	2 075	6 756	19
红麻	25	174	21	352	572	1
黄麻	443	2	13	158	616	2
大麻	196	9	0	0	205	1
亚麻	279	866	0	1 731	2 876	1
青麻	70	3	0	0	73	1
油菜	3 251	1 537	234	829	5 851	5
芝麻	4 055	107	7	219	4 388	1
向日葵	1 723	396	18	358	2 495	1
花生	2 238	1 725	39	2 013	6 015	25

（续表）

作物名称	地方品种	培育品种	野生种	国外材料	合计	物种数
苏子	363	102	1	0	466	2
红花	279	680	0	1 391	2 350	1
蓖麻	579	1 224	0	7	1 810	1
甜菜	24	718	0	500	1 242	1
牧草	313	636	936	1 410	3 295	296
烟草	2 186	450	25	547	3 208	27
绿肥	301	143	17	196	657	79
西瓜	167	301	0	402	870	1
甜瓜	341	65	0	405	811	1
藜	7	0	1	0	8	3
薏苡	126	5	125	2	258	6
地肤	141	0	49	0	190	1
蔬菜	31 673	250	35	152	32 110	82
合计	221 939	39 858	17 496	53 344	332 637	732

附件二　中国重点保护农作物物种资源目录（国家种质资源库）

库圃名称	作物名称	物种名				属性	物种濒危等级	原产地
		科	属	种	亚种			
粮食作物中期库	野生稻	禾本科 Gramineae	稻属 *Oryza*	普通野生稻 *rufipogon*		野生	濒危	中国
				药用野生稻 *officinalis*		野生	濒危	中国
				疣粒野生稻 *meyeriana*		野生	濒危	中国
				其他种		野生	濒危	中国
	野生大豆	豆科 Leguminosae	大豆属 *Glycine*	野生大豆 *soja*		野生	濒危	中国
	大豆野生近缘植物			烟豆 *tabacina*		野生	濒危	中国
	豌豆		豌豆属 *Pisum*	野生豌豆 *fulvum*		野生	濒危	中国
	木豆		木豆属 *Cajanus*	野生木豆 *sericeus*		野生	濒危	中国
				野生木豆 *scarabaeoides*		野生	濒危	中国
	绿豆		豇豆属 *Vigna*	绿豆 *radiata*		野生	濒危	中国
	小豆			小豆 *V. angularis*		野生	濒危	中国
	饭豆			饭豆 *V. umbllata*		野生	濒危	中国
	黑吉豆			黑吉豆 *V. mungo*		野生	濒危	中国
小宗作物中期库	大麦	禾本科 Gramineae	大麦属 *Hordeum*	大麦 *vulgare*	*agriocrithon*	野生	濒危	中国
					spontaneum	野生	濒危	中国
	燕麦		燕麦属 *Avena*	野生种 *fatua*		野生	濒危	中国

（续表）

库圃名称	作物名称	物种名				属性	物种濒危等级	原产地
		科	属	种	亚种			
小宗作物中期库	荞麦	蓼科 Polygonaceae	荞麦属 *Fagopyrum*	野生种 spp.		野生	濒危	中国
	谷子	禾本科 Gramineae	狗尾草属 *Setaria*	谷子 *italica*		野生	濒危	中国
	高粱		高粱属 *Sorghum*	狗尾草				
				苏丹草		野生	濒危	中国
水稻中期库	水稻	禾本科 Gramineae	稻属 *Oryza*	巴蒂野生稻 *barthii*		野生	濒危	
				展颖野生稻 *glumaepatula*		野生	濒危	中国
				长雄蕊野生稻 *longistaminata*		野生	濒危	中国
				南方野生稻 *meridionalis*		野生	濒危	中国
				普通野生稻 *rufipogon*		野生	濒危	中国
				高秆野生稻 *alta*		野生	濒危	中国
				澳洲野生稻 *australiensis*		野生	濒危	
				短药野生稻 *brachyantha*		野生	濒危	中国
				紧穗野生稻 *eichingeri*		野生	濒危	中国
				重颖野生稻 *grandiglumis*		野生	濒危	中国
				颗粒野生稻 *granulata*		野生	濒危	中国
				宽叶野生稻 *latifolia*		野生	濒危	中国
				长护颖野生稻 *longiglumis*		野生	濒危	中国
				疣粒野生稻 *meyeriana*		野生	濒危	中国
				小粒野生稻 *minuta*		野生	濒危	中国
				药用野生稻 *officinalis*		野生	濒危	中国

（续表）

库圃名称	作物名称	物种名				属性	物种濒危等级	原产地
		科	属	种	亚种			
水稻中期库	水稻	禾本科 Gramineae	稻属 *Oryza*	斑点野生稻 *punctata*		野生	濒危	中国
				马来野生稻 *ridleyi*		野生	濒危	
				尼瓦拉野生稻 *nivara*		野生	濒危	
			李氏禾属 *Leersia*	蓉草 *oryzoides*		野生	濒危	中国
				假稻 *japonica*		野生	濒危	中国
			菰属 *Zizania*	水生菰 *aquatica*		野生	濒危	中国
			钻锥稻属 *Rhynchoryza*	钻锥野生稻 *subulata*		野生	濒危	中国
油料中期库	油菜	十字花科 Cruciferae	芸薹属 *Brassica*	白菜型油菜 *campestris*		野生	濒危	中国
				芥菜型油菜 *juncea*		野生	濒危	中国
				甘蓝 *oleracea*		野生	濒危	中国
			白芥属 *Sinapis*	野芥 *arvensis*		野生	濒危	中国
				白芥 *alba*		野生	濒危	中国
			诸葛菜属 *Orychophragmus*	诸葛菜 *violaceus*		野生	濒危	中国
	芝麻	胡麻科 Pedaliaceae	芝麻属 *Sesamum*	野生芝麻		野生	濒危	中国
麻类中期库	红麻	锦葵科 Malvaceae	木槿属 *Hibiscus*	红麻 *cannabinus*		野生	濒危	中国

（续表）

库圃名称	作物名称	物种名				属性	物种濒危等级	原产地
		科	属	种	亚种			
麻类中期库	红麻野生近缘植物	锦葵科 Malvaceae	木槿属 *Hibiscus*	玫瑰麻 *sabdariffa*	玫瑰茄 *sabdariffa*	野生	濒危	中国
					玫瑰麻 *altissima*	野生	濒危	中国
				辐射刺芙蓉 *radiatus*		野生	濒危	中国
				红叶木槿 *acetosella*		野生	濒危	中国
				柠檬黄木槿 *calyphullus*		野生	濒危	中国
				刺芙蓉 *surattensis*		野生	濒危	中国
				沼泽木槿 *ludwigii*		野生	濒危	中国
				野西瓜苗 *trionum*		野生	濒危	中国
				bifurcatus		野生	濒危	中国
				costatus		野生	濒危	中国
				furcellatus		野生	濒危	中国
				vitifolius		野生	濒危	中国
				lunarifolius		野生	濒危	中国
				diversifolius		野生	濒危	中国

（续表）

库圃名称	作物名称	物种名				属性	物种濒危等级	原产地
		科	属	种	亚种			
麻类中期库	黄麻	椴树科 Tiliaceae	黄麻属 *Corchorus*	圆果种 *capsularis*		野生	濒危	中国
				长果种 *olitorius*		野生	濒危	中国
	黄麻野生近缘植物	椴树科 Tiliaceae	黄麻属 *Corchoru*	假黄麻 *aestuans*		野生	濒危	中国
				亚果黄麻 *axillaris*		野生	濒危	中国
				三室种 *trilocularis*		野生	濒危	中国
				梭状种 *fascicularis*		野生	濒危	中国
				荨麻叶种 *urticifolius*		野生	濒危	中国
				三齿种 *tridens*		野生	濒危	中国
				假长果种 *pseudoolitorius*		野生	濒危	中国
				假圆果种 *pseudo capsularis*		野生	濒危	中国
				短角种 *brevicornutus*		野生	濒危	中国
	亚麻	亚麻科 Linaceae	亚麻属 *Linum*	野亚麻 *stelleroides*		野生	濒危	中国
				宿根亚麻 *perenne*		野生	濒危	中国
				垂果亚麻 *nutans*		野生	濒危	中国
				红花亚麻 *grandiflorum*		野生	濒危	中国
				austriacum		野生	濒危	中国
				bienne		野生	濒危	中国

（续表）

库圃名称	作物名称	物种名				属性	物种濒危等级	原产地
		科	属	种	亚种			
烟草中期库	烟草	茄科 Solanaceae	烟草属 *Nicotiana*	*acuminata*		野生	濒危	
				affinis		野生	濒危	
				africana		野生	濒危	
				alata		野生	濒危	
				alata（白花观赏烟）		野生	濒危	
				alata（红花观赏烟）		野生	濒危	
				benavidesii		野生	濒危	
				bonariensis		野生	濒危	
				clevelandii		野生	濒危	
				debneyi		野生	濒危	
				exigua		野生	濒危	
				glauca		野生	濒危	
				glutinosa		野生	濒危	
				goodspeedii		野生	濒危	
				gossei		野生	濒危	
				ingulba		野生	濒危	
				kawakamii		野生	濒危	
				knightiana		野生	濒危	
				linearis		野生	濒危	
				longiflora		野生	濒危	
				nesophila		野生	濒危	
				noctiflora		野生	濒危	

（续表）

库圃名称	作物名称	物种名				属性	物种濒危等级	原产地
		科	属	种	亚种			
烟草中期库	烟草	茄科 Solanaceae	烟草属 *Nicotiana*	*nudicaulis*		野生	濒危	
				otophora		野生	濒危	
				paniculata		野生	濒危	
				petunioides		野生	濒危	
				plumbaginifolia		野生	濒危	
				quadrivalvis（*bigelovi*）		野生	濒危	
				repanda		野生	濒危	
				stocktonii		野生	濒危	
				suaveolens		野生	濒危	
				sylvestris		野生	濒危	
				tomentosa		野生	濒危	
				tomentosiformis		野生	濒危	
				undulata		野生	濒危	
				acuminata		野生	濒危	
西瓜甜瓜中期库	西瓜	葫芦科 Cucurbitaceae	西瓜属 *Citrullus*	诺丹西瓜 *naudianianus*		野生	濒危	中国

（续表）

库圃名称	作物名称	物种名				属性	物种濒危等级	原产地
		科	属	种	亚种			
牧草中期库	牧草	禾本科 Gramineae	芨芨草属 *Achnatherum*	芨芨草 *splendens*		野生	濒危	中国
				羽茅 *sibiricum*		野生	濒危	中国
				远东芨芨草 *extermiorintale*		野生	濒危	中国
				中井芨芨草 *nakaii*		野生	濒危	中国
			獐茅属 *Aeluropus*	小獐茅 *pungens*		野生	濒危	中国
			冰草属 *Agropyron*	蒙古冰草 *mongolicum*		野生	濒危	蒙古
				冰草 *cristatum*		野生	濒危	中国
				沙生冰草 *desertorum*		野生	濒危	中国
			冰草属 *Agropyron*	篦穗冰草 *pectinatum*		野生	濒危	中国
			翦股颖属 *Agrostis*	华北翦股颖 *clavata*		野生	濒危	中国
				芒翦股颖 *coarctata*		野生	濒危	中国
				巨序翦股颖 *gigantea*		野生	濒危	中国
				翦股颖 *palutris*		野生	濒危	中国
				匍匐翦股颖 *stolonifera*		野生	濒危	中国
				细弱翦股颖 *tenuis*		野生	濒危	中国
			看麦娘属 *Alopecurus*	苇状看麦娘 *arundinaceus*		野生	濒危	中国
			赖草属 *Aneurolepidium*	大看麦娘 *pratensis*		野生	濒危	中国
				窄颖赖草 *angustus*		野生	濒危	中国
				羊草 *chinense*		野生	濒危	中国
				灰赖草 *cinereus*		野生	濒危	中国
				赖草 *dasystachys*		野生	濒危	中国

（续表）

库圃名称	作物名称	物种名				属性	物种濒危等级	原产地
		科	属	种	亚种			
牧草中期库	牧草	禾本科 Gramineae	野古草属 *Arundinella*	野古草 *hirta*		野生	濒危	中国
			菵草属 *Beckmannia*	菵草 *syzigachne*		野生	濒危	中国
			孔颖草属 *Bothriochloa*	白羊草 *iscehamum*		野生	濒危	中国
			雀麦属 *Bromus*	假枝雀麦 *pseudoramosus*		野生	濒危	中国
				缘毛雀麦 *ciliatus*		野生	濒危	中国
				无芒雀麦 *inermis*		野生	濒危	中国
				雀麦 *japonicus*		野生	濒危	中国
				疏花雀麦 *remotiflorus*		野生	濒危	中国
			拂子茅属 *Calamagrostis*	粗糙雀麦 sp.		野生	濒危	中国
				拂子茅 *epigejos*		野生	濒危	中国
			细柄草属 *Capillipedium*	细柄草 *parviflorum*		野生	濒危	中国
				蒺藜草 sp.		野生	濒危	中国
				虎尾草 *virgata*		野生	濒危	中国
			隐子草属 *Cleistogenes*	丛生隐子草 *caespitosa*		野生	濒危	中国
			薏苡属 *Coix*	薏苡 *lacryma-joba*		野生	濒危	中国
			狗牙根属 *Cynodon*	狗牙根 *dactylon*		野生	濒危	中国
			鸭茅属 *Dactylis*	鸭茅 *glomerata*		野生	濒危	中国
			马唐属 *Digitaria*	毛马唐 *ciliaris*		野生	濒危	中国
				止血马唐 *ischaemum*		野生	濒危	中国
			稗草属 *Echinochloa*	稗 *crusgalli*		野生	濒危	中国
			参草 *Eleusine*	牛筋草 *indica*		野生	濒危	中国
			披碱草属 *Elymus*	黑紫披碱草 *atratus*		野生	濒危	中国

（续表）

库圃名称	作物名称	物种名				属性	物种濒危等级	原产地
		科	属	种	亚种			
牧草中期库	牧草	禾本科 Gramineae	披碱草属 *Elymus*	短芒披碱草 *breviaristatus*		野生	濒危	中国
				披碱草 *dahuricus*		野生	濒危	中国
				圆柱披碱草 *cylindricus*		野生	濒危	中国
				肥披碱草 *excelsus*		野生	濒危	中国
				垂穗披碱草 *nutans*		野生	濒危	中国
				老芒麦 *sibiricus*		野生	濒危	中国
				毛披碱草 *uillifer*		野生	濒危	中国
			偃麦草属 *Elytrigia*	史氏偃麦草 *smithii*		野生	濒危	中国
				偃麦草 *repens*		野生	濒危	中国
			冠芒草属 *Enneapogon*	冠芒草 *borealis*		野生	濒危	中国
			画眉草属 *Eragrostis*	知风草 *ferruginea*		野生	濒危	中国
				小画眉草 *minor*		野生	濒危	中国
			野黍属 *Eriochloa*	野黍 *villosa*		野生	濒危	中国
			羊茅属 *Festuca*	高羊茅 *elata*		野生	濒危	中国
				东亚羊茅 *litvinovii*		野生	濒危	
				羊茅 *ovina*		野生	濒危	中国
				紫羊茅 *rubra*		野生	濒危	中国
				毛稃羊茅 *rubra* subsp. *arctica*		野生	濒危	中国
				中华羊茅 *sinensis*		野生	濒危	中国
			异燕麦属 *Helictotrichon*	异燕麦 *schellianum*		野生	濒危	中国
				布顿大麦 *bogdanii*		野生	濒危	
			大麦属 *Hordeum*	野大麦 *brevisubulatum*		野生	濒危	中国
			鸭嘴草属 *Ischaemum*	纤毛鸭嘴草 *indicum*		野生	濒危	中国

（续表）

库圃名称	作物名称	物种名				属性	物种濒危等级	原产地
		科	属	种	亚种			
牧草中期库	牧草	禾本科 Gramineae	恰草属 *Koeleria*	恰草 *cristata*		野生	濒危	中国
			千金子属 *Leptochloa*	千金子 *chinensis*		野生	濒危	中国
			臭草属 *Melica*	抱草 *virgata*		野生	濒危	中国
				绿黍 *maximum* var.		野生	濒危	中国
			雀稗属 *Paspalidium*	两耳草 *conjugatum*		野生	濒危	中国
				圆果雀稗 *orbiculare*		野生	濒危	中国
				棕籽雀稗 *plicatulum*		野生	濒危	中国
			狼尾草属 *Pennisetum*	狼尾草 *alopecuroides*		野生	濒危	中国
			虉草属 *Phalaris*	虉草 *arundinacea*		野生	濒危	中国
			早熟禾属 *Poa*	大早熟禾 *ampla*		野生	濒危	中国
				细叶早熟禾 *angustifolia*		野生	濒危	中国
				早熟禾 *annua*		野生	濒危	中国
				葡系早熟禾 *botryoides*		野生	濒危	中国

（续表）

库圃名称	作物名称	物种名				属性	物种濒危等级	原产地
		科	属	种	亚种			
牧草中期库	牧草	禾本科 Gramineae	早熟禾属 *Poa*	冷地早熟禾 *crymophila*		野生	濒危	中国
				光盘早熟禾 *elanata*		野生	濒危	中国
				堇色早熟禾 *ianthina*		野生	濒危	中国
				克瑞早熟禾 *krylovii*		野生	濒危	中国
				柔软早熟禾 *lepta*		野生	濒危	中国
				长颖早熟禾 *longiglumis*		野生	濒危	中国
				窄叶早熟禾 *nemoralis* var. *stenophylla*		野生	濒危	中国
				少叶早熟禾 *paucifolia*		野生	濒危	中国
				多叶早熟禾 *plurifolia*		野生	濒危	中国
				新疆早熟禾 *relaxa*		野生	濒危	中国
				草地早熟禾 *pratensis*		野生	濒危	中国
				扁秆早熟禾 *pratensis* var. *anceps*		野生	濒危	中国
				西伯利亚早熟禾 *sibirica*		野生	濒危	西伯利亚
				华灰早熟禾 *sinoglauca*		野生	濒危	中国
				硬质早熟禾 *sphondylodes*		野生	濒危	中国

（续表）

库圃名称	作物名称	物种名				属性	物种濒危等级	原产地
		科	属	种	亚种			
牧草中期库	牧草	禾本科 Gramineae	棒头草属 *Polypogon*	棒头草 *fugax*		野生	濒危	中国
			新麦草属 *Psathyrostachys*	新麦草 *perennis*		野生	濒危	中国
			碱茅属 *Puccinellia*	朝鲜碱茅 *chinampoensis*		野生	濒危	朝鲜
			碱茅属 *Puccinella*	碱茅 *distans*		野生	濒危	中国
				微药碱茅 *micrandra*		野生	濒危	中国
				星星草 *tenuiflora*		野生	濒危	中国
				鹤甫碱草 *hauptiana*		野生	濒危	中国
			鹅观草属 *Roegneria*	毛叶鹅观草 *amureneis*		野生	濒危	中国
				短柄鹅观草 *brevipes*		野生	濒危	中国
				短颖鹅观草 *breviglumis*		野生	濒危	中国
				纤毛鹅观草 *ciliaris*		野生	濒危	中国

（续表）

库圃名称	作物名称	物种名				属性	物种濒危等级	原产地
		科	属	种	亚种			
牧草中期库	牧草	禾本科 Gramineae	鹅观草属 *Roegneria*	长芒鹅观草 *dolichathena*		野生	濒危	中国
				耐久鹅观草 *dura*		野生	濒危	中国
				变颖鹅观草 *dura* var. *variiglumis*		野生	濒危	中国
				多叶鹅观草 *folica*		野生	濒危	中国
				鹅观草 *kamoji*		野生	濒危	中国
				青海鹅观草 *kokonerica*		野生	濒危	中国
				疏花鹅观草 *laxiflora*		野生	濒危	中国
				中井鹅观草 *nakaii*		野生	濒危	中国
				垂穗鹅观草 *nutans*		野生	濒危	中国
				缘毛鹅观草 *pendulina*		野生	濒危	中国
				紫穗鹅观草 *purpurascens*		野生	濒危	中国
				硬秆鹅观草 *rigidula*		野生	濒危	中国

（续表）

库圃名称	作物名称	物种名				属性	物种濒危等级	原产地
		科	属	种	亚种			
牧草中期库	牧草	禾本科 Gramineae	鹅观草属 *Roegneria*	直穗鹅观草 *turczaninovii*		野生	濒危	中国
				大芒鹅观草 *turczaninovii*var. *macrathora*		野生	濒危	中国
				百花山鹅观草 *turczaninovii* var. *pohuashanensis*		野生	濒危	中国
				多变鹅观草 *varia*		野生	濒危	中国
			黑麦属 *Secale*	黑麦 *cereale*		野生	濒危	中国
			狗尾草属 *Setaria*	金色狗尾草 *glauca*		野生	濒危	中国
				狗尾草 sp.		野生	濒危	中国
				狗尾草 *viridis*		野生	濒危	中国
			高粱属 *Sorghum*	浆生草 *halepense*		野生	濒危	中国
				茭草 *hezicao*		野生	濒危	中国

（续表）

库圃名称	作物名称	物种名				属性	物种濒危等级	原产地
		科	属	种	亚种			
牧草中期库	牧草	禾本科 Gramineae	高粱属 *Sorghum*	光高粱 *nitidum*		野生	濒危	中国
				拟高粱 *propinquum*		野生	濒危	中国
			大油芒属 *Spodiopogon*	大油芒 *sibiricus*		野生	濒危	中国
			鼠尾禾属 *Sporobolus*	钩耜草 *indicus*		野生	濒危	中国
				钩耜草 *indicus* var. *purpurea*		野生	濒危	中国
			针茅属 *Stipa*	长芒草 *bungeana*		野生	濒危	中国
				大针茅 *grandis*		野生	濒危	中国
				克氏针茅 *krylovii*		野生	濒危	中国
				新疆针茅 *sareptana*		野生	濒危	中国
			菅属 *Themeda*	菅草 sp.		野生	濒危	中国
			锋芒草属 *Tragus*	虱子草 *berteronianus*		野生	濒危	中国
				锋芒草 *racemosus*		野生	濒危	中国
			三毛草属 *Trisetum*	贫花三毛 *pauciflorum*		野生	濒危	中国
				三毛草 *bifidum*		野生	濒危	中国
			小黑麦属 *Triticale*	小黑麦 *astivumforme*		野生	濒危	中国

（续表）

库圃名称	作物名称	物种名				属性	物种濒危等级	原产地
		科	属	种	亚种			
牧草中期库	牧草	禾本科 Gramineae	结缕草属 *Zoysia*	结缕草 *japonica*		野生	濒危	中国
		菊科 Compositae	蒿属 *Artemisia*	茵陈蒿 *capillaris*		野生	濒危	中国
				白沙蒿 *sphaerocephala*		野生	濒危	中国
				冷蒿 *frigida*		野生	濒危	中国
				艾蒿 *argyi*		野生	濒危	中国
				黑沙蒿 *ordosica*		野生	濒危	中国
				猪毛蒿 *scoparia*		野生	濒危	中国
				蒙古蒿 *mongolica*		野生	濒危	蒙古
			菊苣属 *Cichorium*	苦荬菜 *endivia*		野生	濒危	中国
				菊苣 *intybus*		野生	濒危	中国
			苦荬菜属 *Ixeris*	齿缘苦荬菜 *dentata*		野生	濒危	中国
				苦荬菜 *denticulata*		野生	濒危	中国
		旋花科 Convolvulaceae	打碗花属 *Calystegia*	打碗花 *hederacea*		野生	濒危	中国
			旋花属 *Convolulus*	田旋花 *arvensis*		野生	濒危	中国

（续表）

库圃名称	作物名称	物种名				属性	物种濒危等级	原产地
		科	属	种	亚种			
牧草中期库	牧草	苋科 Amaranthaceae	苋属 *Amaranthus*	野苋菜 *blitum*		野生	濒危	中国
				千穗谷 *hypochondriacus*		野生	濒危	中国
				繁穗苋 *paniculatus*		野生	濒危	中国
				反枝苋 *retroflexus*		野生	濒危	中国
				刺苋 *spinosus*		野生	濒危	中国
		藜科 Chenopodiaceae	驼绒藜属 *Ceratoides*	驼绒藜 *latens*		野生	濒危	中国
			藜属 *Chenopodium*	灰绿藜 *glaucum*		野生	濒危	中国
				东亚市藜 *urbicum*		野生	濒危	
				刺藜 *aristatum*		野生	濒危	中国
			碱蓬属 *Suaeda*	碱蓬 *glauca*		野生	濒危	中国
			地肤属 *Kochia*	地肤 *scoparia*		野生	濒危	中国
			滨藜属 *Atriplex*	西伯利亚滨藜 *sibirica*		野生	濒危	西伯利亚

（续表）

库圃名称	作物名称	物种名				属性	物种濒危等级	原产地
		科	属	种	亚种			
牧草中期库	牧草	鸢尾科 Iridaceae	鸢尾属 *Iris*	马蔺 *lactca*		野生	濒危	中国
				马莲 *lactea* var. *chinensis*		野生	濒危	中国
		莎草科 Cyperaceae	羊胡子属 *Eriophorum*	羊胡子草 sp.		野生	濒危	中国
		百合科 Liliaceae	葱属 *Allium*	矮韭 *anisopodium*		野生	濒危	中国
				雾灵韭 *plurifoliatum*		野生	濒危	中国
				细叶韭 *tenuissimum*		野生	濒危	中国
				山韭 *senescens*		野生	濒危	中国
				小葱 *macrostemon*		野生	濒危	中国
				碱韭 *polyrhizum*		野生	濒危	中国
				蒙古韭 *mongolicum*		野生	濒危	蒙古
				双齿韭 *bidentatum*		野生	濒危	中国
				野韭 *ramosum*		野生	濒危	中国
			知母属 *Anemarrhena*	知母 *asphodeloides*		野生	濒危	中国

（续表）

库圃名称	作物名称	物种名				属性	物种濒危等级	原产地
		科	属	种	亚种			
牧草中期库	牧草	百合科 Liliaceae	萱草属 *Hemerocallis*	小黄花菜 *minor*		野生	濒危	中国
		蔷薇科 Rosaceae	地榆属 *Sanguisorba*	地榆 *officinalis*		野生	濒危	中国
			李属 *Prunus*	柄扁桃 *pedunculata*		野生	濒危	中国
		荨麻科 Urticaceae	荨麻属 *Urtica*	狭叶荨麻 *angustifolia*		野生	濒危	中国
				麻叶荨麻 *canabina*		野生	濒危	中国
		蓼科 Ploygonaceae	沙拐枣属 *Calligonum*	沙拐枣 *mongolicam*		野生	濒危	中国
			酸模属 *Rumex*	酸模 *acetosa*		野生	濒危	中国
				巴天酸模 *patientia*		野生	濒危	中国
			蓼属 *Polygonum*	叉分蓼 *divaricatum*		野生	濒危	中国
				扁蓄 *aviculare*		野生	濒危	中国
		罂粟科 Papaveraceae	罂粟属 *Papaver*	野罂粟 *nudicale*		野生	濒危	中国
		堇菜科 Violaceae	堇菜属 *Viola*	紫花地丁 *yedoensis*		野生	濒危	中国
		伞形科 Umbelliferae	沙茴香属 *Ferula*	沙茴香 *bungeana*		野生	濒危	中国
		桔梗科 Campanulaceae	桔梗属 *Platycodon*	桔梗 *grandiflorus*		野生	濒危	中国
		川续断科 Dipsacaceae	山胡萝卜属 *Scabiosa*	兰盆花 *tschiliensis*		野生	濒危	中国
		紫葳科 Bignoniaceae	角蒿属 *Incarvillea*	角蒿 *sinensis*		野生	濒危	中国

（续表）

库圃名称	作物名称	物种名				属性	物种濒危等级	原产地
		科	属	种	亚种			
牧草中期库	牧草	锦葵科 Malvaceae	木槿属 *Hibiscus*	野西瓜苗 *trionum*		野生	濒危	中国
			锦葵属 *Malva*	冬葵 *verticillata*		野生	濒危	中国
		蓝雪科 Plumbaginaceae	补血草属 *Limonium*	金色补血草 *aureum*		野生	濒危	中国
		唇形科 Labiatae	薄荷属 *Mentha*	薄荷 sp.		野生	濒危	中国
			黄芩属 *Scutellaria*	并头黄芩 *scordifolia*		野生	濒危	中国
			青兰属 *Dracocephalum*	香青兰 *moldavica*		野生	濒危	中国
		麻黄科 Ephedraceae	麻黄属 *Ephedra*	麻黄 *sinica*		野生	濒危	中国
		蒺藜科 Zygophyllaceae	白刺属 *Nitraria*	小果白刺 *sibirica*		野生	濒危	中国
		毛茛科 Ranunculaceae	唐松草属 *Thalictrum*	唐松草 *Th. squarrosum*		野生	濒危	中国
		豆科 Leguminosae	合萌属 *Aeschynomene*	合萌 *americana* var. *glandulose*		野生	濒危	中国
			骆驼刺属 *Alhagi*	骆驼刺 *sparsifolia*		野生	濒危	中国
			链荚豆属 *Alysicarpus*	链荚豆 *vaginalis*		野生	濒危	中国
				异链荚豆 *vaginalis* var. *diversifolius*		野生	濒危	中国
			沙冬青属 *Ammopiptanthus*	沙冬青 *mongolicus*		野生	濒危	中国
			两型豆属 *Amphicarpaea*	崖州扁豆 *edgeworthii*		野生	濒危	中国
			黄芪属 *Astragalus*	沙打旺 *adsurgens*		野生	濒危	中国

（续表）

库圃名称	作物名称	物种名				属性	物种濒危等级	原产地
		科	属	种	亚种			
牧草中期库	牧草	豆科 Leguminosae	黄芪属 *Astragalus*	鹰嘴紫云英 *cicer*		野生	濒危	中国
				达乌里黄芪 *dahuricus*		野生	濒危	中国
				草木樨状黄芪 *melilotoides*		野生	濒危	中国
				紫云英 *sinicus*		野生	濒危	中国
			木豆属 *Cajanus*	虫豆 *scarabaeoides*		野生	濒危	中国
			锦鸡儿属 *Caragana*	中间锦鸡儿 *intermedia*		野生	濒危	中国
				鬼箭锦鸡儿 *jubata*		野生	濒危	中国
				柠条锦鸡儿 *korshinskii*		野生	濒危	中国
				小叶锦鸡儿 *microphylla*		野生	濒危	中国
				红柠条 *stenophylla*		野生	濒危	中国
				树锦鸡儿 *sibirica*		野生	濒危	中国
			猪屎豆属 *Crotalaria*	猪屎豆 *mucronata*		野生	濒危	中国
				菽麻 *juncea*		野生	濒危	中国
			山蚂蝗属 *Desmodium*	大叶山蚂蝗 *gangeticum*		野生	濒危	中国
				圆叶舞草 *gyroides*		野生	濒危	中国
				绿叶山蚂蝗 *intortum*		野生	濒危	中国
				小叶野扁豆 *parvifolia*		野生	濒危	中国
			扁豆属 *Dolichos*	扁豆 *lablab*		野生	濒危	中国

（续表）

库圃名称	作物名称	物种名				属性	物种濒危等级	原产地
		科	属	种	亚种			
牧草中期库	牧草	豆科 Leguminosae	大豆属 *Glycine*	野大豆 *soja*		野生	濒危	中国
			甘草属 *Glycyrrhiza*	甘草 *uralensis*		野生	濒危	中国
			岩黄芪属 *Hedysarum*	冠状岩黄芪 *coronarium*		野生	濒危	中国
				山竹岩黄芪 *fruticosum*		野生	濒危	中国
				蒙古岩黄芪 *mongolicum*		野生	濒危	蒙古
				花棒 *scoparium*		野生	濒危	中国
				羊柴 *laeve*		野生	濒危	中国
			木蓝属 *Indigofera*	苏木蓝 *carlesii.*		野生	濒危	中国
				刚毛木蓝 *endecaphyll*		野生	濒危	中国
				木蓝 *tinctoria*		野生	濒危	中国
			鸡眼草属 *Kummerowia*	鸡眼草 *striata*		野生	濒危	中国
			香豌豆属 *Lathyrus*	山黧豆 *sativa*		野生	濒危	中国
				块茎香豌豆 *tuberosus*		野生	濒危	中国
			胡枝子属 *Lespedeza*	胡枝子 *bicolor*		野生	濒危	中国
				截叶铁扫帚 *cuneata*		野生	濒危	中国
				达乌里胡枝子 *davurica*		野生	濒危	中国
				无梗达乌里胡枝子 *davurica* var. *sessilis*		野生	濒危	中国
				尖叶胡枝子 *hedysaroides*		野生	濒危	中国
				牛枝子 *potaninii*		野生	濒危	中国
				长叶铁扫帚 *caraganae*		野生	濒危	中国
				多花胡枝子 *floribunda*		野生	濒危	中国

（续表）

库圃名称	作物名称	物种名				属性	物种濒危等级	原产地
		科	属	种	亚种			
牧草中期库	牧草	豆科 Leguminosae	百脉根属 *Lotus*	百脉根 *corniculatus*		野生	濒危	中国
				细叶百脉根 *krylovii*		野生	濒危	中国
			苜蓿属 *Medicago*	糙薄荚苜蓿 *muricaleptis*		野生	濒危	中国
				天兰苜蓿 *lupulina*		野生	濒危	中国
				南苜蓿 *hispida*		野生	濒危	中国
				黄花苜蓿 *falcata*		野生	濒危	中国
				矩镰荚苜蓿 *archiducis-hicolai*		野生	濒危	中国
				刺苜蓿 *polymorpha*		野生	濒危	中国
			草木樨属 *Melilotus*	细齿草木樨 *dentatus*		野生	濒危	中国
				印度草木樨 *indicus*		野生	濒危	中国
				天兰草木樨 *lupulina*		野生	濒危	中国
				草木樨 *suaveolens*		野生	濒危	中国
			扁蓿豆属 *Melilotoides*	扁蓿豆 *ruthenica*		野生	濒危	中国
				细叶扁蓿豆 *ruthenica* var. *oblongifolia*		野生	濒危	中国
				黄花扁蓿豆 *ruthenica* var. *lutea*		野生	濒危	中国

（续表）

库圃名称	作物名称	物种名				属性	物种濒危等级	原产地
		科	属	种	亚种			
牧草中期库	牧草	豆科 Leguminosae	红豆草属 *Onobrychis*	红豆草 *arenaria*		野生	濒危	中国
				顿河红豆草 *tanaitica*		野生	濒危	中国
				红豆草 *viciaefolia*		野生	濒危	中国
			棘豆属 *Oxytropis*	大花棘豆 *grandiflora*		野生	濒危	中国
				狐尾藻棘豆 *myriophylla*		野生	濒危	中国
				砂珍棘豆 *gracilima*		野生	濒危	中国
			葛藤属 *Pueraria*	山葛藤 *montana*		野生	濒危	中国
				野葛 *lobata*		野生	濒危	中国
			槐属 *Sophora*	苦豆子 *alopecuroides*		野生	濒危	中国
			苦马豆属 *Sphaerophysa*	苦马豆 *salsula*		野生	濒危	中国
			黄华属 *Thermopsis*	披针叶黄华 *lanceolata*		野生	濒危	中国
			三叶草属 *Trifolium*	草莓三叶草 *fragiferum*		野生	濒危	中国
				白三叶 *repens*		野生	濒危	中国

（续表）

库圃名称	作物名称	物种名				属性	物种濒危等级	原产地
		科	属	种	亚种			
牧草中期库	牧草	豆科 Leguminosae	三叶草属 *Trifolium*	野火球 *lupinaster*		野生	濒危	中国
			胡卢巴属 *Trigonella*	胡卢巴 *foenum-graecum*		野生	濒危	中国
				香豆 *tenuis*		野生	濒危	中国
			狸尾豆属 *Uraria*	狸尾豆 *lagopodiodes*		野生	濒危	中国
			野豌豆属 *Vicia*	大叶野豌豆 *pseudorobus*		野生	濒危	中国
				山野豌豆 *amoena*		野生	濒危	中国
				细叶野豌豆 *angustifolia*		野生	濒危	中国
				肋脉野豌豆 *costata*		野生	濒危	中国
				广布野豌豆 *cracca*		野生	濒危	中国
				多茎野豌豆 *multicaulis*		野生	濒危	中国
				棱茎野豌豆 *sepium*		野生	濒危	中国

附件三　中国重点保护农作物物种资源目录（国家种质资源圃）

库圃名称	作物名称	物种名				属性	原产地	物种濒危等级
		科	属	种	亚种			
南宁野生稻圃	野生稻	禾本科 Gramineae	稻属 *Oryza*	普通野生稻 *rufipogon*		野生	中国	濒危
				药用野生稻 *officinalis*		野生	中国	濒危
				疣粒野生稻 *meyeriana*		野生	中国	濒危
				高秆野生稻 *alta*		野生	中国	濒危
				澳洲野生稻 *australiensis*		野生		濒危
				巴蒂野生稻 *barthii*		野生	中国	濒危
				短舌野生稻 *breveligulata*		野生	中国	濒危
				collina		野生	中国	濒危
				紧穗野生稻 *eichingeri*		野生	中国	濒危
				重颖野生稻 *grandiglumis*		野生	中国	濒危
				阔叶野生稻 *latifolia*		野生	中国	濒危
				长护颖野生稻 *longiglumis*		种子	中国	濒危
				长花药野生稻 *longistaminata*		植株	中国	濒危
				尼瓦拉野生稻 *nivara*		种子		濒危
				paraguayensis		种子	中国	濒危
				多年生野生稻 *perennis*		野生	中国	濒危
				斑点野生稻 *punctata*		野生	中国	濒危

（续表）

库圃名称	作物名称	物种名				属性	原产地	物种濒危等级
		科	属	种	亚种			
南宁野生稻圃	野生稻	禾本科 Gramineae	稻属 *Oryza*	马来野生稻 *ridleyi*		野生	中国	濒危
				spontanea		野生	中国	濒危
广州野生稻圃	野生稻	禾本科 Gramineae	稻属 *Oryza*	普通野生稻 *rufipogon*		野生	中国	濒危
				药用野生稻 *officinalis*		野生	中国	濒危
				疣粒野生稻 *meyeriana*		野生	中国	濒危
				高秆野生稻 *alta*		野生	中国	濒危
				澳洲野生稻 *australiensis*		野生		濒危
				巴蒂野生稻 *barthii*		野生		濒危
				短药野生稻 *brachyantha*		野生	中国	濒危
				紧穗野生稻 *eichingeri*		野生	中国	濒危
				非洲栽培稻 *glaberrima*		栽培		濒危
				展颖野生稻 *glumaepatula*		野生	中国	濒危
				重颖野生稻 *grandiglumis*		野生	中国	濒危
				颗粒野生稻 *granulata*		野生	中国	濒危
				阔叶野生稻 *latifolia*		野生	中国	濒危
				长药野生稻 *longistaminata*		野生	中国	濒危
				马拉母氏野生稻 *malampuzhensis*		野生		濒危
				南方野生稻 *meridionalis*		野生	中国	濒危

（续表）

库圃名称	作物名称	物种名				属性	原产地	物种濒危等级
		科	属	种	亚种			
广州野生稻圃	野生稻	禾本科 Gramineae	稻属 *Oryza*	小粒野生稻 *minuta*		野生	中国	濒危
				尼瓦拉野生稻 *nivara*		野生		濒危
				斑点野生稻 *punctata*		野生	中国	濒危
				根茎野生稻 *rhizomatis*		野生	中国	濒危
野生棉圃	棉花	锦葵科 Malvaleae	棉属 *Gossypium*	异常棉 *anomalum*		野生	中国	濒危
				绿顶棉 *capitis-viridis*		野生	中国	濒危
				斯特提棉 *sturtianum*		野生		濒危
				南岱华棉 *nandewarense*		野生	中国	濒危
				澳洲棉 *australe*		野生		濒危
				鲁宾逊氏棉 *robinsonii*		野生		濒危
				奈尔逊氏棉 *nelsonii*		野生		濒危
				瑟伯氏棉 *thurberi*		野生	中国	濒危
				辣根棉 *armourianum*		野生	中国	濒危
				哈克尼西氏棉 *harknessii*		野生		濒危
				戴维逊氏棉 *davidsonii*		野生		濒危
				克劳茨基棉 *klotzschianum*		野生		濒危
				旱地棉 *aridum*		野生	中国	濒危
				雷蒙德氏棉 *raimondii*		野生		濒危

（续表）

库圃名称	作物名称	物种名				属性	原产地	物种濒危等级
		科	属	种	亚种			
野生棉圃	棉花	锦葵科 Malvaleae	棉属 *Gossypium*	拟似棉 *gossypioides*		野生	中国	濒危
				裂片棉 *lobatum*		野生	中国	濒危
				三裂棉 *trilobum*		野生	中国	濒危
				松散棉 *laxum*		野生	中国	濒危
				特纳氏棉 *turneri*		野生	中国	濒危
				斯笃克氏棉 *stocksii*		野生		濒危
				索马里棉 *somalense*		野生		濒危
				亚雷西棉 *areysianum*		野生	中国	濒危
				灰白棉 *incanum*		野生	中国	濒危
				三叶棉 *triphyllum*		野生	中国	濒危
				长萼棉 *longicalyx*		野生	中国	濒危
				比克氏棉 *bickii*		野生	中国	濒危
				毛棉 *tomentosum*		野生	中国	濒危
				黄褐棉 *mustelinum*		野生	中国	濒危
				达尔文氏棉 *darwinii*		野生	中国	濒危
				陆地棉 *hirsutum*		栽培	中国	濒危
				海岛棉 *barbadense*		栽培	中国	濒危
				亚洲棉 *arboreum*		栽培	中国	濒危

（续表）

库圃名称	作物名称	物种名				属性	原产地	物种濒危等级
		科	属	种	亚种			
野生棉圃	棉花	锦葵科 Malvaleae	棉属 *Gossypium*	草棉 *herbaceum*		栽培	中国	濒危
			桐棉属 *Thespesia*	白脚桐棉 *lampas*		野生	中国	濒危
				杨叶桐棉 *populnea*		野生	中国	濒危
				长梗桐棉 *populneoides*		野生	中国	濒危
				其他		杂交种	中国	濒危
野生花生圃	花生	豆科 Leguminosae	花生属 *Arachis*	*helodes*		野生	中国	濒危
				diogoi		野生	中国	濒危
				cardenasii		野生	中国	濒危
				duranensis		野生	中国	濒危
				stenosperma		野生	中国	濒危
武昌野生花生圃	花生	豆科 Leguminosae	花生属 *Arachis*	*correntina*		野生	中国	濒危
				monticola		野生	中国	濒危
				benensis		野生	中国	濒危
				hoehnei		野生	中国	濒危
				batizocoi		野生	中国	濒危
				villosa		野生	中国	濒危
				kempff-mercadoi		野生	中国	濒危
				valida		野生	中国	濒危

（续表）

库圃名称	作物名称	物种名				属性	原产地	物种濒危等级
		科	属	种	亚种			
武昌野生花生圃	花生	豆科 Leguminosae	花生属 *Arachis*	*ipaensis*		野生	中国	濒危
				glandulifera		野生	中国	濒危
				kuhlmannii		野生	中国	濒危
				pintoi		野生	中国	濒危
				paraguariensis		野生	中国	濒危
				oteroi		野生	中国	濒危
				stenophylla		野生	中国	濒危
				macedoi		野生	中国	濒危
				villosulicarpa		野生	中国	濒危
				pussila		野生	中国	濒危
				sylvestris		野生	中国	濒危
				dardani		野生	中国	濒危
				rigonii		野生	中国	濒危
				appressipila		野生	中国	濒危
				chiquitana		野生	中国	濒危
				kretschmeri		野生	中国	濒危
				matiensis		野生	中国	濒危
				glabrata		野生	中国	濒危

（续表）

库圃名称	作物名称	物种名				属性	原产地	物种濒危等级
		科	属	种	亚种			
武昌野生花生圃	花生	豆科 Leguminosae	花生属 *Arachis*	*triseminata*		野生	中国	濒危
				sp.		野生	中国	濒危
广州甘薯圃	甘薯	旋花科 Convolvulaceae	甘薯属 *Ipomoea*	甘薯 *batatas*		栽培	中国	濒危
				三浅裂野牵牛 *trifida*		野生	中国	濒危
				巴西牵牛 *setosa*		野生	中国	濒危
徐州甘薯圃	甘薯	旋花科 Convolvulaceae	甘薯属 *Ipomoea*	甘薯栽培种 *batatas*		栽培	中国	濒危
				甘薯近缘野生种 *trifida*		野生	中国	濒危
小麦近缘植物圃	小麦野生近缘植物	禾本科 Gramineae	冰草属	冰草 *cristatus*		野生	中国	濒危
				沙生冰草 *dersertorum*		野生	中国	濒危
				毛沙生冰草 *desertorum* var. *pilosiusculum*		野生	中国	濒危
				西伯利亚冰草 *fragile*		野生		濒危
				米氏冰草 *michnoi*		野生	中国	濒危
				蒙古冰草 *mongolicum*		野生		濒危
				篦穗冰草 *pectinatum*		野生	中国	濒危
			澳麦草属	澳冰草 *retrofractum*		野生	中国	濒危
			短柄草属	短柄草 *sylvaticum*		野生	中国	濒危
			披碱草属 *Elymus*	*agropyroides*		野生	中国	濒危
				阿勒泰披碱草 *alatavicus*		野生		濒危

（续表）

库圃名称	作物名称	物种名				属性	原产地	物种濒危等级
		科	属	种	亚种			
小麦近缘植物圃	小麦野生近缘植物	禾本科 Gramineae	披碱草属 *Elymus*	亚利桑纳披碱草 *arizonicus*		野生		濒危
				黑紫披碱草 *atratus*		野生	中国	濒危
				batalinii		野生	中国	濒危
				短芒披碱草 *breviaristatus*		野生	中国	濒危
				加拿大披碱草 *canadensis*		野生	加拿大	濒危
				caninus		野生	中国	濒危
				caucasicus		野生	中国	濒危
				coreanus		野生	中国	濒危
				弯披碱草 *curvatus*		野生	中国	濒危
				圆柱披碱草 *cylindricus*		野生	中国	濒危
				披碱草 *dahuricus*		野生	中国	濒危
				肥披碱草 *dahuricus* var. *excelsus*		野生	中国	濒危
				fedtschenkoi		野生	中国	濒危
				fibrosus		野生	中国	濒危
				glaucissimus		野生	中国	濒危
				glaucus		野生	中国	濒危
				interruptus		野生	中国	濒危
				糙毛鹅观草 *kengii*		野生	中国	濒危

（续表）

库圃名称	作物名称	物种名				属性	原产地	物种濒危等级
		科	属	种	亚种			
小麦近缘植物圃	小麦野生近缘植物	禾本科 Gramineae	披碱草属 *Elymus*	昆仑山披碱草 *kunlunshanisis*		野生	中国	濒危
				lanceolatus-riparius		野生	中国	濒危
				mutabilis-praecaespitosus		野生	中国	濒危
				垂穗披碱草 *nutans*		野生	中国	濒危
				patagonicus		野生	中国	濒危
				紫芒披碱草 *purpuraristatus*		野生	中国	濒危
				scabrifolius		野生	中国	濒危
				老芒麦 *sibiricus*		野生	中国	濒危
				submuticus		野生	中国	濒危
				麦滨草 *tangutorum*		野生	中国	濒危
				tschimganicus		野生	中国	濒危
				tsukushiensis		野生	中国	濒危
				vaillantianus		野生	中国	濒危
				villifer		野生	中国	濒危
				violeus		野生	中国	濒危
				virginicus		野生	中国	濒危
				abolinii		野生	中国	濒危
				drobovii		野生	中国	濒危

（续表）

库圃名称	作物名称	物种名				属性	原产地	物种濒危等级
		科	属	种	亚种			
小麦近缘植物圃	小麦野生近缘植物	禾本科 Gramineae	披碱草属 *Elymus*	*foliosus*		野生	中国	濒危
				gmelinii		野生	中国	濒危
				mutabilis		野生	中国	濒危
				scabriglumis		野生	中国	濒危
				virginicus		野生	中国	濒危
			旱麦草属 *Eremopyrum*	光穗旱麦草 *bonaepartis*		野生	中国	濒危
				毛穗旱麦草 *distans*		野生	中国	濒危
				东方旱麦草 *orientale*		野生	中国	濒危
				旱麦草 *triticeum*		野生	中国	濒危
			偃麦草属 *Elytrigia*	*alatavica*		野生	中国	濒危
				毛稃偃麦草 *alatavica*		野生	中国	濒危
				百撒拉比偃麦草 *bessarabicum*		野生		濒危
				curvifolium		野生	中国	濒危
				elongatiformis		野生	中国	濒危
				长穗偃麦草 *elongatum*		野生	中国	濒危
				中间偃麦草 *intermedium*		野生	中国	濒危
				灯芯偃麦草 *junceum*		野生	中国	濒危
				ponticum		野生	中国	濒危

（续表）

库圃名称	作物名称	物种名				属性	原产地	物种濒危等级
		科	属	种	亚种			
小麦近缘植物圃	小麦野生近缘植物	禾本科 Gramineae	大麦属 *Hordeun*	偃麦草 *repens*		野生	中国	濒危
				布顿大麦草 *bogdanii*		野生	中国	濒危
				紫大麦 *violaceum*		野生	中国	濒危
				短芒大麦草 *brevisubulatum*		野生	中国	濒危
				摄威大麦 *brevisubulatum* sp. *nevskianum*		野生	中国	濒危
				野黑麦 *brevisubulatum* sp. *brevisubulatum*		野生	中国	濒危
				brevisubulatum-iranicum		野生	中国	濒危
				糙稃大麦草 *brevisubulatum-turkestanicum*		野生	中国	濒危
				bulbosum		野生	中国	濒危
				californicum		野生	中国	濒危
				capense		野生	中国	濒危
				chilense		野生	中国	濒危
				comosum		野生	中国	濒危
				flexuosum		野生	中国	濒危
				芒颖大麦草 *jubatum*		野生	中国	濒危
				lechleri		野生	中国	濒危

（续表）

库圃名称	作物名称	物种名				属性	原产地	物种濒危等级
		科	属	种	亚种			
小麦近缘植物圃	小麦野生近缘植物	禾本科 Gramineae	大麦属 *Hordeum*	*parodii*		野生	中国	濒危
				procerum		野生	中国	濒危
				洛氏大麦草 *roshevitzii*		野生	中国	濒危
				拟黑麦大麦草 *secalinum*		野生	中国	濒危
				狭穗大麦草 *stenostachys*		野生	中国	濒危
				糙稃大麦草 *turkestanicum*		野生	中国	濒危
			簇毛麦属 *Haynaldia*	簇毛麦 *villosa*		野生	中国	濒危
			以礼草属 *Kengyilia*	sp.		野生	中国	濒危
				阿赖以礼草 *alaica*		野生	中国	濒危
				阿拉泰以礼草 *alatarica*		野生		濒危
				大颖草 *grandiglumis*		野生	中国	濒危
				糙毛以礼草 *hirsuta*		野生	中国	濒危
				大河坝以礼草 *hirsuta* var. *tahopaica*		野生	中国	濒危
				光轴以礼草 *intermedia*		野生	中国	濒危
				青海以礼草 *kokonorica*		野生	中国	濒危
				疏花以礼草 *laxiflora*		野生	中国	濒危
				稀穗以礼草 *laxistachys*		野生	中国	濒危

（续表）

库圃名称	作物名称	物种名				属性	原产地	物种濒危等级
		科	属	种	亚种			
小麦近缘植物圃	小麦野生近缘植物	禾本科 Gramineae	以礼草属 *Kengyilia*	光花以礼草 *leiantha*		野生	中国	濒危
				长颖以礼草 *longiglumis*		野生	中国	濒危
				矮生以礼草 *nana*		野生	中国	濒危
				显芒以礼草 *obviaristata*		野生	中国	濒危
				pendula		野生	中国	濒危
				rigiduca var. intormedia		野生	中国	濒危
				rigidula		野生	中国	濒危
				光轴以礼草 *rigidula* var. *intermedia*		野生	中国	濒危
				硬秆以礼草 *rigidula var. rigidula*		野生	中国	濒危
				沙湾以礼草 *shawanensis*		野生	中国	濒危
				stenachyra		野生	中国	濒危
				塔克拉干以礼草 *tahelacana*		野生	中国	濒危
				大河坝以礼草 *tahopaica*		野生	中国	濒危
				梭罗草 *thoroldiana* var. *thoroldiana*		野生	中国	濒危
				昭苏以礼草 *zhaosuensis*		野生	中国	濒危
				sp.		野生	中国	濒危
				akmolinensis		野生	中国	濒危

（续表）

库圃名称	作物名称	物种名				属性	原产地	物种濒危等级
		科	属	种	亚种			
小麦近缘植物圃	小麦野生近缘植物	禾本科 Gramineae	赖草属 *Leymus*	窄颖赖草 *angustus*		野生	中国	濒危
				褐穗赖草 *bruneostachyus*		野生	中国	濒危
				羊草 *chinensis*		野生	中国	濒危
				灰赖草 *cinereus*		野生	中国	濒危
				粗穗赖草 *crassiusculus*		野生	中国	濒危
				karataviensis		野生	中国	濒危
				karelinii		野生	中国	濒危
				滨麦 *mollis*		野生	中国	濒危
				多枝赖草 *multicanlis*		野生	中国	濒危
				宽穗赖草 *ovatus*		野生	中国	濒危
				毛穗赖草 *paboanus*		野生	中国	濒危
				柴达木赖草 *pseudoracemosus*		野生	中国	濒危
				大赖草 *racemosus*		野生	中国	濒危
				sabulosus		野生	中国	濒危
				赖草 *secalinus*		野生	中国	濒危
				糙稃赖草 *secalinus* var. *pubesceus*		野生	中国	濒危
				天山赖草 *tianschanicus*		野生	中国	濒危
				拟麦赖草 *triticoldes*		野生	中国	濒危

（续表）

库圃名称	作物名称	物种名				属性	原产地	物种濒危等级
		科	属	种	亚种			
小麦近缘植物圃	小麦野生近缘植物	禾本科 Gramineae	赖草属 *Leymus*	伊吾赖草 *yiunensis*		野生	中国	濒危
			假鹅观草属 *Pseud-oroegneria*	*stipifolia*		野生	中国	濒危
				strigosa		野生	中国	濒危
				libanotica		野生	中国	濒危
			新麦草属 *Psathy-rostachys*	*fragilis*		野生	中国	濒危
				华山新麦草 *huashanica*		野生	中国	濒危
				新麦草 *juncea*		野生	中国	濒危
				单花新麦草 *kronenburgii*		野生	中国	濒危
				毛穗新麦草 *lanuginosa*		野生	中国	濒危
				fragilis		野生	中国	濒危
			鹅观草属 *Roegne-ria*	sp.		野生	中国	濒危
				纤瘦鹅观草 *gracilis*		野生	中国	濒危
				异芒鹅观草 *abolinii*		野生	中国	濒危
				阿拉善鹅观草 *alashania*		野生		濒危
				阿尔泰鹅观草 *altaica*		野生		濒危
				毛叶鹅观草 *amurensis*		野生	中国	濒危
				狭穗鹅观草 *angusta*		野生	中国	濒危
				狭颖鹅观草 *angustiglumis*		野生	中国	濒危

（续表）

库圃名称	作物名称	物种名				属性	原产地	物种濒危等级
		科	属	种	亚种			
小麦近缘植物圃	小麦野生近缘植物	禾本科 Gramineae	鹅观草属 *Roegneria*	毛盘鹅观草 *barbicalla*		野生	中国	濒危
				毛叶毛盘草 *barbicalla* var. *pubifolia*		野生	中国	濒危
				breviariatatus		野生	中国	濒危
				短颖鹅观草 *breviglumis*		野生	中国	濒危
				短柄鹅观草 *brevipes*		野生	中国	濒危
				峰峦鹅观草 *cacumina*		野生	中国	濒危
				犬草 *Canina*		野生	中国	濒危
				陈氏鹅观草 *cheniae*		野生	中国	濒危
				纤毛鹅观草 *ciliaris*		野生	中国	濒危
				短芒纤毛草 *ciliaris* var. *submutica*		野生	中国	濒危
				短芒紊草 *confusa*		野生	中国	濒危
				粗壮鹅观草 *crassa*		野生	中国	濒危
				耐久鹅观草 *dura*		野生	中国	濒危
				费氏鹅观草 *fedtschenkoi*		野生	中国	濒危
				弯曲鹅观草 *flexuosa*		野生	中国	濒危
				孪生鹅观草 *geminata*		野生	中国	濒危
				光穗鹅观草 *glaberrima*		野生	中国	濒危
				曲芒鹅观草 *glabrispicula*		野生	中国	濒危

（续表）

库圃名称	作物名称	物种名				属性	原产地	物种濒危等级
		科	属	种	亚种			
小麦近缘植物圃	小麦野生近缘植物	禾本科 Gramineae	鹅观草属 *Roegneria*	*glaucifolica*		野生	中国	濒危
				糙毛鹅观草 *hirsuta*		野生	中国	濒危
				五龙山鹅观草 *hondai*		野生	中国	濒危
				红原鹅观草 *hongyuanensis*		野生	中国	濒危
				杂交鹅观草 *hybrida*		野生	中国	濒危
				竖立鹅观草 *japonensis*		野生	中国	濒危
				鹅观草 *komaji*		野生	中国	濒危
				考氏鹅观草 *komorovii*		野生	中国	濒危
				疏花鹅观草 *laxiflora*		野生	中国	濒危
				稀穗鹅观草 *laxinodis*		野生	中国	濒危
				沟槽鹅观草 *longearistata* var. *canaliculata*		野生	中国	濒危
				大芒鹅观草 *macrathera*		野生	中国	濒危
				大丛鹅观草 *magnicaespis*		野生	中国	濒危
				大肃草 *major*		野生	中国	濒危
				中间鹅观草 *media*		野生	中国	濒危
				黑药鹅观草 *melanthera*		野生	中国	濒危
				青紫鹅观草 *melanthera*		野生	中国	濒危
				多秆鹅观草 *multiculmis*		野生	中国	濒危

（续表）

库圃名称	作物名称	物种名				属性	原产地	物种濒危等级
		科	属	种	亚种			
小麦近缘植物圃	小麦野生近缘植物	禾本科 Gramineae	鹅观草属 *Roegneria*	狭颖鹅观草 *mutabilis*		野生	中国	濒危
				吉林鹅观草 *nakaii*		野生	中国	濒危
				nutans		野生	中国	濒危
				parparascens		野生	中国	濒危
				小颖鹅观草 *parvigluma*		野生	中国	濒危
				贫花 *pauciflora*		野生	中国	濒危
				缘毛鹅观草 *pendulina*		野生	中国	濒危
				宽叶鹅观草 *platyphylla*		野生	中国	濒危
				密丛鹅观草 *psraecaespitosa*		野生	中国	濒危
				紫穗鹅观草 *purpurascens*		野生	中国	濒危
				中华鹅观草 *sinica*		野生	中国	濒危
				retroflexa		野生	中国	濒危
				新疆鹅观草 *sinkiangensis*		野生	中国	濒危
				窄颖鹅观草 *stenachyra*		野生	中国	濒危
				肃草 *stricta*		野生	中国	濒危
				林地鹅观草 *sylvatica*		野生	中国	濒危
				疏花梭罗草 *thoroldianus* var. *laxiflora*		野生	中国	濒危
				毛穗鹅观草 *trichospicula*		野生	中国	濒危

（续表）

库圃名称	作物名称	物种名				属性	原产地	物种濒危等级
		科	属	种	亚种			
小麦近缘植物圃	小麦野生近缘植物	禾本科 Gramineae	鹅观草属 *Roegneria*	高山鹅观草 *tschimganica*		野生	中国	濒危
				tsukushiensis		野生	中国	濒危
				直穗鹅观草 *turczaninovii*		野生	中国	濒危
				乌岗姆鹅观草 *ugamica*		野生	中国	濒危
				多变鹅观草 *varia*		野生	中国	濒危
				绿穗鹅观草 *viridula*		野生	中国	濒危
			黑麦属 *Secale*	野黑麦 *cereale*		野生	中国	濒危
				bessarabicum		野生	中国	濒危
				caespitosum		野生	中国	濒危
				curvifolium		野生	中国	濒危
				nodosum		野生	中国	濒危
				rechingeri		野生	中国	濒危
				scirpcum		野生	中国	濒危
			棱轴草属 *Taeria-therum*	棱轴草属 *crinitum*		野生	中国	濒危
牧草圃	牧草	禾本科 Gramineae	雀麦属 *Bromus*	无芒雀麦 *inermis*		野生	中国	濒危
				草地雀麦 *biebesteinii*		栽培	中国	濒危
				杂交雀麦 *hybrid*		栽培	中国	濒危
				缘毛雀麦 *ciliatus*		野生	中国	濒危

（续表）

库圃名称	作物名称	物种名				属性	原产地	物种濒危等级
		科	属	种	亚种			
牧草圃	牧草	禾本科 Gramineae	雀麦属 *Bromus*	疏花雀麦 *remotiflorus*		野生	中国	濒危
			冰草属 *Agropyron*	扁穗冰草 *cristatum*		野生	中国	濒危
				沙生冰草 *desertorum*		野生	中国	濒危
				蒙古冰草 *mongolicum*		野生		濒危
				河边冰草 *riparium*		野生	中国	濒危
				西伯利亚冰草 *sibiricum*		野生		濒危
				细茎冰草 *trachycaulum*		野生	中国	濒危
			披碱草属 *Elymus*	披碱草 *dahuricus*		野生	中国	濒危
				老芒麦 *sibiricus*		野生	中国	濒危
				黑紫披碱草 *atratus*		野生	中国	濒危
				短芒披碱草 *breviaristatus*		野生	中国	濒危
				加拿大披碱草 *canadensis*		栽培	加拿大	濒危
				圆柱披碱草 *cylindricus*		野生	中国	濒危
				肥披碱草 *excelsus*		野生	中国	濒危
				垂穗披碱草 *nutans*		野生	中国	濒危
				粉绿披碱草 *glaucus*		野生	中国	濒危
				宽叶披碱草 *lanceolatus*		野生	中国	濒危
				麦宾草 *tangutorum*		野生	中国	濒危

（续表）

库圃名称	作物名称	物种名				属性	原产地	物种濒危等级
		科	属	种	亚种			
牧草圃	牧草	禾本科 Gramineae	披碱草属 *Elymus*	披碱草一种 *caninus*		栽培	中国	濒危
				毛披碱草 *villifer*		野生	中国	濒危
			芨芨草属 *Achnatherum*	远东芨芨草 *extremiorientale*		野生	中国	濒危
				中井芨芨草 *nakaii*		野生	中国	濒危
				羽茅 *sibiricum*		野生	中国	濒危
				芨芨草 *splendens*		野生	中国	濒危
			翦股颖属 *Agrostis*	巨序翦股颖 *gigantea*		野生	中国	濒危
			菵草属 *Bechmannia*	菵草 *syzigachne*		野生	中国	濒危
			孔颖草 *Bothriochloa*	白羊草 *ischaemum*		野生	中国	濒危
			拂子茅属 *Calamagrostis*	拂子茅 *epigejos*		野生	中国	濒危
			隐子草属 *Cleistogenes*	丛生隐子草 *caespitosa*		野生	中国	濒危
			偃麦草属 *Elytrigia*	中间偃麦草 *intermedia*		栽培	中国	濒危
				长穗偃麦草 *elongata*		栽培	中国	濒危
				北方冰草 *smithii*		栽培	中国	濒危
				毛偃麦草 *trichophora*		栽培	中国	濒危
			冠芒草属 *Erneapogon*	冠芒草 *borealis*		野生	中国	濒危

（续表）

库圃名称	作物名称	物种名				属性	原产地	物种濒危等级
		科	属	种	亚种			
牧草圃	牧草	禾本科 Gramineae	羊茅属 *Festuca*	苇状羊茅 *arundinacea*		野生	中国	濒危
				硬羊茅 *ovina* var. *duriscula*		野生	中国	濒危
				草地羊茅 *pratensis*		栽培	中国	濒危
				紫羊茅 *rubra*		野生	中国	濒危
				紫羊茅 *rubra*	毛稃紫羊茅 *arctica*	野生	中国	濒危
			异燕麦属 *Helictotrichon*	异燕麦 *schellianum*		野生	中国	濒危
			大麦属 *Hordeum*	布顿大麦 *bogdanii*		野生		濒危
				野黑麦 *brevisubulatum*		野生	中国	濒危
			洽草属 *Koeleria*	洽草 *cristata*		野生	中国	濒危
			赖草属 *Leymus*	羊草 *chinensis*		野生	中国	濒危
				灰赖草 *cinerius*		野生	中国	濒危
				赖草 *secalinus*		野生	中国	濒危
			臭草属 *Melica*	抱草 *virgata*		野生	中国	濒危
			虉草属 *Phalaris*	虉草 *arundinacea*		野生	中国	濒危
			早熟禾属 *Poa*	细叶早熟禾 *anguatifolia*		野生	中国	濒危
				早熟禾 *annua*		野生	中国	濒危
				窄颖早熟禾 *attenuata*		野生	中国	濒危

（续表）

库圃名称	作物名称	物种名				属性	原产地	物种濒危等级
		科	属	种	亚种			
牧草圃	牧草	禾本科 Gramineae	早熟禾属 *Poa*	堇色早熟禾 *ianthina*		野生	中国	濒危
				柔软早熟禾 *lepta*		野生	中国	濒危
				长颖早熟禾 *longiglumis*		野生	中国	濒危
				大早熟禾 *major*		野生	中国	濒危
				少叶早熟禾 *paucifolia*		野生	中国	濒危
				多叶早熟禾 *plurifolia*		野生	中国	濒危
				草地早熟禾 *pratensis*		野生	中国	濒危
				扁穗早熟禾 *pratensis* var. *anceps*		野生	中国	濒危
				硬质早熟禾 *sphondyloides*		野生	中国	濒危
			新麦草属 *Psathyrostachys*	新麦草 *juncea*		野生	中国	濒危
			碱茅属 *Puccinellia*	鹤甫碱茅 *hauptiana*		野生	中国	濒危
				星星草 *tenuiflora*		野生	中国	濒危
			鹅观草属 *Roegneria*	毛叶鹅观草 *amurensis*		野生	中国	濒危
				短颖鹅观草 *breviglumis*		野生	中国	濒危
				短柄鹅观草 *brevipes*		野生	中国	濒危
				纤毛鹅观草 *ciliaris*		野生	中国	濒危
				长芒鹅观草 *dolichathera*		野生	中国	濒危

（续表）

库圃名称	作物名称	物种名				属性	原产地	物种濒危等级
		科	属	种	亚种			
牧草圃	牧草	禾本科 Gramineae	鹅观草属 *Roegneria*	岷山鹅观草 *dura*		野生	中国	濒危
				多叶鹅观草 *foliosa*		野生	中国	濒危
				青海鹅观草 *kokonorica*		野生	中国	濒危
				鹅观草 *kamoji*		野生	中国	濒危
				吉林鹅观草 *nakaii*		野生	中国	濒危
				垂穗鹅观草 *nutans*		野生	中国	濒危
				硬秆鹅观草 *rigidula*		野生	中国	濒危
				秋鹅观草 *serotina*		野生	中国	濒危
				中华鹅观草 *sinica*		野生	中国	濒危
				中间鹅观草 *sinica* var. *media*		野生	中国	濒危
				肃草 *stricta*		野生	中国	濒危
				直穗鹅观草 *turczaninovii*		野生	中国	濒危
				大芒鹅观草 *turczaninovii* var. *macrathera*		野生	中国	濒危
				百花山鹅观草 *turczaninovii* var. *pohuashanensis*		野生	中国	濒危
				多变鹅观草 *varia*		野生	中国	濒危
			大油芒属 *Spodiopogon*	大油芒 *sibiricus*		野生	中国	濒危

（续表）

库圃名称	作物名称	物种名				属性	原产地	物种濒危等级
		科	属	种	亚种			
牧草圃	牧草	禾本科 Gramineae	针茅属 *Stipa*	长芒草 *bungeana*		野生	中国	濒危
				大针茅 *grandis*		野生	中国	濒危
				克氏针茅 *krylovii*		野生	中国	濒危
				新疆针茅 *sareptana*		野生	中国	濒危
				美丽针茅 *spesiosa*		野生	中国	濒危
				绿针茅 *viridula*		野生	中国	濒危
				三毛草 *bifidum*		野生	中国	濒危
		豆科 Leguminosae	沙冬青属 *Ammopiptanthus*	沙冬青 *mongolicus*		野生	中国	濒危
			黄芪属 *Astragalus*	斜茎黄芪 *adsurgens*		野生	中国	濒危
				沙打旺 *adsurgens* cv. *Shadawang*		野生	中国	濒危
				鹰咀紫云英 *cicer*		栽培	中国	濒危
				达乌里黄芪 *dahuricus*		野生	中国	濒危
				草木樨状黄芪 *melilotoides*		野生	中国	濒危
			锦鸡儿属 *Caragana*	小叶锦鸡儿 *microphylla*		野生	中国	濒危
				树锦鸡儿 *sibirica*		野生	中国	濒危
			小冠花属 *Coronilla*	小冠花 *varia*		野生	中国	濒危
			甘草属 *Glycyrriza*	甘草 *uralensis*		野生	中国	濒危

（续表）

库圃名称	作物名称	物种名				属性	原产地	物种濒危等级
		科	属	种	亚种			
牧草圃	牧草	豆科 Leguminosae	岩黄芪属 *Hedysarum*	山竹岩黄芪 *fruticosum*		野生	中国	濒危
				羊柴 *laeve*		野生	中国	濒危
				蒙古岩黄芪 *mongolicum*		野生	中国	濒危
				细枝岩黄芪 *scoparium*		野生	中国	濒危
			胡枝子属 *Lespedeza*	二色胡枝子 *bicolor*		野生	中国	濒危
				达乌里胡枝子 *davurica*		野生	中国	濒危
				尖叶胡枝子 *hydisaroides*		野生	中国	濒危
				牛枝子 *potaninii*		野生	中国	濒危
			百脉根属 *Lotus*	百脉根 *corniculatus*		栽培	中国	濒危
				细叶百脉根 *krylovii*		野生	中国	濒危
			苜蓿属 *Medicago*	黄花苜蓿 *falcata*		野生	中国	濒危
				紫花苜蓿 *sativa*		野生	中国	濒危
				扁蓿豆 *ruthenica*		野生	中国	濒危
				黄花扁蓿豆 *ruthenica* var. *lutea*		野生	中国	濒危
				细叶扁蓿豆 *ruthenica* var. *oblongifolia*		野生	中国	濒危
				杂种苜蓿 *media*		野生	中国	濒危
			槐属 *Sophora*	苦豆子 *alopecuroides*		野生	中国	濒危

（续表）

库圃名称	作物名称	物种名				属性	原产地	物种濒危等级
		科	属	种	亚种			
牧草圃	牧草	豆科 Leguminosae	苦马豆属 *Sphaerophysa*	苦马豆 *salsula*		野生	中国	濒危
			黄华属 *Thermopsis*	小叶决明 *chinensis*		野生	中国	濒危
				披针叶黄华 *lanceolata*		野生	中国	濒危
			车轴草属 *Trifolium*	野火球 *lupinaster*		野生	中国	濒危
				红三叶 *pratense*		栽培	中国	濒危
			野豌豆属 *Vicia*	山野豌豆 *amoena*		野生	中国	濒危
				广布野豌豆 *cracca*		野生	中国	濒危
				肋脉野豌豆 *costata*		野生	中国	濒危
				多茎野豌豆 *multicaulis*		野生	中国	濒危
				假香野豌豆 *pseudorobus*		野生	中国	濒危
		百合科 Liliaceae	葱属 *Allium*	矮韭 *anisopodium*		野生	中国	濒危
				双齿韭 *bidentatum*		野生	中国	濒危
				贺兰韭 *eduardii*		野生	中国	濒危
				小蒜 *macrostemon*		野生	中国	濒危
				蒙古葱 *mongolicum*		野生		濒危
				长梗葱 *neriniflorum*		野生	中国	濒危
				雾灵韭 *plurifoliatum*		野生	中国	濒危
				碱葱 *polyrhizum*		野生	中国	濒危

（续表）

库圃名称	作物名称	物种名				属性	原产地	物种濒危等级
		科	属	种	亚种			
牧草圃	牧草	百合科 *Liliaceae*	葱属 Allium	野韭菜 *ramosum*		野生	中国	濒危
				山韭 *senescens*		野生	中国	濒危
				细叶韭 *tenuissimum*		野生	中国	濒危
		菊科 Compositae	蒿属 *Artemisia*	冷蒿 *frigida*		野生	中国	濒危
				黑沙蒿 *ordosica*		野生	中国	濒危
				白沙蒿 *sphaerocephala*		野生	中国	濒危
		藜科 Chenepodiaceae	驼绒藜属 *Ceratoides*	驼绒藜 *latans*		野生	中国	濒危
		麻黄科 Ephedraceae	麻黄属 *Ephedra*	麻黄 *sinica*		野生	中国	濒危
水生蔬菜圃	莲藕	睡莲科 Nymphaeaceae	莲属 *Nelumbo*	莲 *nucifera*		栽培 野生	中国	濒危
				美洲黄莲 *lutea*		野生		濒危
	芋头	天南星科 Araceae	芋属 *Colocasia*	芋 *esculenta*		栽培	中国	濒危
				野芋 *antiquorum*		野生	中国	濒危
				紫芋 *tonoimo*		野生	中国	濒危
				大野芋 *gigantea*		野生	中国	濒危
			海芋属 *Alocasia*	南海芋 *hainanica*		野生	中国	濒危
	茭白	禾本科 Gramineae	菰属 *Zizania*	茭白 *latifolia*		栽培 野生	中国	濒危

（续表）

库圃名称	作物名称	物种名				属性	原产地	物种濒危等级
		科	属	种	亚种			
水生蔬菜圃	蕹菜	悬花科 Convolvulaceae	番薯属 *Ipomoea*	蕹菜 *aquatica*		栽培	中国	濒危
	水芹	伞形花科 Umbelliferae	水芹属 *Oenanthe*	水芹 *decumbens*		栽培	中国	濒危
				中华水芹 *sinensis*		野生	中国	濒危
	荸荠	莎草科 Cyperaceae	荸荠属 *Eleocharis*	荸荠 *tuberose*		栽培 野生	中国	濒危
	慈姑	泽泻科 Alismataceae	慈姑属 *Sagittaria*	华夏慈姑 *trifolia* var. *sinensis*		栽培	中国	濒危
				野慈姑 *trifolia* var. *trifolia*		野生	中国	濒危
				小慈姑 *potamogetifolia*		野生	中国	濒危
				武夷慈姑 *wuyiensis* sp.		野生	中国	濒危
				长瓣慈姑 *trifolia* f. *longiloba*		野生	中国	濒危
	菱	菱科 Trapaceae	菱属 *Trapa*	红菱 *bicornis*		栽培	中国	濒危
				两角菱 *bispinosa*		栽培	中国	濒危
				耳菱 *potaninii*		野生	中国	濒危
				野菱 *incisa*		野生	中国	濒危
				菱角 *japonica* var. *bispispinosa*		野生	中国	濒危
				弓角菱 *arcuata*		野生	中国	濒危
				冠菱 *litwinowil*		野生	中国	濒危
				格菱 *paeudoincisa*		野生	中国	濒危

（续表）

库圃名称	作物名称	物种名				属性	原产地	物种濒危等级
		科	属	种	亚种			
水生蔬菜圃	菱	菱科 Trapaceae	菱属 *Trapa*	南湖菱 *acornia*		野生	中国	濒危
				东北菱 *manshurica*		野生	中国	濒危
				细果野菱 *maximowiczii*		野生	中国	濒危
	蒲菜	香蒲科 Typhaceae	香蒲属 *Typha*	水烛 *angustifolia*		栽培 野生	中国	濒危
				宽叶香蒲 *latifolia* sp.		栽培	中国	濒危
	豆瓣菜	十字花科 Cruciferae	豆瓣菜属 *Nasturtium*	豆瓣菜 *officinale*		栽培	中国	濒危
	莼菜	睡莲科 Nymphaeaceae	莼属 *Brasenia*	莼菜 *schreberi*		栽培	中国	濒危
克山马铃薯	马铃薯	茄科 Solanceae	茄属 *Solanum*	马铃薯种 *tuberosum*	马铃薯亚种 *S. tuberosum* L. ssp. *tuberosum*	普通栽培种	中国	濒危
					安第斯亚种 *tuberosum* ssp. *andigena*	原始栽培种	中国	濒危
				窄刀薯 *stenotomum*		原始栽培种	中国	濒危
				富利亚薯 *phureja*		原始栽培种	中国	濒危

（续表）

库圃名称	作物名称	物种名				属性	原产地	物种濒危等级
		科	属	种	亚种			
克山马铃薯	马铃薯	茄科 Solanceae	茄属 *Solanum*	恰柯薯 *chacoense*		野生	中国	濒危
				落果薯 *demissum*		野生	中国	濒危
				无茎薯 *acaule*		野生	中国	濒危
				小拱薯 *microdontum*		野生	中国	濒危
				gourtayi		野生	中国	濒危
北京桃、草莓圃	桃	蔷薇科	桃属 *Prunus*	普通桃 *persica*		栽培	中国	濒危
	桃野生近缘植物	蔷薇科	桃属 *Prunus*	新疆桃 *persica* ssp. *ferganensis*		野生	中国	濒危
				山桃 *davidiana*		野生	中国	濒危
				甘肃桃 *kansuensis*		野生	中国	濒危
	草莓	蔷薇科	草莓属 *Fragaria*	凤梨草莓 *ananassa*		栽培	中国	濒危
	草莓野生近缘植物	蔷薇科	草莓属 *Fragaria*	麝香草莓 *moschata*		野生	中国	濒危
				锡金草莓 *daltoniana*		野生	中国	濒危
				西南草莓 *moupinensis*		野生	中国	濒危
				西藏草莓 *nubicola*		野生	中国	濒危
				绿色草莓 *viridis*		野生	中国	濒危
				东方草莓 *orientalis*		野生	中国	濒危
				五叶草莓 *pentaphylla*		野生	中国	濒危
				深红莓 *virginiana*		野生	中国	濒危

（续表）

库圃名称	作物名称	物种名				属性	原产地	物种濒危等级
		科	属	种	亚种			
北京桃、草莓圃	草莓野生近缘植物	蔷薇科 Rosaceae	草莓属 *Fragaria*	近缘植物		野生	中国	濒危
南京桃、草莓圃	桃	蔷薇科 Rosaceae	李属 *Prunus*	普通桃 *persica*		栽培	中国	濒危
				光核桃 *mira*		野生	中国	濒危
				山桃 *davidiana*		野生	中国	濒危
				陕甘山桃 *potanini*		野生	中国	濒危
				新疆桃 *ferganensis*		栽培	中国	濒危
				甘肃桃 *kansuensis*		野生	中国	濒危
	扁桃	蔷薇科 Rosaceae	李属 *Prunus*	扁桃 *amygdalus*		野生	中国	濒危
	李	蔷薇科 Rosaceae	李属 *Prunus*	樱桃李 *cerasifera*		野生	中国	濒危
				麦李 *glandulosa*		野生	中国	濒危
				郁李 *japonica*		野生	中国	濒危
				欧洲李 *domestica*		野生		濒危
				spinosa		野生	中国	濒危
	毛樱桃	蔷薇科 Rosaceae	毛樱桃属 *Cerasus*	毛樱桃 *tomentosa*		野生	中国	濒危
	草莓	蔷薇科 Rosaceae	草莓属 *Fragaria*	凤梨草莓 *ananassa*		栽培	中国	濒危
				森林草莓 *vesca*		野生	中国	濒危
				黄毛草莓 *nilgrrensis*		野生	中国	濒危
				绿色草莓 *viridis*		野生	中国	濒危

（续表）

库圃名称	作物名称	物种名				属性	原产地	物种濒危等级
		科	属	种	亚种			
南京桃、草莓圃	草莓	蔷薇科 Rosaceae	草莓属 *Fragaria*	东北草莓 *mandschurica*		野生	中国	濒危
				东方草莓 *orientalis*		野生	中国	濒危
				西南草莓 *moupinensis*		野生	中国	濒危
				五叶草莓 *pentaphylla*		野生	中国	濒危
				饭沼草莓 *iinumae*		野生	中国	濒危
				弗州草莓 *virginiana*		野生	中国	濒危
				日本草莓 *nipponica*		野生	日本	濒危
				暇夷草莓 *yezoensis*		野生	中国	濒危
郑州桃圃	桃	蔷薇科 Rosaceae	李属 *Prunus*	普通桃 *persica*	桃 *P. persica* (L.) Batsch	栽培	中国	濒危
					油桃 *P. persica* var. *nectarina* (Ait) Maxim.	栽培	中国	濒危
					蟠桃 *P. persica* var. *compressa* Bean.	栽培	中国	濒危
					寿星桃 *P. persica* L. var. *densa*	栽培	中国	濒危
					碧桃 *P. persica* var. *duplex*	栽培	中国	濒危

（续表）

库圃名称	作物名称	物种名				属性	原产地	物种濒危等级
		科	属	种	亚种			
郑州桃圃	桃	蔷薇科 Rosaceae	李属 *Prunus*		垂枝桃 *P. persica* var. *pendula*	栽培	中国	濒危
				山桃 *davidiana*		野生	中国	濒危
				甘肃桃 *kansuensis*		野生	中国	濒危
				光核桃 *mira*		野生	中国	濒危
				新疆桃 *ferganensis*		栽培	中国	濒危
				陕甘山桃 *potaninii*		野生	中国	濒危
				杂交种		栽培	中国	濒危
	杏	蔷薇科 Rosaceae	杏属 *Armeniaca*	杏（*Prunus armeniaca*）		栽培	中国	濒危
				藏杏（*Prunus armeniaca* var. *holosericea*）		栽培	中国	濒危
	李	蔷薇科 Rosaceae	李属 *Prunus*			栽培	中国	濒危
	梅	蔷薇科 Rosaceae	李属 *Prunus*			栽培	中国	濒危
	毛樱桃	蔷薇科 Rosaceae	樱桃属 *Cerasus*	毛樱桃 *tomentosa*		栽培	中国	濒危
	杏李	蔷薇科 Rosaceae	樱桃属 *Cerasus*	杂交种		栽培	中国	濒危
熊岳李杏圃	杏	蔷薇科 Rosaceae	杏属 *Armeniaca*	普通杏 *vulgaris*		栽培	中国	濒危
				西伯利亚杏 *sibirica*		野生 栽培	西伯利亚	濒危
				辽杏 *mandshurica*		野生	中国	濒危

（续表）

库圃名称	作物名称	物种名				属性	原产地	物种濒危等级
		科	属	种	亚种			
熊岳李杏圃	杏	蔷薇科 Rosaceae	杏属 *Armeniaca*	藏杏 *holosericea*		野生	中国	濒危
				紫杏 *asycarpa*		栽培	中国	濒危
				梅 *mume*		野生	中国	濒危
				李梅杏 *limeixing*		栽培	中国	濒危
	李	蔷薇科 Rosaceae	李属 *Prunus*	黑刺李 *spinosa*		栽培	中国	濒危
				中国李 *salicina*		栽培 野生	中国	濒危
				乌苏里李 *ussuriensis*		栽培	乌苏里	濒危
				杏李 *imonii*		栽培	中国	濒危
				加拿大李 *nigra*		栽培	加拿大	濒危
				欧洲李 *domestica*		栽培 野生		濒危
				樱桃李 *erasifera*		栽培	中国	濒危
				美洲李 *americana*		栽培		濒危
				杂种类型		栽培	中国	濒危
公主岭寒地果树圃	苹果	蔷薇科 Rosaceae	苹果属 *Malus*	山荆子 *baccata*		野生	中国	濒危
				毛山荆子 *mandshurica*		野生	中国	濒危
				山楂海棠 *komorovii*		野生	中国	濒危

（续表）

库圃名称	作物名称	物种名				属性	原产地	物种濒危等级
		科	属	种	亚种			
公主岭寒地果树圃	苹果	蔷薇科 Rosaceae	苹果属 *Malus*	海棠果 *prunifolia*		野生 栽培	中国	濒危
				花红 *asiattica*		野生	中国	濒危
				丽江山荆子 *rocki*		野生	中国	濒危
				滇池海棠 *yunnaensis*		野生	中国	濒危
				红肉苹果 *niedzwetzkyana*		野生 栽培	中国	濒危
				塞威士苹果 *sieversii*		野生 栽培		濒危
				湖北海棠 *hapehensis*		野生	中国	濒危
				变叶海棠 *toringoides*		野生	中国	濒危
				西洋苹果 *pumila*		栽培		濒危
	梨	蔷薇科 Rosaceae	梨属 *Pyrus*	秋子梨 *ussuriensis*		野生 栽培	中国	濒危
				砂梨 *pyrifolia*		栽培	中国	濒危
				白梨 *retschnrideri*		栽培	中国	濒危
				洋梨 *cinnybua*		栽培	中国	濒危
	山楂	蔷薇科 Rosaceae	山楂属 *Crataegus*	山楂 *pinnatifida*		栽培	中国	濒危
				毛山楂 *maximowiczii*		野生	中国	濒危
				阿尔泰山楂 *altaica*		野生	中国	濒危

（续表）

库圃名称	作物名称	物种名				属性	原产地	物种濒危等级
		科	属	种	亚种			
公主岭寒地果树圃	山楂	蔷薇科 Rosaceae	山楂属 *Crataegus*	准噶尔山楂 *songariea*		野生	中国	濒危
	蔷薇	蔷薇科 Rosaceae	蔷薇属 *Rosa*	长白蔷薇 *koreana*		野生	中国	濒危
				大叶蔷薇 *aeicularis*		野生	中国	濒危
				刺玫蔷薇 *davurica*		野生	中国	濒危
				腺果蔷薇 *fedtschenkoana*		野生	中国	濒危
	桃	蔷薇科 Rosaceae	桃属 *Persica*	山毛桃 *davidiana*		野生	中国	濒危
	杏	蔷薇科 Rosaceae	杏属 *Armeniaca*	杏 *vulgaris*		栽培 野生	中国	濒危
				辽杏 *mandshurica*		野生	中国	濒危
				西伯利亚杏 *sibirica*		野生	西伯利亚	濒危
	李	蔷薇科 Rosaceae	李属 *Prunus*	中国李 *scalicina*		栽培 野生	中国	濒危
				杏李 *simonii*		野生	中国	濒危
				美洲李 *americana*		野生		濒危
				加拿大李 *nigra*		野生	加拿大	濒危
				乌苏里李 *ussuriensis*		野生	乌苏里	濒危
	扁核木	蔷薇科 Rosaceae	扁核木属 *Prinsepia*	东北扁核木 *sinensis*		野生	中国	濒危
	樱桃	蔷薇科 Rosaceae	樱桃属 *Cerasus*	毛樱桃 *tomentosa*		野生	中国	濒危
				山樱桃 *sachalinensis*		野生	中国	濒危

（续表）

库圃名称	作物名称	物种名				属性	原产地	物种濒危等级
		科	属	种	亚种			
公主岭寒地果树圃	樱桃	蔷薇科 Rosaceae	樱桃属 *Cerasus*	欧李 *humilis*		野生	中国	濒危
	草莓	蔷薇科 Rosaceae	草莓属 *Fragaria*	大果草莓 *grandiflora*		栽培	中国	濒危
				东方草莓 *orientalis*		野生	中国	濒危
				深山草莓 *ocncolor*		野生	中国	濒危
	稠李	蔷薇科 Rosaceae	稠李属 *Padus*	稠李 *asiatica*		野生	中国	濒危
				山桃稠李 *maackii*		野生	中国	濒危
	花楸	蔷薇科 Rosaceae	花楸属 *Sorbus*	花楸 *pohuashanensis*		野生	中国	濒危
	树莓	蔷薇科 Rosaceae	悬钩子属 *Rubus*	蓬虆悬钩子 *crataegifolius*		野生	中国	濒危
				库叶悬钩子 *sachalinensis*		野生	中国	濒危
				绿叶悬钩子 *komarovi*		野生	中国	濒危
				茅莓悬钩子 *parvifolius*		野生	中国	濒危
				红树莓 *idaeus*		栽培 野生	中国	濒危
				黑树莓 *occidentalis*		栽培 野生	中国	濒危
	醋栗	茶藨子科 Grossulariceae	茶藨子属 *Ribes*	醋栗 *grossularia*		野生 栽培	中国	濒危
	穗醋栗	茶藨子科 Grossulariceae	茶藨子属 *Ribes*	红穗醋栗 *sativum*		栽培	中国	濒危
				黑穗醋栗 *nigrum*		栽培	中国	濒危

（续表）

库圃名称	作物名称	物种名				属性	原产地	物种濒危等级
		科	属	种	亚种			
公主岭寒地果树圃	穗醋栗	茶藨子科 Grossulariceae	茶藨子属 *Ribes*	刺李 *burejensis*		野生	中国	濒危
				东北茶藨 *manschuricum*		野生	中国	濒危
				兴安茶藨 *pauciflorum*		野生	中国	濒危
				长白茶藨 *komarovi*		野生	中国	濒危
				尖叶茶藨 *maximowiczianum*		野生	中国	濒危
				楔叶茶藨 *diacanthum*		野生	中国	濒危
				香茶藨 *odoratum*		野生	中国	濒危
	桑	桑科 Moraceae	桑属 *Morus*	蒙古桑 *mongolica*		野生	蒙古	濒危
	核桃	胡桃科 Juglandaceae	胡桃属 *Juglans*	核桃楸 *mandshurica*		野生	中国	濒危
	葡萄	葡萄科 Vitaceae	葡萄属 *Vitis*	东北山葡萄 *amurensis*		野生	中国	濒危
				河岸葡萄 *riparia*		野生	中国	濒危
				欧亚种 *vinifera*		栽培		濒危
				欧美杂交种 *vinifera & labrusca*		栽培		濒危
	猕猴桃	猕猴桃科 Actinidiaceae	猕猴桃属 *Actinidia*	软枣猕猴桃 *arguta*		野生	中国	濒危
				狗枣猕猴桃 *kolomikta*		野生	中国	濒危
				葛枣猕猴桃 *polygama*		野生	中国	濒危
	三颗针	小檗科 Berberidaceae	小檗属 *Berberis*	小檗 *amurensis*		野生	中国	濒危

（续表）

库圃名称	作物名称	物种名				属性	原产地	物种濒危等级
		科	属	种	亚种			
公主岭寒地果树圃	忍冬	忍冬科 Caprifoliaceae	忍冬属 *Lonicera*	蓝靛果忍冬 *edulis*		野生	中国	濒危
	荚蒾	忍冬科 Caprifoliaceae	荚蒾属 *Viburnum*	鸡树条子荚蒾 *sargentii*		野生	中国	濒危
				暖木条子荚蒾 *burejaeticum*		野生	中国	濒危
	榛	榛科 Corylaceae	榛属 *Corylus*	榛子 *heterophylla*		野生	中国	濒危
				毛榛子 *mandshurica*		野生	中国	濒危
	越桔	杜鹃花科 Vaceiniaceae	越桔属 *Vaccinium*	笃斯越桔 *uliginosum*		野生	中国	濒危
	沙棘	胡颓子科 Elaeagnaceae	沙棘属 *Hippophae*	沙棘 *rhamnoides*		野生	中国	濒危
	五味子	五味子科 Schizandraceae	五味子属 *Schisandra*	五味子 *chinensis*		野生	中国	濒危
	枸杞	茄科 Solanaceae	枸杞属 *Lycium*	枸杞 *chinense*		野生	中国	濒危
	刺五加	五加科 Araliaceae	刺五加属 *Eleutherococcus*	刺五加 *senticosus*		野生	中国	濒危
武昌砂梨圃	梨	蔷薇科 *Rosaceae*	梨属 *Pyrus*	砂梨 *pyrifolia*		栽培	中国	濒危
				白梨 *bretschneideri*		栽培	中国	濒危
				西洋梨 *communis*		栽培	中国	濒危
				杂种 *hybrid*		栽培	中国	濒危
				杜梨 *betuleafolia*		野生	中国	濒危

（续表）

库圃名称	作物名称	物种名				属性	原产地	物种濒危等级
		科	属	种	亚种			
武昌砂梨圃	梨	蔷薇科 Rosaceae	梨属 *Pyrus*	豆梨 *calleryana*		野生	中国	濒危
				麻梨 *serrulata*		野生	中国	濒危
兴城梨、苹果圃	苹果	蔷薇科 Rosacase	苹果属 *Malus*	栽培品种 *domestica*		栽培	中国	濒危
				山荆子 *baccata*		野生	中国	濒危
				毛山荆子 *manshurica*		野生	中国	濒危
				丽江山荆子 *rockii*		野生	中国	濒危
				湖北海棠 *hupehensis*		野生	中国	濒危
				三叶海棠 *sieboldii*		野生	中国	濒危
				变叶海棠 *toringoides*		野生	中国	濒危
				锡金海棠 *sikkimensis*		野生	中国	濒危
				陇东海棠 *kansuensis*		野生	中国	濒危
				垂丝海棠 *halliana*		野生	中国	濒危
				滇池海棠 *yunnanensis*		野生	中国	濒危
				沧江海棠 *ombrophila*		野生	中国	濒危
				河南海棠 *honanensis*		野生	中国	濒危
				西蜀海棠 *prattii*		野生	中国	濒危
				尖嘴林檎 *melliana*		野生	中国	濒危
				乔劳斯基海棠 *tschonoskii*		野生		濒危

（续表）

库圃名称	作物名称	物种名				属性	原产地	物种濒危等级
		科	属	种	亚种			
兴城梨、苹果圃	苹果	蔷薇科 Rosacase	苹果属 *Malus*	塞威士苹果 *sieverii*		野生		濒危
				东方苹果 *orientalis*		野生	中国	濒危
				森林苹果 *sylvestris*		野生	中国	濒危
				草原海棠 *ioensis*		野生	中国	濒危
				野香海棠 *coronaria*		野生	中国	濒危
				窄叶海棠 *angustifolia*		野生	中国	濒危
				褐海棠 *fusca*		野生	中国	濒危
				扁果海棠 *platycarpa*		野生	中国	濒危
	梨	蔷薇科 Rosacase	梨属 *Pyrus*	白梨 *bretschneideri*		栽培	中国	濒危
				砂梨 *pyrifolia*		栽培	中国	濒危
				秋子梨 *ussuriensis*		栽培	中国	濒危
				杜梨 *betuleafolia*		野生	中国	濒危
				胡颓子梨 *eaeagrifolia*		野生	中国	濒危
				豆梨 *calleryana*		野生	中国	濒危
				新疆梨 *sinkiangensis*		栽培	中国	濒危
				褐梨 *phaeocarpa*		野生	中国	濒危
				西洋梨 *communis*		栽培		濒危
				川梨 *pashia*		野生	中国	濒危

（续表）

库圃名称	作物名称	物种名				属性	原产地	物种濒危等级
		科	属	种	亚种			
兴城梨、苹果圃	梨	蔷薇科 Rosacase	梨属 *Pyrus*	木梨 *xerophila*		野生	中国	濒危
				麻梨 *serrulata*		野生	中国	濒危
				新品系		品系	中国	濒危
				滇梨 *pseudopashia*		野生	中国	濒危
				河北梨 *hopeiensis*		野生	中国	濒危
云南果树砧木圃	苹果	蔷薇科 Rosaceae	苹果属 *Malus*	锡金海棠 *sikkimensis*		野生	中国	濒危
				三叶海棠 *sieboldii*		野生	中国	濒危
				沧江海棠 *ombrophila*		野生	中国	濒危
				西府海棠 *micromalus*		野生	中国	濒危
				湖北海棠 *hupehensis*		野生	中国	濒危
				垂丝海棠 *halliana*		栽培	中国	濒危
				丽江山荆子 *rockii*		野生	中国	濒危
				花红 *asiatica*		栽培	中国	濒危
				云南海棠 *yunnanensis*		野生	中国	濒危
				海棠花（未定）		野生	中国	濒危
				台湾林檎 *formosana*		野生	中国	濒危
				尖嘴林檎 *melliana*		野生	中国	濒危
				西蜀海棠 *prattii*		野生	中国	濒危

（续表）

库圃名称	作物名称	物种名				属性	原产地	物种濒危等级
		科	属	种	亚种			
云南果树砧木圃	苹果	蔷薇科 Rosaceae	苹果属 *Malus*	打枪果（未定）		野生	中国	濒危
	移依	蔷薇科 Rosaceae	移依属 *Docynia*	云南移依 *delavayi*		野生	中国	濒危
				移依 *indica*		野生	中国	濒危
	山楂	蔷薇科 Rosaceae	山楂属 *Grataegus*	云南山楂 *scabrifolia*		野生	中国	濒危
				中甸山楂 *chungtiensis*		野生	中国	濒危
				滇西山楂 *oresbia*		野生	中国	濒危
				野山楂 *cuneata*		野生	中国	濒危
	榅桲	蔷薇科 Rosaceae	榅桲属 *Cydonia*	榅桲 *oblonga*		栽培	中国	濒危
				云南榅桲（未定）		栽培	中国	濒危
	牛筋条	蔷薇科 Rosaceae	牛筋条属 *Dichotomanthus*	牛筋条 *tristaniaecarpa*		野生	中国	濒危
	桃	蔷薇科 Rosaceae	桃属 *Amygdalus*	桃 *persica*	桃 *A. persica* L.	栽培	中国	濒危
					蟠桃 *A.persica* L.var.*compressa* Bean	栽培	中国	濒危
					油桃 *A. persica* L. var. *nucipersica* L.	栽培	中国	濒危

（续表）

库圃名称	作物名称	物种名				属性	原产地	物种濒危等级
		科	属	种	亚种			
云南果树砧木圃	樱桃	蔷薇科 Rosaceae	樱桃属 *Amygdalus*		寿星桃 *A. persica* L. var. *densa* Makin	栽培	中国	濒危
				毛桃 *persica*		野生	中国	濒危
				光核桃 *mira*		野生	中国	濒危
				山桃 *davidiana*		野生	中国	濒危
				山樱桃 *serrulata*		野生	中国	濒危
				毛樱桃 *tomentosa*		野生	中国	濒危
				中国樱桃 *pseudocerasus*		栽培	中国	濒危
				甜樱桃 *erasusavium*		栽培	中国	濒危
				樱花 *yedoensis*		栽培	中国	濒危
	木瓜	蔷薇科 Rosaceae	木瓜属 *Chaenomeles*	皱皮木瓜 *speciosa*		栽培	中国	濒危
				毛叶木瓜 *cathayensis*		半栽培	中国	濒危
	枇杷	蔷薇科 Rosaceae	枇杷属 *Eriobtrya*	麻栗坡枇杷 *malipoensis*		野生	中国	濒危
				枇杷 *japonica*		栽培	中国	濒危
				栎叶枇杷 *prinoides*		野生	中国	濒危
				云南枇杷 *bengalensis*		栽培	中国	濒危
				大花枇杷 *cavaleriei*		野生	中国	濒危

（续表）

库圃名称	作物名称	物种名				属性	原产地	物种濒危等级
		科	属	种	亚种			
云南果树砧木圃	枇杷	蔷薇科 Rosaceae	枇杷属 *Eriobtrya*	小叶枇杷 *seguinii*		野生	中国	濒危
	杏	蔷薇科 Rosaceae	杏属 *Armeniaca*	杏 *vulgaris*		栽培	中国	濒危
				臧杏 *holosericea*		野生	中国	濒危
				梅子 *mume*		栽培	中国	濒危
	李	蔷薇科 Rosaceae	李属 *Prunus*	布朗李 *americana*		栽培	布朗	濒危
				李 *salicina*		栽培	中国	濒危
	火棘	蔷薇科 Rosaceae	火棘属 *Pyracantha*	火棘 *fortunean*		野生	中国	濒危
				窄叶火棘 *angustifolia*		野生	中国	濒危
	梨	蔷薇科 Rosaceae	梨属 *Pyrus*	滇梨 *pseudopashia*		野生	中国	濒危
				豆梨 *calleryana*		野生	中国	濒危
				川梨 *pashia*		野生	中国	濒危
				砂梨 *pyrifolia*		栽培	中国	濒危
				白梨 *bretschneideri*		栽培	中国	濒危
				麻梨 *serrulata*		栽培	中国	濒危
	栒子	蔷薇科 Rosaceae	栒子属 *Cotoneaster*	矮生栒子 *dammeri*		野生	中国	濒危
				水栒子 *multiforus*		野生	中国	濒危
				西南栒子 *franchetii*		野生	中国	濒危
	悬钩子	蔷薇科 Rosaceae	悬钩子属 *Rubus*	掌叶覆盆子 *chingii*		野生	中国	濒危

（续表）

库圃名称	作物名称	物种名				属性	原产地	物种濒危等级
		科	属	种	亚种			
云南果树砧木圃	悬钩子	蔷薇科 Rosaceae	悬钩子属 *Rubus*	云南悬钩子 *yunnanensis*		野生	中国	濒危
				乌泡子 *parkeri*		野生	中国	濒危
				黄泡子 *ichangensis*		野生	中国	濒危
				红果悬钩子 *erythrocarpus*		野生	中国	濒危
				凉山悬钩子 *forkeanus*		野生	中国	濒危
				栽秧泡 *coreanus*		野生	中国	濒危
	草莓	蔷薇科 Rosaceae	草莓属 *Fragaria*	凤梨草莓 *ananassa*		栽培	中国	濒危
				草莓 *vesca*		野生	中国	濒危
				西南草莓 *moupinensis*		野生	中国	濒危
	杨梅	杨梅科 Myricaceae	杨梅属 *Myrica*	毛杨梅 *esculenta*		野生	中国	濒危
				滇杨梅 *nana*		野生	中国	濒危
				杨梅 *rubra*		栽培	中国	濒危
	葡萄	葡萄科 Vitaceae	葡萄属 *Vitis*	毛叶葡萄 *lanata*		野生	中国	濒危
				刺葡萄 *davidii*		野生	中国	濒危
				五角叶葡萄 *pentagona*		野生	中国	濒危
				葛藟葡萄 *flexuosa*		野生	中国	濒危
				婴奥葡萄 *thunbergii*		野生	中国	濒危
				葡萄 *vinifera*		栽培	中国	濒危

（续表）

库圃名称	作物名称	物种名				属性	原产地	物种濒危等级
		科	属	种	亚种			
云南果树砧木圃	猕猴桃	猕猴桃科 Actinidiaceae	猕猴桃属 *Actinidia*	软枣猕猴桃 *arguta*		野生	中国	濒危
				中华猕猴桃 *chinensis*		野生及栽培	中国	濒危
				紫果猕猴桃 *purpurea*		野生	中国	濒危
				美味猕猴桃 *deliciosa*	美味猕猴桃 *A.deliciosa*（A. cheval.） C. F. Ling	野生及栽培	中国	濒危
					绿果猕猴桃 *deliciosa* var. *colorocarpa*（A.cheval.） C. F.Ling	野生	中国	濒危
				葡萄叶猕猴桃 *vitifolia*		野生	中国	濒危
				糙叶猕猴桃 *rudis*		野生	中国	濒危
				中越猕猴桃 *indochinensis*		野生		濒危
				圆果猕猴桃 *globossa*		野生	中国	濒危
				红茎猕猴桃 *rubricaulis*	红茎猕猴桃 *A. rubricaulis* Dunn	野生	中国	濒危

（续表）

库圃名称	作物名称	物种名				属性	原产地	物种濒危等级
		科	属	种	亚种			
云南果树砧木圃	猕猴桃	猕猴桃科 Actinidiaceae	猕猴桃属 *Actinidia*		革叶猕猴桃 *A.rubricaulis* var. *coriacea* C.F.Liang	野生	中国	濒危
				昭通猕猴桃 *rubus*		野生	中国	濒危
				柱果猕猴桃 *cylindrica*		野生	中国	濒危
				硬齿猕猴桃 *callosa*	硬齿猕猴桃 *A.callosa* Lindl.	野生	中国	濒危
					京梨猕猴桃 *A. callosa* var. *henryi* Maxim	野生	中国	濒危
					异色猕猴桃 *A. callosa* var. *discolor* C. F. Ling	野生	中国	濒危
				金花猕猴桃 *chrysantha*		野生	中国	濒危
				倒卵叶猕猴桃 *obovata*		野生	中国	濒危
				阔叶猕猴桃 *latifolia*		野生	中国	濒危
				葛枣猕猴桃 *polygama*		野生	中国	濒危
				四萼猕猴桃 *tetramera*		野生	中国	濒危
				显脉猕猴桃 *venosa*		野生	中国	濒危

（续表）

库圃名称	作物名称	物种名				属性	原产地	物种濒危等级
		科	属	种	亚种			
云南果树砧木圃	猕猴桃	猕猴桃科 Actinidiaceae	猕猴桃属 *Actinidia*	拴叶猕猴桃 *suberifolia*		野生	中国	濒危
	柿	柿科 Ebenaceac	柿属 *Diospyros*	君迁子 *D. lotus* L.	君迁子 *lotus*	野生	中国	濒危
					多毛君迁子 *D. lotus* Linn. var. *mollissima* C. Y. Wu	野生	中国	濒危
				柿 *kaki*		栽培	中国	濒危
	无花果	桑科 Moraceae	榕属 *Ficus*	无花果 *carica*		栽培	中国	濒危
	地瓜			地瓜 *tikoua*		野生	中国	濒危
	柑橘	芸香科 Rutaceae	枳属 *Poncirus*	枳 *trfoliata*		野生	中国	濒危
			柑橘属 *Citrus*	宜昌橙 *ichangensis*		野生	中国	濒危
				文山酸橘 *sunki*		栽培	中国	濒危
	芭蕉	芭蕉科 Musaceae	芭蕉属 *Musa*	富人指蕉 *Sapientum*		栽培	中国	濒危
				西贡蕉 *nana*		栽培	中国	濒危
				红香蕉 *uranoscops*		栽培	中国	濒危
	木通	木通科 Lardizabalaceae	木通属 *Arebia*	木通 *quinata*	木通 *A. quinata* Dcne	野生	中国	濒危

（续表）

库圃名称	作物名称	物种名				属性	原产地	物种濒危等级
		科	属	种	亚种			
云南果树砧木圃	木通	木通科 Lardizabalaceae	木通属 *Arebia*		白木通 *A. quinata* Dcne var. *australis* (Diels) Rehd	野生	中国	濒危
				八月瓜 *lobata*		野生	中国	濒危
	荚蒾	忍冬科 Caprifoliaceae	荚蒾属 *Viburnum*	密花荚蒾 *congestum*		野生	中国	濒危
	四照花	山茱萸科 Cornaceae	四照花属 *Dendrobenthamia*		鸡嗉子 *D. japonica.*（DC）Fang var. *chinensis*	野生	中国	濒危
	板栗	壳斗科 Fagaceae	栗属 *Castanea*	板栗 *mollissima*		栽培	中国	濒危
	沙棘	胡颓子科 Elaeagnaceae	沙棘属 *Hippophae*	云南沙棘 *rhamnoides* subsp. *yunnanensis*		野生	中国	濒危
	乌饭树	杜鹃花科 Ericaceae	越桔属 *Vaccinium*	乌饭树 *bracteatum*		野生	中国	濒危
沈阳山楂圃	山楂	蔷薇科 Rosaceae	山楂属 *Crataegus*	山楂 *pinnatifida*		栽培	中国	濒危
				伏山楂 *brettschneideri*		栽培	中国	濒危
				毛山楂 *maximowiczii*		野生	中国	濒危
				辽宁山楂 *sanguinea*		野生	中国	濒危
				甘肃山楂 *kansuensis*		野生	中国	濒危
				阿尔泰山楂 *altaica*		野生	中国	濒危

（续表）

库圃名称	作物名称	物种名				属性	原产地	物种濒危等级
		科	属	种	亚种			
沈阳山楂圃	山楂	蔷薇科 Rosaceae	山楂属 *Crataegus*	光叶山楂 *dahurica*		野生	中国	濒危
				湖北山楂 *hupehensis*		野生	中国	濒危
				华中山楂 *wilsonii*		野生	中国	濒危
				准噶尔山楂 *songarica*		野生	中国	濒危
陕西柿圃	柿	柿科 Ebenaceac	柿属 *Diospyros*	柿 *kaki*		栽培	中国	濒危
				君迁子 *lotus*		野生	中国	濒危
				浙江柿 *glaucifolia*		野生	中国	濒危
				油柿 *oleifera*		野生	中国	濒危
				老鸦柿 *rhombifolia*		野生	中国	濒危
				乌柿 *cathayensis*		野生	中国	濒危
				美洲柿 *virginiana*		野生		濒危
重庆柑橘圃	柑橘	芸香科 Rutaceae	柑橘属 *Citrus*	宽皮橘 *reticulata*		栽培 野生	中国	濒危
				甜橙 *sinensis*		栽培	中国	濒危
				柚 *grandis*		栽培	中国	濒危
				枸橼 *citron*		栽培 野生	中国	濒危
				酸橙 *aurantium*		栽培	中国	濒危

（续表）

库圃名称	作物名称	物种名				属性	原产地	物种濒危等级
		科	属	种	亚种			
重庆柑橘圃	柑橘	芸香科 Rutaceae	柑橘属 *Citrus*	大翼橙 *Papeda*		栽培 野生	中国	濒危
			枳属 *Poncirus*	枳 *trifoliata*		栽培 野生	中国	濒危
			金柑属 *Fortunella*	金弹 *classifalia*		栽培	中国	濒危
				金豆 *hindssi*		野生	中国	濒危
				罗浮 *margarit*		栽培	中国	濒危
				长寿金柑 *obovata*		栽培	中国	濒危
			指梂檬属 *Microcitrus*	指梂檬 *Microcitrus*		栽培	中国	濒危
	柑橘近缘植物	芸香科 Rutaceae	黄皮属 *Clausena*	黄皮 *ansium*		栽培	中国	濒危
			酒饼簕属 *Severinia*	酒饼簕 *buxifolia*		栽培	中国	濒危
			山小橘属 *Glycosmis*	山小橘 *citrifolia*		野生	中国	濒危
			九里香属 *Murraya*	九里香 *paniculata*		栽培	中国	濒危
郑州葡萄圃	葡萄	葡萄科 Vitaceae	真葡萄亚属 Subgen. *Vitis*	欧亚种 *vinifera*		栽培		濒危
				美洲种 *labrusca*		栽培		濒危
				河岸葡萄 *riparia*		野生	中国	濒危
				沙地葡萄 *rupestris*		野生	中国	濒危
				香槟尼葡萄 *champinii*		野生	中国	濒危

（续表）

库圃名称	作物名称	物种名				属性	原产地	物种濒危等级
		科	属	种	亚种			
郑州葡萄圃	葡萄	葡萄科 Vitaceae	真葡萄亚属 Subgen. *Vitis Planch*	甜冬葡萄 *cinerea*		野生	中国	濒危
				北美种群种间杂种		野生	北美	濒危
				山葡萄 *amurensis*		野生	中国	濒危
				刺葡萄 *davidii*		野生	中国	濒危
				葛藟 *flexuosa*		野生	中国	濒危
				小叶葛藟		野生	中国	濒危
				菱状叶葡萄 *hancockii*		野生	中国	濒危
				毛葡萄 *heyneana*		野生	中国	濒危
				桑叶葡萄 *heyneana*		野生	中国	濒危
				变叶葡萄 *piasezkii*		野生	中国	濒危
				多裂叶蘡薁 *bryoniaefolia*		野生	中国	濒危
				美丽葡萄 *bellula*		野生	中国	濒危
				华东葡萄 *pseudoreticulata*		野生	中国	濒危
				燕山葡萄 *yanshanensis*		野生	中国	濒危
				欧美杂种		栽培		濒危
				山美杂种		栽培		濒危
				欧山杂种		栽培		濒危
				福建野葡萄		野生	中国	濒危

（续表）

库圃名称	作物名称	物种名				属性	原产地	物种濒危等级
		科	属	种	亚种			
郑州葡萄圃	葡萄	葡萄科 Vitaceae	真葡萄亚属 *Subgen.* Vitis *Planch*	万县野葡萄		野生	中国	濒危
			麝香葡萄亚属 Subgen. *Muscadinia*			野生	中国	濒危
			蛇葡萄属 *Ampelopsis*			野生	中国	濒危
			爬山虎属 *Parthneocissus*			野生	中国	濒危
山葡萄圃	山葡萄	葡萄科 Vitaceae	葡萄属 *Vitis*	山葡萄 *amurensis*		野生	中国	濒危
太谷枣葡萄圃	枣	鼠李科 Rhamnaceae	枣属 *Ziziphus*	枣 *jujuba*		栽培	中国	濒危
				酸枣 *spinosa*		野生	中国	濒危
	葡萄	葡萄科 Vitaceae	葡萄属 *Vitis*	欧亚种 *vinifa*		育成品种		濒危
				欧美杂种 *vinifa×labrusca*		育成品种		濒危
				美洲种 *labrusca*		育成品种		濒危
				山葡萄 *amurensis*		野生	中国	濒危
				山欧杂种 *amurensis×vinifa*		育成品种		濒危
				毛欧杂种 *quinquangularis×vinifa*		品系		濒危

（续表）

库圃名称	作物名称	物种名				属性	原产地	物种濒危等级
		科	属	种	亚种			
太谷枣葡萄圃	葡萄	葡萄科 Vitaceae	葡萄属 *Vitis*	毛葡萄 *quinquangularis*		野生	中国	濒危
				刺葡萄 *Davidii*		野生	中国	濒危
				瘤枝葡萄		野生	中国	濒危
广州荔枝圃	荔枝	无患子科 Sapindaceae	荔枝 *Litchi*	荔枝 *chinensis*		栽培	中国	濒危
	香蕉	芭蕉科 Musaceae	芭蕉属 *Musa*	尖苞蕉 *chinensis*		栽培	中国	濒危
				长梗蕉 *balbisiana*		野生	中国	濒危
				杂交蕉 *xparadisiaca*		栽培	中国	濒危
				阿宽蕉 *itinerans*		野生	中国	濒危
				毛果蕉 *velutina*		野生	中国	濒危
				紫粉红苞蕉 *velutina*		野生	中国	濒危
福州龙眼、枇杷圃	龙眼	无患子科 Sapindaceae	龙眼属 *Dimocarpus*	龙眼 *longan*		栽培	中国	濒危
	龙眼野生近缘植物	无患子科 Sapindaceae	龙眼属 *Dimocarpus*	龙荔 *confinis*（*Pseudonepdelium confine* How et Ho）		野生	中国	濒危
山东核桃板栗圃	核桃	核桃科 Juglandaceae	核桃属 *Juglans*	核桃 *regia*		栽培	中国	濒危
				核桃楸 *mandshurica*		野生	中国	濒危
				麻核桃 *hopeiensis*		野生	中国	濒危
				野核桃 *cathayensis*		野生	中国	濒危

（续表）

库圃名称	作物名称	物种名				属性	原产地	物种濒危等级
		科	属	种	亚种			
山东核桃板栗圃	核桃	核桃科 Juglandaceae	核桃属 *Juglans*	鬼核桃 *sieboldiana*		野生	中国	濒危
				黑核桃 *nigra*		栽培	中国	濒危
				姬核桃 *subcordiformis*		野生	中国	濒危
				泡核桃 *sigillata*		栽培	中国	濒危
			山核桃属 *Carya*	薄壳山核桃 *illinoinensis*		栽培	中国	濒危
	板栗	山毛榉科 Fagaceae	栗属 *Castanea*	板栗 *mollissima*		栽培	中国	濒危
				日本栗 *crenata*		栽培	日本	濒危
				茅栗 *seguinii*		野生	中国	濒危
				野板栗 *mollissima*		栽培	中国	濒危
				锥栗 *henryi*		栽培	中国	濒危
桑树圃	桑树	桑科 Moraceae	桑属 *Morus*	桑种 *alba*		栽培 野生	中国	濒危
茶树圃	茶树	山茶 Theaceae	山茶 *Camellia*	茶树及其他茶组近缘植物 *sinensis*		野生、栽培	中国	濒危
轮台资源圃	梨	蔷薇科 Rosaceae	梨属 *Pyrus*	白梨 *bretschneideri*		栽培	中国	濒危
				杜梨 *betulaefolia*		遗传材料	中国	濒危
				砂梨 *pyrifolia*		栽培	中国	濒危
				西洋梨 *communis*		栽培		濒危

（续表）

库圃名称	作物名称	物种名				属性	原产地	物种濒危等级
		科	属	种	亚种			
轮台资源圃	梨	蔷薇科 Rosaceae	梨属 *Pyrus*	新疆梨 *sinkiangensis*		栽培	中国	濒危
				麻梨 *serrulata*		栽培	中国	濒危
				秋子梨 *ussriensis*		栽培	中国	濒危
				杏叶梨 *axmeniacaefolia*		栽培	中国	濒危
	苹果	蔷薇科 Rosaceae	苹果属 *Malus*	苹果 *pumila*		栽培	中国	濒危
				沙果 *asiatica*		半栽培	中国	濒危
				海棠果 *prunifolia*		半栽培	中国	濒危
				塞威氏苹果（新疆野苹果） *sieversii*		野生	中国	濒危
				绵苹果（柰） *pumila*		栽培	中国	濒危
	李	蔷薇科 Rosaceae	李属 *Prunus*	欧洲李 *domestica*		栽培		濒危
				中国李 *salicina*		栽培	中国	濒危
				樱桃李 *cerasifera*		野生	中国	濒危
				黑刺李 *spinosa*		野生	中国	濒危
	桃	蔷薇科 Rosaceae	桃属 *Amygdalus*	普通桃 *persica*		栽培	中国	濒危
				新疆桃 *persica* ssp. *ferganensis*		野生	中国	濒危
	扁桃	蔷薇科 Rosaceae	扁桃属 Amygdalus	普通扁桃 *communis*		栽培	中国	濒危

（续表）

库圃名称	作物名称	物种名				属性	原产地	物种濒危等级
		科	属	种	亚种			
轮台资源圃	核桃	核桃科 Juglandaceae	核桃属 *Juglans*	普通核桃 *regia*		栽培	中国	濒危
	杏	蔷薇科 Rosaceae	杏属 *Armeniaca*	普通杏 *vulgaris*	普通杏（原变种）*A. vulgaris* var. *vulgaris*	栽培	中国	濒危
					野杏 *A. vulgaris* var. *ansu*	野生	中国	濒危
					李光杏 *A. vulgaris* var. *glabra* Sun S. X.	栽培	中国	濒危
				李梅杏 *limeixing*		栽培	中国	濒危
				紫杏 *dasycarpa*		半栽培	中国	濒危
	葡萄	葡萄科 Vitaceae	葡萄属 *Vitis*	欧洲葡萄 *vinifera*		栽培		濒危
	山楂	蔷薇科 Rosaceae	山楂属 *Crataegus*	山楂 *pinnatifida*		栽培	中国	濒危
				野山楂 *cuneata*		野生	中国	濒危
	石榴	石榴科 Punicaceae	石榴属 *Punica*	石榴 *granatum*		栽培	中国	濒危
	榅桲	蔷薇科 Rosaceae	榅桲属 *Cydomia*	榅桲 *sinensis*		栽培	中国	濒危
苎麻圃	苎麻野生植物	荨麻科 Urticaceae	苎麻属 *Boehmeria*	苎麻 *niver* var. *niver*	苎麻[*Boehmeria*（L.）niver var. *niver*]	栽培	中国	濒危

（续表）

库圃名称	作物名称	物种名				属性	原产地	物种濒危等级
		科	属	种	亚种			
苎麻圃	苎麻野生植物	荨麻科 Urticaceae	苎麻属 *Boehmeria*	苎麻 *niver* var. *niver*	青叶苎麻［B. nivea var. tenacissima (Gaud.) Miq.］	野生	中国	濒危
				苎麻 *niver* var. *niver*	贴毛苎麻 *B. nivea* var. *nipononivea* (Koidz.) W. T. Wang	野生	中国	濒危
				苎麻 *niver* var. *niver*	微绿苎麻 *B. nivea* var. *viridula* Yamamoto	野生	中国	濒危
	苎麻野生近缘植物		苎麻属 *Boehmeria*	腋球苎麻 *malabarica*		野生	中国	濒危
				长圆苎麻 *oblongifolia*		野生	中国	濒危
				帚序苎麻 *zollingeriana*		野生	中国	濒危
				黔桂苎麻 *blinii*		野生	中国	濒危
				白面苎麻 *clidemioides* var. *clidemioides*		野生	中国	濒危

（续表）

库圃名称	作物名称	物种名				属性	原产地	物种濒危等级
		科	属	种	亚种			
苎麻圃	苎麻野生近缘植物	荨麻科 Urticaceae	苎麻属 *Boehmeria*	白面苎麻 *clidemioides* var. *clidemioides*	序叶苎麻 *B.clidemioidesr* var.*diffusa*（Wedd）Hand-Mazz.	野生	中国	濒危
			苎麻属 *Boehmeria*	滇黔苎麻 *pseudotricuepis*		野生	中国	濒危
			苎麻属 *Boehmeria*	水苎麻 *macrophylla* var. *vnacrophylla*		野生	中国	濒危
			苎麻属 *Boehmeria*	水苎麻 *macrophylla* var. *vnacrophylla*	灰绿水苎麻 *B. macrophylla* Hornem. var. *canescens*（Wedd.）Long	野生	中国	濒危
			苎麻属 *Boehmeria*	水苎麻 *macrophylla* var. *vnacrophylla*	糙叶水苎麻 *B. macrophylla* Hornem. var. *scabrella*（Roxb.）Long	野生	中国	濒危
			苎麻属 *Boehmeria*	水苎麻 *macrophylla* var. *vnacrophylla*	疏毛水苎麻 *B. pilosiuscula*（BI.）Hassk	野生	中国	濒危
			苎麻属 *Boehmeria*	海岛苎麻 *formesana*		野生	中国	濒危
			苎麻属 *Boehmeria*	细序苎麻 *hamiltoniana*		野生	中国	濒危

（续表）

库圃名称	作物名称	物种名				属性	原产地	物种濒危等级
		科	属	种	亚种			
苎麻圃	苎麻野生近缘植物	荨麻科 Urticaceae	苎麻属 *Boehmeria*	伏毛苎麻 *strigosifolia* var. *strigosifolla*		野生	中国	濒危
			苎麻属 *Boehmeria*	大叶苎麻 *longispica*		野生	中国	濒危
			苎麻属 *Boehmeria*	悬铃叶苎麻 *tricuspis*		野生	中国	濒危
			苎麻属 *Boehmeria*	密球苎麻 *densiglomerata*		野生	中国	濒危
			苎麻属 *Boehmeria*	细野麻 *gracilis*		野生	中国	濒危
			苎麻属 *Boehmeria*	赤麻 *silvestrii*		野生	中国	濒危
			苎麻属 *Boehmeria*	小赤麻 *spicata*		野生	中国	濒危
			苎麻属 *Boehmeria*	伏毛苎麻 *strigosifolia* var. *strigosifolla*	柔毛苎麻 *B. strigosifolia* W. T. Wang var. *mollis* W. T. Wang	野生	中国	濒危
			苎麻属 *Boehmeria*	长序苎麻 *dolichostachya*		野生	中国	濒危
			苎麻属 *Boehmeria*	长叶苎麻 *penduliflorae* var. *pendulitiora*		野生	中国	濒危
海南橡胶圃	橡胶树	大戟科 Euphobiaceae	橡胶树属 *Hevea*	巴西橡胶 *H. brasiliensis*		栽培野生	巴西	濒危
				边沁橡胶 *benthamiana*		野生	中国	濒危
				光亮橡胶 *nitida*		野生	中国	濒危
				光亮矮生橡胶 *nitida* var. *toxicadendroides*		野生	中国	濒危

（续表）

库圃名称	作物名称	物种名				属性	原产地	物种濒危等级
		科	属	种	亚种			
海南橡胶圃	橡胶树	大戟科 Euphobiaceae	橡胶树属 *Hevea*	少花橡胶 *pauciflora*		野生	中国	濒危
				色宝橡胶 *Spruceana*		野生	中国	濒危
甘蔗圃	甘蔗	禾本科 Gramineae	甘蔗属 *Saccharum*	热带种 *officinarum*		栽培		濒危
				印度种 *barberi*		栽培	印度	濒危
				中国种 *sinense*		栽培	中国	濒危
				大茎野生种 *robustum*		野生	中国	濒危
				细茎野生种 *spontaneum*		野生	中国	濒危
				地方种和果蔗		栽培	中国	濒危
				杂交品种和材料		杂交	中国	濒危
	甘蔗野生近缘植物	禾本科 Gramineae	蔗茅属 *Erianthus*	斑茅 *arundinaceum*		野生	中国	濒危
				蔗茅 *fulvus*		野生	中国	濒危
				滇蔗茅 *rockii*		野生	中国	濒危
			河八王属 *Narenga*	河八王 *porphyrocoma*		野生	中国	濒危
				金茅尾 *fallax*		野生	中国	濒危
			芒属 *Miscanthus*	五节芒 *floridulus*		野生	中国	濒危
				芒 *sinensis*		野生	中国	濒危
			白茅属 *Imperate*	白茅 *cylindrica*		野生	中国	濒危
			狼尾草属 *pennisetum*	象草		野生	中国	濒危

附件四　陕西省主要农作物种质资源调查收集目录

作物种类（作物名称）	种质名称	物种			属性（栽培或野生）	采集地
		科	属	种		
水稻	K 优 130	禾本科 Gramineae	稻属 *Oryza*	水稻 *Sativa*	栽培	汉阴县
	Ⅰ优 86	禾本科 Gramineae	稻属 *Oryza*	水稻 *Sativa*	栽培	汉中地区农科所
	稗 09	禾本科 Gramineae	稻属 *Oryza*	水稻 *Sativa*	栽培	汉中地区农科所
	丰优 28	禾本科 Gramineae	稻属 *Oryza*	水稻 *Sativa*	栽培	汉中地区农科所
	汉中水晶稻	禾本科 Gramineae	稻属 *Oryza*	水稻 *Sativa*	栽培	汉中地区农科所
	汉中香糯 1	禾本科 Gramineae	稻属 *Oryza*	水稻 *Sativa*	栽培	汉中地区农科所
	汉中雪糯 2	禾本科 Gramineae	稻属 *Oryza*	水稻 *Sativa*	栽培	汉中地区农科所
	黑丰糯	禾本科 Gramineae	稻属 *Oryza*	水稻 *Sativa*	栽培	汉中地区农科所
	黑香粳糯	禾本科 Gramineae	稻属 *Oryza*	水稻 *Sativa*	栽培	汉中地区农科所
	黑优粘	禾本科 Gramineae	稻属 *Oryza*	水稻 *Sativa*	栽培	汉中地区农科所
	黄晴	禾本科 Gramineae	稻属 *Oryza*	水稻 *Sativa*	栽培	汉中地区农科所
	培优特三矮	禾本科 Gramineae	稻属 *Oryza*	水稻 *Sativa*	栽培	汉中地区农科所
	秦稻 1 号	禾本科 Gramineae	稻属 *Oryza*	水稻 *Sativa*	栽培	汉中地区农科所
	秦稻 2 号	禾本科 Gramineae	稻属 *Oryza*	水稻 *Sativa*	栽培	汉中地区农科所
	青优黄	禾本科 Gramineae	稻属 *Oryza*	水稻 *Sativa*	栽培	汉中地区农科所
	汕优 287	禾本科 Gramineae	稻属 *Oryza*	水稻 *Sativa*	栽培	汉中地区农科所
	西粳 2 号	禾本科 Gramineae	稻属 *Oryza*	水稻 *Sativa*	栽培	汉中地区农科所

（续表）

作物种类（作物名称）	种质名称	物种			属性（栽培或野生）	采集地
		科	属	种		
水稻	西粳糯五号	禾本科 Gramineae	稻属 *Oryza*	水稻 *Sativa*	栽培	汉中地区农科所
	西粳四号	禾本科 Gramineae	稻属 *Oryza*	水稻 *Sativa*	栽培	汉中地区农科所
	西农 8116	禾本科 Gramineae	稻属 *Oryza*	水稻 *Sativa*	栽培	汉中地区农科所
	香珍糯	禾本科 Gramineae	稻属 *Oryza*	水稻 *Sativa*	栽培	汉中地区农科所
	洋县红香寸	禾本科 Gramineae	稻属 *Oryza*	水稻 *Sativa*	栽培	汉中地区农科所
	D 优 162	禾本科 Gramineae	稻属 *Oryza*	水稻 *Sativa*	栽培	宁强县
小麦	宝大麦 2034	禾本科 Gramineae	小麦属 *Triticum*	普通小麦 *aestivum*	栽培	宝鸡市农科所
	宝麦 6 号	禾本科 Gramineae	小麦属 *Triticum*	普通小麦 *aestivum*	栽培	宝鸡市农科所
	秦农 142	禾本科 Gramineae	小麦属 *Triticum*	普通小麦 *aestivum*	栽培	宝鸡市农科所
	秦农 741	禾本科 Gramineae	小麦属 *Triticum*	普通小麦 *aestivum*	栽培	宝鸡市农科所
	西引 2 号	禾本科 Gramineae	小麦属 *Triticum*	普通小麦 *aestivum*	栽培	宝鸡市农科所
	97-5	禾本科 Gramineae	小麦属 *Triticum*	普通小麦 *aestivum*	栽培	大荔农垦科教中心
	8201×3549	禾本科 Gramineae	小麦属 *Triticum*	普通小麦 *aestivum*	栽培	大荔农垦科教中心
	89（203）3-37-3	禾本科 Gramineae	小麦属 *Triticum*	普通小麦 *aestivum*	栽培	大荔农垦科教中心
	97-8×354	禾本科 Gramineae	小麦属 *Triticum*	普通小麦 *aestivum*	栽培	大荔农垦科教中心
	荔 76（14）72-1-2	禾本科 Gramineae	小麦属 *Triticum*	普通小麦 *aestivum*	栽培	大荔农垦科教中心
	荔丰 3 号	禾本科 Gramineae	小麦属 *Triticum*	普通小麦 *aestivum*	栽培	大荔农垦科教中心
	荔高 6	禾本科 Gramineae	小麦属 *Triticum*	普通小麦 *aestivum*	栽培	大荔农垦科教中心

（续表）

作物种类（作物名称）	种质名称	物种			属性（栽培或野生）	采集地
		科	属	种		
小麦	陕垦 81	禾本科 Gramineae	小麦属 *Triticum*	普通小麦 *aestivum*	栽培	大荔农垦科教中心
	西农 957-8021	禾本科 Gramineae	小麦属 *Triticum*	普通小麦 *aestivum*	栽培	大荔农垦科教中心
	荔高 2	禾本科 Gramineae	小麦属 *Triticum*	普通小麦 *aestivum*	栽培	大荔县高城农技中心
	荔高 3	禾本科 Gramineae	小麦属 *Triticum*	普通小麦 *aestivum*	栽培	大荔县高城农技中心
	荔高 4	禾本科 Gramineae	小麦属 *Triticum*	普通小麦 *aestivum*	栽培	大荔县高城农技中心
	荔高 7	禾本科 Gramineae	小麦属 *Triticum*	普通小麦 *aestivum*	栽培	大荔县高城农技中心
	荔高六号	禾本科 Gramineae	小麦属 *Triticum*	普通小麦 *aestivum*	栽培	大荔县高城试验站
	655	禾本科 Gramineae	小麦属 *Triticum*	普通小麦 *aestivum*	栽培	大荔县农垦科教中心
	676	禾本科 Gramineae	小麦属 *Triticum*	普通小麦 *aestivum*	栽培	大荔县农垦科教中心
	894	禾本科 Gramineae	小麦属 *Triticum*	普通小麦 *aestivum*	栽培	大荔县农垦科教中心
	26300	禾本科 Gramineae	小麦属 *Triticum*	普通小麦 *aestivum*	栽培	大荔县农垦科教中心
	93166	禾本科 Gramineae	小麦属 *Triticum*	普通小麦 *aestivum*	栽培	大荔县农垦科教中心
	7-20-1-4	禾本科 Gramineae	小麦属 *Triticum*	普通小麦 *aestivum*	栽培	大荔县农垦科教中心
	80（64）0-9-3-3	禾本科 Gramineae	小麦属 *Triticum*	普通小麦 *aestivum*	栽培	大荔县农垦科教中心
	86（904）	禾本科 Gramineae	小麦属 *Triticum*	普通小麦 *aestivum*	栽培	大荔县农垦科教中心
	87（100）15	禾本科 Gramineae	小麦属 *Triticum*	普通小麦 *aestivum*	栽培	大荔县农垦科教中心
	87（150）14-2	禾本科 Gramineae	小麦属 *Triticum*	普通小麦 *aestivum*	栽培	大荔县农垦科教中心
	87（279）1	禾本科 Gramineae	小麦属 *Triticum*	普通小麦 *aestivum*	栽培	大荔县农垦科教中心

（续表）

作物种类（作物名称）	种质名称	物种			属性（栽培或野生）	采集地
		科	属	种		
小麦	87（287）5	禾本科 Gramineae	小麦属 *Triticum*	普通小麦 *aestivum*	栽培	大荔县农垦科教中心
	87（364）27	禾本科 Gramineae	小麦属 *Triticum*	普通小麦 *aestivum*	栽培	大荔县农垦科教中心
	87（600）15-7	禾本科 Gramineae	小麦属 *Triticum*	普通小麦 *aestivum*	栽培	大荔县农垦科教中心
	87（890）-14	禾本科 Gramineae	小麦属 *Triticum*	普通小麦 *aestivum*	栽培	大荔县农垦科教中心
	87（890）6-2	禾本科 Gramineae	小麦属 *Triticum*	普通小麦 *aestivum*	栽培	大荔县农垦科教中心
	87w032	禾本科 Gramineae	小麦属 *Triticum*	普通小麦 *aestivum*	栽培	大荔县农垦科教中心
	88（159）	禾本科 Gramineae	小麦属 *Triticum*	普通小麦 *aestivum*	栽培	大荔县农垦科教中心
	91-15	禾本科 Gramineae	小麦属 *Triticum*	普通小麦 *aestivum*	栽培	大荔县农垦科教中心
	9134-16-9	禾本科 Gramineae	小麦属 *Triticum*	普通小麦 *aestivum*	栽培	大荔县农垦科教中心
	94-15	禾本科 Gramineae	小麦属 *Triticum*	普通小麦 *aestivum*	栽培	大荔县农垦科教中心
	96-24	禾本科 Gramineae	小麦属 *Triticum*	普通小麦 *aestivum*	栽培	大荔县农垦科教中心
	CD8503-1-4-1	禾本科 Gramineae	小麦属 *Triticum*	普通小麦 *aestivum*	栽培	大荔县农垦科教中心
	HR18	禾本科 Gramineae	小麦属 *Triticum*	普通小麦 *aestivum*	栽培	大荔县农垦科教中心
	HR23	禾本科 Gramineae	小麦属 *Triticum*	普通小麦 *aestivum*	栽培	大荔县农垦科教中心
	HR25	禾本科 Gramineae	小麦属 *Triticum*	普通小麦 *aestivum*	栽培	大荔县农垦科教中心
	HR7	禾本科 Gramineae	小麦属 *Triticum*	普通小麦 *aestivum*	栽培	大荔县农垦科教中心
	TD-22-2-1-3	禾本科 Gramineae	小麦属 *Triticum*	普通小麦 *aestivum*	栽培	大荔县农垦科教中心
	U2	禾本科 Gramineae	小麦属 *Triticum*	普通小麦 *aestivum*	栽培	大荔县农垦科教中心
	高优麦 1 号	禾本科 Gramineae	小麦属 *Triticum*	普通小麦 *aestivum*	栽培	大荔县农垦科教中心

（续表）

作物种类（作物名称）	种质名称	物种			属性（栽培或野生）	采集地
		科	属	种		
小麦	荔 76（14）	禾本科 Gramineae	小麦属 *Triticum*	普通小麦 *aestivum*	栽培	大荔县农垦科教中心
	荔 79（19）8-3	禾本科 Gramineae	小麦属 *Triticum*	普通小麦 *aestivum*	栽培	大荔县农垦科教中心
	荔 81（1110）1-2-15	禾本科 Gramineae	小麦属 *Triticum*	普通小麦 *aestivum*	栽培	大荔县农垦科教中心
	荔 81（4124）22-1-1	禾本科 Gramineae	小麦属 *Triticum*	普通小麦 *aestivum*	栽培	大荔县农垦科教中心
	陕垦 021	禾本科 Gramineae	小麦属 *Triticum*	普通小麦 *aestivum*	栽培	大荔县农垦科教中心
	陕垦 023	禾本科 Gramineae	小麦属 *Triticum*	普通小麦 *aestivum*	栽培	大荔县农垦科教中心
	陕垦 024	禾本科 Gramineae	小麦属 *Triticum*	普通小麦 *aestivum*	栽培	大荔县农垦科教中心
	陕垦 4 号	禾本科 Gramineae	小麦属 *Triticum*	普通小麦 *aestivum*	栽培	大荔县农垦科教中心
	陕垦 9801	禾本科 Gramineae	小麦属 *Triticum*	普通小麦 *aestivum*	栽培	大荔县农垦科教中心
	咸阳 282	禾本科 Gramineae	小麦属 *Triticum*	普通小麦 *aestivum*	栽培	大荔县农垦科教中心
	咸阳 87（104）	禾本科 Gramineae	小麦属 *Triticum*	普通小麦 *aestivum*	栽培	大荔县农垦科教中心
	咸阳 87（30）	禾本科 Gramineae	小麦属 *Triticum*	普通小麦 *aestivum*	栽培	大荔县农垦科教中心
	香麦粒-7	禾本科 Gramineae	小麦属 *Triticum*	普通小麦 *aestivum*	栽培	大荔县农垦科教中心
	长武 5848	禾本科 Gramineae	小麦属 *Triticum*	普通小麦 *aestivum*	栽培	大荔县农垦科教中心
	中硬 9609	禾本科 Gramineae	小麦属 *Triticum*	普通小麦 *aestivum*	栽培	大荔县农垦科教中心
	中硬 9611	禾本科 Gramineae	小麦属 *Triticum*	普通小麦 *aestivum*	栽培	大荔县农垦科教中心
	普冰 143	禾本科 Gramineae	小麦属 *Triticum*	普通小麦 *aestivum*	栽培	凤翔县
	191	禾本科 Gramineae	小麦属 *Triticum*	普通小麦 *aestivum*	栽培	汉中地区农科所

（续表）

作物种类（作物名称）	种质名称	物种			属性（栽培或野生）	采集地
		科	属	种		
小麦	87 加 73－22－1－3	禾本科 Gramineae	小麦属 *Triticum*	普通小麦 *aestivum*	栽培	汉中地区农科所
	88（36）－9－1－5－1－3	禾本科 Gramineae	小麦属 *Triticum*	普通小麦 *aestivum*	栽培	汉中地区农科所
	汉麦五号	禾本科 Gramineae	小麦属 *Triticum*	普通小麦 *aestivum*	栽培	汉中地区农科所
	户麦 28	禾本科 Gramineae	小麦属 *Triticum*	普通小麦 *aestivum*	栽培	户县农技中心
	户麦 915	禾本科 Gramineae	小麦属 *Triticum*	普通小麦 *aestivum*	栽培	户县农技中心
	户麦 942	禾本科 Gramineae	小麦属 *Triticum*	普通小麦 *aestivum*	栽培	户县农技中心
	户麦 949	禾本科 Gramineae	小麦属 *Triticum*	普通小麦 *aestivum*	栽培	户县农技中心
	户麦 9541	禾本科 Gramineae	小麦属 *Triticum*	普通小麦 *aestivum*	栽培	户县农技中心
	秦农 59	禾本科 Gramineae	小麦属 *Triticum*	普通小麦 *aestivum*	栽培	户县农技中心
	户 901-19	禾本科 Gramineae	小麦属 *Triticum*	普通小麦 *aestivum*	栽培	户县原种厂
	秦丰 197	禾本科 Gramineae	小麦属 *Triticum*	普通小麦 *aestivum*	栽培	秦丰农业股份有限公司
	信仪 2 号	禾本科 Gramineae	小麦属 *Triticum*	普通小麦 *aestivum*	栽培	陕西省合阳县
	37-1	禾本科 Gramineae	小麦属 *Triticum*	普通小麦 *aestivum*	栽培	陕西省户县
	717-26	禾本科 Gramineae	小麦属 *Triticum*	普通小麦 *aestivum*	栽培	陕西省户县
	陇麦 135	禾本科 Gramineae	小麦属 *Triticum*	普通小麦 *aestivum*	栽培	陕西省陇县
	陇麦 328	禾本科 Gramineae	小麦属 *Triticum*	普通小麦 *aestivum*	栽培	陕西省陇县
	远丰 898	禾本科 Gramineae	小麦属 *Triticum*	普通小麦 *aestivum*	栽培	陕西省农科院

（续表）

作物种类（作物名称）	种质名称	物种			属性（栽培或野生）	采集地
		科	属	种		
小麦	秦麦 12	禾本科 Gramineae	小麦属 *Triticum*	普通小麦 *aestivum*	栽培	陕西省商州农科所
	西安 522	禾本科 Gramineae	小麦属 *Triticum*	普通小麦 *aestivum*	栽培	陕西省西安市东亲庄
	N9116H	禾本科 Gramineae	小麦属 *Triticum*	普通小麦 *aestivum*	栽培	陕西省小麦研究所
	N9116M	禾本科 Gramineae	小麦属 *Triticum*	普通小麦 *aestivum*	栽培	陕西省小麦研究所
	W1DNZ2-03-2	禾本科 Gramineae	小麦属 *Triticum*	普通小麦 *aestivum*	栽培	陕西省小麦研究所
	W1DNZ2-03-7	禾本科 Gramineae	小麦属 *Triticum*	普通小麦 *aestivum*	栽培	陕西省小麦研究所
	W1DNZ2-03-8	禾本科 Gramineae	小麦属 *Triticum*	普通小麦 *aestivum*	栽培	陕西省小麦研究所
	W1DNZ4-1	禾本科 Gramineae	小麦属 *Triticum*	普通小麦 *aestivum*	栽培	陕西省小麦研究所
	W1DNZ4-2	禾本科 Gramineae	小麦属 *Triticum*	普通小麦 *aestivum*	栽培	陕西省小麦研究所
	W1DNZ4-3	禾本科 Gramineae	小麦属 *Triticum*	普通小麦 *aestivum*	栽培	陕西省小麦研究所
	W1DNZ4-4	禾本科 Gramineae	小麦属 *Triticum*	普通小麦 *aestivum*	栽培	陕西省小麦研究所
	W2DNZ2-03-2	禾本科 Gramineae	小麦属 *Triticum*	普通小麦 *aestivum*	栽培	陕西省小麦研究所
	W2DNZ2-03-6	禾本科 Gramineae	小麦属 *Triticum*	普通小麦 *aestivum*	栽培	陕西省小麦研究所
	W2DNZ2-03-7	禾本科 Gramineae	小麦属 *Triticum*	普通小麦 *aestivum*	栽培	陕西省小麦研究所
	W2DNZ4-1	禾本科 Gramineae	小麦属 *Triticum*	普通小麦 *aestivum*	栽培	陕西省小麦研究所
	W2DNZ4-2	禾本科 Gramineae	小麦属 *Triticum*	普通小麦 *aestivum*	栽培	陕西省小麦研究所
	W2DNZ4-3	禾本科 Gramineae	小麦属 *Triticum*	普通小麦 *aestivum*	栽培	陕西省小麦研究所
	W2DNZ4-4	禾本科 Gramineae	小麦属 *Triticum*	普通小麦 *aestivum*	栽培	陕西省小麦研究所
	W3DNZ2-03-1	禾本科 Gramineae	小麦属 *Triticum*	普通小麦 *aestivum*	栽培	陕西省小麦研究所

（续表）

作物种类（作物名称）	种质名称	物种			属性（栽培或野生）	采集地
		科	属	种		
小麦	W3DNZ2-03-5	禾本科 Gramineae	小麦属 *Triticum*	普通小麦 *aestivum*	栽培	陕西省小麦研究所
	W3DNZ2-03-6	禾本科 Gramineae	小麦属 *Triticum*	普通小麦 *aestivum*	栽培	陕西省小麦研究所
	W3DNZ4-1	禾本科 Gramineae	小麦属 *Triticum*	普通小麦 *aestivum*	栽培	陕西省小麦研究所
	W3DNZ4-2	禾本科 Gramineae	小麦属 *Triticum*	普通小麦 *aestivum*	栽培	陕西省小麦研究所
	W3DNZ4-3	禾本科 Gramineae	小麦属 *Triticum*	普通小麦 *aestivum*	栽培	陕西省小麦研究所
	W4DNZ2-03-1	禾本科 Gramineae	小麦属 *Triticum*	普通小麦 *aestivum*	栽培	陕西省小麦研究所
	W4DNZ2-03-11	禾本科 Gramineae	小麦属 *Triticum*	普通小麦 *aestivum*	栽培	陕西省小麦研究所
	W4DNZ2-03-12	禾本科 Gramineae	小麦属 *Triticum*	普通小麦 *aestivum*	栽培	陕西省小麦研究所
	W4DNZ2-03-16	禾本科 Gramineae	小麦属 *Triticum*	普通小麦 *aestivum*	栽培	陕西省小麦研究所
	W4DNZ2-03-4	禾本科 Gramineae	小麦属 *Triticum*	普通小麦 *aestivum*	栽培	陕西省小麦研究所
	W4DNZ2-03-5	禾本科 Gramineae	小麦属 *Triticum*	普通小麦 *aestivum*	栽培	陕西省小麦研究所
	W4DNZ4-1	禾本科 Gramineae	小麦属 *Triticum*	普通小麦 *aestivum*	栽培	陕西省小麦研究所
	W4DNZ4-2	禾本科 Gramineae	小麦属 *Triticum*	普通小麦 *aestivum*	栽培	陕西省小麦研究所
	W5DNZ2-03-1	禾本科 Gramineae	小麦属 *Triticum*	普通小麦 *aestivum*	栽培	陕西省小麦研究所
	W5DNZ2-03-11	禾本科 Gramineae	小麦属 *Triticum*	普通小麦 *aestivum*	栽培	陕西省小麦研究所
	W5DNZ2-03-14	禾本科 Gramineae	小麦属 *Triticum*	普通小麦 *aestivum*	栽培	陕西省小麦研究所
	W5DNZ2-03-7	禾本科 Gramineae	小麦属 *Triticum*	普通小麦 *aestivum*	栽培	陕西省小麦研究所
	W5DNZ2-03-8	禾本科 Gramineae	小麦属 *Triticum*	普通小麦 *aestivum*	栽培	陕西省小麦研究所
	W5DNZ4-1	禾本科 Gramineae	小麦属 *Triticum*	普通小麦 *aestivum*	栽培	陕西省小麦研究所

（续表）

作物种类（作物名称）	种质名称	物种			属性（栽培或野生）	采集地
		科	属	种		
小麦	W5DNZ4-2	禾本科 Gramineae	小麦属 *Triticum*	普通小麦 *aestivum*	栽培	陕西省小麦研究所
	W5DNZ4-3	禾本科 Gramineae	小麦属 *Triticum*	普通小麦 *aestivum*	栽培	陕西省小麦研究所
	W6DNZ2-03-10	禾本科 Gramineae	小麦属 *Triticum*	普通小麦 *aestivum*	栽培	陕西省小麦研究所
	W6DNZ2-03-2	禾本科 Gramineae	小麦属 *Triticum*	普通小麦 *aestivum*	栽培	陕西省小麦研究所
	W6DNZ2-03-4	禾本科 Gramineae	小麦属 *Triticum*	普通小麦 *aestivum*	栽培	陕西省小麦研究所
	W6DNZ2-03-6	禾本科 Gramineae	小麦属 *Triticum*	普通小麦 *aestivum*	栽培	陕西省小麦研究所
	W6DNZ4-1	禾本科 Gramineae	小麦属 *Triticum*	普通小麦 *aestivum*	栽培	陕西省小麦研究所
	W6DNZ4-2	禾本科 Gramineae	小麦属 *Triticum*	普通小麦 *aestivum*	栽培	陕西省小麦研究所
	W6DNZ4-3	禾本科 Gramineae	小麦属 *Triticum*	普通小麦 *aestivum*	栽培	陕西省小麦研究所
	W7BNZ2-03-1	禾本科 Gramineae	小麦属 *Triticum*	普通小麦 *aestivum*	栽培	陕西省小麦研究所
	W7BNZ2-03-8	禾本科 Gramineae	小麦属 *Triticum*	普通小麦 *aestivum*	栽培	陕西省小麦研究所
	W7BNZ4-1	禾本科 Gramineae	小麦属 *Triticum*	普通小麦 *aestivum*	栽培	陕西省小麦研究所
	W7BNZ4-2	禾本科 Gramineae	小麦属 *Triticum*	普通小麦 *aestivum*	栽培	陕西省小麦研究所
	8242	禾本科 Gramineae	小麦属 *Triticum*	普通小麦 *aestivum*	栽培	陕西省小麦研究中心
	9015	禾本科 Gramineae	小麦属 *Triticum*	普通小麦 *aestivum*	栽培	陕西省小麦研究中心
	9425	禾本科 Gramineae	小麦属 *Triticum*	普通小麦 *aestivum*	栽培	陕西省小麦研究中心
	9876	禾本科 Gramineae	小麦属 *Triticum*	普通小麦 *aestivum*	栽培	陕西省小麦研究中心
	9878	禾本科 Gramineae	小麦属 *Triticum*	普通小麦 *aestivum*	栽培	陕西省小麦研究中心
	9925	禾本科 Gramineae	小麦属 *Triticum*	普通小麦 *aestivum*	栽培	陕西省小麦研究中心

（续表）

作物种类（作物名称）	种质名称	物种			属性（栽培或野生）	采集地
		科	属	种		
小麦	92150	禾本科 Gramineae	小麦属 *Triticum*	普通小麦 *aestivum*	栽培	陕西省小麦研究中心
	95156	禾本科 Gramineae	小麦属 *Triticum*	普通小麦 *aestivum*	栽培	陕西省小麦研究中心
	2534479	禾本科 Gramineae	小麦属 *Triticum*	普通小麦 *aestivum*	栽培	陕西省小麦研究中心
	0219-8	禾本科 Gramineae	小麦属 *Triticum*	普通小麦 *aestivum*	栽培	陕西省小麦研究中心
	049-20	禾本科 Gramineae	小麦属 *Triticum*	普通小麦 *aestivum*	栽培	陕西省小麦研究中心
	070-27	禾本科 Gramineae	小麦属 *Triticum*	普通小麦 *aestivum*	栽培	陕西省小麦研究中心
	104-17	禾本科 Gramineae	小麦属 *Triticum*	普通小麦 *aestivum*	栽培	陕西省小麦研究中心
	F7801	禾本科 Gramineae	小麦属 *Triticum*	普通小麦 *aestivum*	栽培	陕西省小麦研究中心
	N8904	禾本科 Gramineae	小麦属 *Triticum*	普通小麦 *aestivum*	栽培	陕西省小麦研究中心
	N9134a	禾本科 Gramineae	小麦属 *Triticum*	普通小麦 *aestivum*	栽培	陕西省小麦研究中心
	N9202	禾本科 Gramineae	小麦属 *Triticum*	普通小麦 *aestivum*	栽培	陕西省小麦研究中心
	N9207A	禾本科 Gramineae	小麦属 *Triticum*	普通小麦 *aestivum*	栽培	陕西省小麦研究中心
	N9207B	禾本科 Gramineae	小麦属 *Triticum*	普通小麦 *aestivum*	栽培	陕西省小麦研究中心
	N9209	禾本科 Gramineae	小麦属 *Triticum*	普通小麦 *aestivum*	栽培	陕西省小麦研究中心
	N9210-1	禾本科 Gramineae	小麦属 *Triticum*	普通小麦 *aestivum*	栽培	陕西省小麦研究中心
	N9210-2	禾本科 Gramineae	小麦属 *Triticum*	普通小麦 *aestivum*	栽培	陕西省小麦研究中心
	N9227A	禾本科 Gramineae	小麦属 *Triticum*	普通小麦 *aestivum*	栽培	陕西省小麦研究中心
	N9227B	禾本科 Gramineae	小麦属 *Triticum*	普通小麦 *aestivum*	栽培	陕西省小麦研究中心
	N95175A	禾本科 Gramineae	小麦属 *Triticum*	普通小麦 *aestivum*	栽培	陕西省小麦研究中心

（续表）

作物种类（作物名称）	种质名称	物种			属性（栽培或野生）	采集地
		科	属	种		
小麦	N95175B	禾本科 Gramineae	小麦属 *Triticum*	普通小麦 *aestivum*	栽培	陕西省小麦研究中心
	N9628-1	禾本科 Gramineae	小麦属 *Triticum*	普通小麦 *aestivum*	栽培	陕西省小麦研究中心
	N9628-2	禾本科 Gramineae	小麦属 *Triticum*	普通小麦 *aestivum*	栽培	陕西省小麦研究中心
	N9629	禾本科 Gramineae	小麦属 *Triticum*	普通小麦 *aestivum*	栽培	陕西省小麦研究中心
	N9644	禾本科 Gramineae	小麦属 *Triticum*	普通小麦 *aestivum*	栽培	陕西省小麦研究中心
	N9659	禾本科 Gramineae	小麦属 *Triticum*	普通小麦 *aestivum*	栽培	陕西省小麦研究中心
	N9732	禾本科 Gramineae	小麦属 *Triticum*	普通小麦 *aestivum*	栽培	陕西省小麦研究中心
	N9737	禾本科 Gramineae	小麦属 *Triticum*	普通小麦 *aestivum*	栽培	陕西省小麦研究中心
	N9740	禾本科 Gramineae	小麦属 *Triticum*	普通小麦 *aestivum*	栽培	陕西省小麦研究中心
	N9741	禾本科 Gramineae	小麦属 *Triticum*	普通小麦 *aestivum*	栽培	陕西省小麦研究中心
	N9747	禾本科 Gramineae	小麦属 *Triticum*	普通小麦 *aestivum*	栽培	陕西省小麦研究中心
	N9817	禾本科 Gramineae	小麦属 *Triticum*	普通小麦 *aestivum*	栽培	陕西省小麦研究中心
	N9820	禾本科 Gramineae	小麦属 *Triticum*	普通小麦 *aestivum*	栽培	陕西省小麦研究中心
	超白 02-8	禾本科 Gramineae	小麦属 *Triticum*	普通小麦 *aestivum*	栽培	陕西省小麦研究中心
	大穗 961	禾本科 Gramineae	小麦属 *Triticum*	普通小麦 *aestivum*	栽培	陕西省小麦研究中心
	陕 149	禾本科 Gramineae	小麦属 *Triticum*	普通小麦 *aestivum*	栽培	陕西省小麦研究中心
	陕 623	禾本科 Gramineae	小麦属 *Triticum*	普通小麦 *aestivum*	栽培	陕西省小麦研究中心
	陕 9872	禾本科 Gramineae	小麦属 *Triticum*	普通小麦 *aestivum*	栽培	陕西省小麦研究中心
	陕 99446	禾本科 Gramineae	小麦属 *Triticum*	普通小麦 *aestivum*	栽培	陕西省小麦研究中心

（续表）

作物种类（作物名称）	种质名称	物种			属性（栽培或野生）	采集地
		科	属	种		
小麦	优丰 991	禾本科 Gramineae	小麦属 *Triticum*	普通小麦 *aestivum*	栽培	陕西省小麦研究中心
	89（1）3-4	禾本科 Gramineae	小麦属 *Triticum*	普通小麦 *aestivum*	栽培	陕西省长武县农技中心
	商县 8815	禾本科 Gramineae	小麦属 *Triticum*	普通小麦 *aestivum*	栽培	商洛地区农科所
	西安 521	禾本科 Gramineae	小麦属 *Triticum*	普通小麦 *aestivum*	栽培	西安高新开发区
	秦农 142	禾本科 Gramineae	小麦属 *Triticum*	普通小麦 *aestivum*	栽培	西安市阎良区农技站
	232	禾本科 Gramineae	小麦属 *Triticum*	普通小麦 *aestivum*	栽培	西安阎良区农技中心
	2122	禾本科 Gramineae	小麦属 *Triticum*	普通小麦 *aestivum*	栽培	西安阎良区农技中心
	2915	禾本科 Gramineae	小麦属 *Triticum*	普通小麦 *aestivum*	栽培	西安阎良区农技中心
	9490	禾本科 Gramineae	小麦属 *Triticum*	普通小麦 *aestivum*	栽培	西安阎良区农技中心
	21001	禾本科 Gramineae	小麦属 *Triticum*	普通小麦 *aestivum*	栽培	西安阎良区农技中心
	35551	禾本科 Gramineae	小麦属 *Triticum*	普通小麦 *aestivum*	栽培	西安阎良区农技中心
	8201/354	禾本科 Gramineae	小麦属 *Triticum*	普通小麦 *aestivum*	栽培	西安阎良区农技中心
	8912（矮系）	禾本科 Gramineae	小麦属 *Triticum*	普通小麦 *aestivum*	栽培	西安阎良区农技中心
	8912/9618	禾本科 Gramineae	小麦属 *Triticum*	普通小麦 *aestivum*	栽培	西安阎良区农技中心
	94-15	禾本科 Gramineae	小麦属 *Triticum*	普通小麦 *aestivum*	栽培	西安阎良区农技中心
	9718/354	禾本科 Gramineae	小麦属 *Triticum*	普通小麦 *aestivum*	栽培	西安阎良区农技中心
	地毯	禾本科 Gramineae	小麦属 *Triticum*	普通小麦 *aestivum*	栽培	西安阎良区农技中心
	地毯 2915	禾本科 Gramineae	小麦属 *Triticum*	普通小麦 *aestivum*	栽培	西安阎良区农技中心

（续表）

作物种类（作物名称）	种质名称	物　种			属性（栽培或野生）	采集地
		科	属	种		
小麦	683	禾本科 Gramineae	小麦属 *Triticum*	普通小麦 *aestivum*	栽培	西北农林科技大学
	1099	禾本科 Gramineae	小麦属 *Triticum*	普通小麦 *aestivum*	栽培	西北农林科技大学
	1111	禾本科 Gramineae	小麦属 *Triticum*	普通小麦 *aestivum*	栽培	西北农林科技大学
	1116	禾本科 Gramineae	小麦属 *Triticum*	普通小麦 *aestivum*	栽培	西北农林科技大学
	8017	禾本科 Gramineae	小麦属 *Triticum*	普通小麦 *aestivum*	栽培	西北农林科技大学
	8788	禾本科 Gramineae	小麦属 *Triticum*	普通小麦 *aestivum*	栽培	西北农林科技大学
	8870	禾本科 Gramineae	小麦属 *Triticum*	普通小麦 *aestivum*	栽培	西北农林科技大学
	9015	禾本科 Gramineae	小麦属 *Triticum*	普通小麦 *aestivum*	栽培	西北农林科技大学
	9434	禾本科 Gramineae	小麦属 *Triticum*	普通小麦 *aestivum*	栽培	西北农林科技大学
	89150	禾本科 Gramineae	小麦属 *Triticum*	普通小麦 *aestivum*	栽培	西北农林科技大学
	91260	禾本科 Gramineae	小麦属 *Triticum*	普通小麦 *aestivum*	栽培	西北农林科技大学
	1376-16	禾本科 Gramineae	小麦属 *Triticum*	普通小麦 *aestivum*	栽培	西北农林科技大学
	164-20	禾本科 Gramineae	小麦属 *Triticum*	普通小麦 *aestivum*	栽培	西北农林科技大学
	44—2	禾本科 Gramineae	小麦属 *Triticum*	普通小麦 *aestivum*	栽培	西北农林科技大学
	77（2）	禾本科 Gramineae	小麦属 *Triticum*	普通小麦 *aestivum*	栽培	西北农林科技大学
	82（25）17	禾本科 Gramineae	小麦属 *Triticum*	普通小麦 *aestivum*	栽培	西北农林科技大学
	86（1）88	禾本科 Gramineae	小麦属 *Triticum*	普通小麦 *aestivum*	栽培	西北农林科技大学
	87（27）72-7	禾本科 Gramineae	小麦属 *Triticum*	普通小麦 *aestivum*	栽培	西北农林科技大学
	87135-2-1-2-9	禾本科 Gramineae	小麦属 *Triticum*	普通小麦 *aestivum*	栽培	西北农林科技大学

（续表）

作物种类（作物名称）	种质名称	物种			属性（栽培或野生）	采集地
		科	属	种		
小麦	87W032	禾本科 Gramineae	小麦属 *Triticum*	普通小麦 *aestivum*	栽培	西北农林科技大学
	88（1）16-9	禾本科 Gramineae	小麦属 *Triticum*	普通小麦 *aestivum*	栽培	西北农林科技大学
	88（159）-17-1-2	禾本科 Gramineae	小麦属 *Triticum*	普通小麦 *aestivum*	栽培	西北农林科技大学
	88（159）4-6-1-1	禾本科 Gramineae	小麦属 *Triticum*	普通小麦 *aestivum*	栽培	西北农林科技大学
	88（2）-3	禾本科 Gramineae	小麦属 *Triticum*	普通小麦 *aestivum*	栽培	西北农林科技大学
	88（320）1-1-10-12	禾本科 Gramineae	小麦属 *Triticum*	普通小麦 *aestivum*	栽培	西北农林科技大学
	88（666）6-2-2-1	禾本科 Gramineae	小麦属 *Triticum*	普通小麦 *aestivum*	栽培	西北农林科技大学
	88（720）1-3-2-2	禾本科 Gramineae	小麦属 *Triticum*	普通小麦 *aestivum*	栽培	西北农林科技大学
	88（724）3-2-1-1	禾本科 Gramineae	小麦属 *Triticum*	普通小麦 *aestivum*	栽培	西北农林科技大学
	89（137）1-24-12	禾本科 Gramineae	小麦属 *Triticum*	普通小麦 *aestivum*	栽培	西北农林科技大学
	89（203）3-37-3	禾本科 Gramineae	小麦属 *Triticum*	普通小麦 *aestivum*	栽培	西北农林科技大学
	89（257）2-1-6	禾本科 Gramineae	小麦属 *Triticum*	普通小麦 *aestivum*	栽培	西北农林科技大学
	89（40）1-13-29	禾本科 Gramineae	小麦属 *Triticum*	普通小麦 *aestivum*	栽培	西北农林科技大学

（续表）

作物种类（作物名称）	种质名称	物种			属性（栽培或野生）	采集地
		科	属	种		
小麦	89（416）16－1－1	禾本科 Gramineae	小麦属 *Triticum*	普通小麦 *aestivum*	栽培	西北农林科技大学
	89（444）8－2－3	禾本科 Gramineae	小麦属 *Triticum*	普通小麦 *aestivum*	栽培	西北农林科技大学
	90（107）22-2	禾本科 Gramineae	小麦属 *Triticum*	普通小麦 *aestivum*	栽培	西北农林科技大学
	90（129）4	禾本科 Gramineae	小麦属 *Triticum*	普通小麦 *aestivum*	栽培	西北农林科技大学
	90（66）3-1	禾本科 Gramineae	小麦属 *Triticum*	普通小麦 *aestivum*	栽培	西北农林科技大学
	90-5-3-1	禾本科 Gramineae	小麦属 *Triticum*	普通小麦 *aestivum*	栽培	西北农林科技大学
	91（157）6	禾本科 Gramineae	小麦属 *Triticum*	普通小麦 *aestivum*	栽培	西北农林科技大学
	91（18）	禾本科 Gramineae	小麦属 *Triticum*	普通小麦 *aestivum*	栽培	西北农林科技大学
	91（192）10	禾本科 Gramineae	小麦属 *Triticum*	普通小麦 *aestivum*	栽培	西北农林科技大学
	91（238）1	禾本科 Gramineae	小麦属 *Triticum*	普通小麦 *aestivum*	栽培	西北农林科技大学
	91（27）45	禾本科 Gramineae	小麦属 *Triticum*	普通小麦 *aestivum*	栽培	西北农林科技大学
	91（289）4	禾本科 Gramineae	小麦属 *Triticum*	普通小麦 *aestivum*	栽培	西北农林科技大学
	91（291）3	禾本科 Gramineae	小麦属 *Triticum*	普通小麦 *aestivum*	栽培	西北农林科技大学
	91（331）8	禾本科 Gramineae	小麦属 *Triticum*	普通小麦 *aestivum*	栽培	西北农林科技大学
	91（61）11	禾本科 Gramineae	小麦属 *Triticum*	普通小麦 *aestivum*	栽培	西北农林科技大学
	91（78）8	禾本科 Gramineae	小麦属 *Triticum*	普通小麦 *aestivum*	栽培	西北农林科技大学
	91（97）3	禾本科 Gramineae	小麦属 *Triticum*	普通小麦 *aestivum*	栽培	西北农林科技大学
	94MYT11	禾本科 Gramineae	小麦属 *Triticum*	普通小麦 *aestivum*	栽培	西北农林科技大学

（续表）

作物种类（作物名称）	种质名称	物种			属性（栽培或野生）	采集地
		科	属	种		
小麦	94 品 201	禾本科 Gramineae	小麦属 *Triticum*	普通小麦 *aestivum*	栽培	西北农林科技大学
	94 品 448	禾本科 Gramineae	小麦属 *Triticum*	普通小麦 *aestivum*	栽培	西北农林科技大学
	95（68）	禾本科 Gramineae	小麦属 *Triticum*	普通小麦 *aestivum*	栽培	西北农林科技大学
	H102	禾本科 Gramineae	小麦属 *Triticum*	普通小麦 *aestivum*	栽培	西北农林科技大学
	No278	禾本科 Gramineae	小麦属 *Triticum*	普通小麦 *aestivum*	栽培	西北农林科技大学
	pH85-16	禾本科 Gramineae	小麦属 *Triticum*	普通小麦 *aestivum*	栽培	西北农林科技大学
	Q134	禾本科 Gramineae	小麦属 *Triticum*	普通小麦 *aestivum*	栽培	西北农林科技大学
	T-1	禾本科 Gramineae	小麦属 *Triticum*	普通小麦 *aestivum*	栽培	西北农林科技大学
	WX8911	禾本科 Gramineae	小麦属 *Triticum*	普通小麦 *aestivum*	栽培	西北农林科技大学
	y9016-7-41-2	禾本科 Gramineae	小麦属 *Triticum*	普通小麦 *aestivum*	栽培	西北农林科技大学
	多小穗 8913-2	禾本科 Gramineae	小麦属 *Triticum*	普通小麦 *aestivum*	栽培	西北农林科技大学
	多小穗 913-2	禾本科 Gramineae	小麦属 *Triticum*	普通小麦 *aestivum*	栽培	西北农林科技大学
	临潼 9 号	禾本科 Gramineae	小麦属 *Triticum*	普通小麦 *aestivum*	栽培	西北农林科技大学
	蒲 92258	禾本科 Gramineae	小麦属 *Triticum*	普通小麦 *aestivum*	栽培	西北农林科技大学
	普冰 143	禾本科 Gramineae	小麦属 *Triticum*	普通小麦 *aestivum*	栽培	西北农林科技大学
	普冰 151	禾本科 Gramineae	小麦属 *Triticum*	普通小麦 *aestivum*	栽培	西北农林科技大学
	普冰 201-3	禾本科 Gramineae	小麦属 *Triticum*	普通小麦 *aestivum*	栽培	西北农林科技大学
	普冰 201-4	禾本科 Gramineae	小麦属 *Triticum*	普通小麦 *aestivum*	栽培	西北农林科技大学
	普冰 202-2	禾本科 Gramineae	小麦属 *Triticum*	普通小麦 *aestivum*	栽培	西北农林科技大学

（续表）

作物种类（作物名称）	种质名称	物种			属性（栽培或野生）	采集地
		科	属	种		
小麦	绒毛 91-14	禾本科 Gramineae	小麦属 *Triticum*	普通小麦 *aestivum*	栽培	西北农林科技大学
	陕 715	禾本科 Gramineae	小麦属 *Triticum*	普通小麦 *aestivum*	栽培	西北农林科技大学
	陕 253	禾本科 Gramineae	小麦属 *Triticum*	普通小麦 *aestivum*	栽培	西北农林科技大学
	陕 481	禾本科 Gramineae	小麦属 *Triticum*	普通小麦 *aestivum*	栽培	西北农林科技大学
	陕 512	禾本科 Gramineae	小麦属 *Triticum*	普通小麦 *aestivum*	栽培	西北农林科技大学
	陕 627	禾本科 Gramineae	小麦属 *Triticum*	普通小麦 *aestivum*	栽培	西北农林科技大学
	陕农 138	禾本科 Gramineae	小麦属 *Triticum*	普通小麦 *aestivum*	栽培	西北农林科技大学
	陕农 28	禾本科 Gramineae	小麦属 *Triticum*	普通小麦 *aestivum*	栽培	西北农林科技大学
	陕农 78	禾本科 Gramineae	小麦属 *Triticum*	普通小麦 *aestivum*	栽培	西北农林科技大学
	陕农 981	禾本科 Gramineae	小麦属 *Triticum*	普通小麦 *aestivum*	栽培	西北农林科技大学
	铜麦 4 号	禾本科 Gramineae	小麦属 *Triticum*	普通小麦 *aestivum*	栽培	西北农林科技大学
	西农 1043	禾本科 Gramineae	小麦属 *Triticum*	普通小麦 *aestivum*	栽培	西北农林科技大学
	西农 129	禾本科 Gramineae	小麦属 *Triticum*	普通小麦 *aestivum*	栽培	西北农林科技大学
	西农 132	禾本科 Gramineae	小麦属 *Triticum*	普通小麦 *aestivum*	栽培	西北农林科技大学
	西农 132	禾本科 Gramineae	小麦属 *Triticum*	普通小麦 *aestivum*	栽培	西北农林科技大学
	西农 2000-1	禾本科 Gramineae	小麦属 *Triticum*	普通小麦 *aestivum*	栽培	西北农林科技大学
	西农 2000-2	禾本科 Gramineae	小麦属 *Triticum*	普通小麦 *aestivum*	栽培	西北农林科技大学
	西农 2000-3	禾本科 Gramineae	小麦属 *Triticum*	普通小麦 *aestivum*	栽培	西北农林科技大学
	西农 2000-4	禾本科 Gramineae	小麦属 *Triticum*	普通小麦 *aestivum*	栽培	西北农林科技大学

（续表）

作物种类（作物名称）	种质名称	物种			属性（栽培或野生）	采集地
		科	属	种		
小麦	西农 2000-5	禾本科 Gramineae	小麦属 *Triticum*	普通小麦 *aestivum*	栽培	西北农林科技大学
	西农 2000-6	禾本科 Gramineae	小麦属 *Triticum*	普通小麦 *aestivum*	栽培	西北农林科技大学
	西农 2000-7	禾本科 Gramineae	小麦属 *Triticum*	普通小麦 *aestivum*	栽培	西北农林科技大学
	西农 202	禾本科 Gramineae	小麦属 *Triticum*	普通小麦 *aestivum*	栽培	西北农林科技大学
	西农 2208	禾本科 Gramineae	小麦属 *Triticum*	普通小麦 *aestivum*	栽培	西北农林科技大学
	西农 252	禾本科 Gramineae	小麦属 *Triticum*	普通小麦 *aestivum*	栽培	西北农林科技大学
	西农 252	禾本科 Gramineae	小麦属 *Triticum*	普通小麦 *aestivum*	栽培	西北农林科技大学
	西农 2611	禾本科 Gramineae	小麦属 *Triticum*	普通小麦 *aestivum*	栽培	西北农林科技大学
	西农 2811	禾本科 Gramineae	小麦属 *Triticum*	普通小麦 *aestivum*	栽培	西北农林科技大学
	西农 2911	禾本科 Gramineae	小麦属 *Triticum*	普通小麦 *aestivum*	栽培	西北农林科技大学
	西农 383	禾本科 Gramineae	小麦属 *Triticum*	普通小麦 *aestivum*	栽培	西北农林科技大学
	西农 389	禾本科 Gramineae	小麦属 *Triticum*	普通小麦 *aestivum*	栽培	西北农林科技大学
	西农 4211	禾本科 Gramineae	小麦属 *Triticum*	普通小麦 *aestivum*	栽培	西北农林科技大学
	西农 4442	禾本科 Gramineae	小麦属 *Triticum*	普通小麦 *aestivum*	栽培	西北农林科技大学
	西农 57-8021	禾本科 Gramineae	小麦属 *Triticum*	普通小麦 *aestivum*	栽培	西北农林科技大学
	西农 794	禾本科 Gramineae	小麦属 *Triticum*	普通小麦 *aestivum*	栽培	西北农林科技大学
	西农 8711	禾本科 Gramineae	小麦属 *Triticum*	普通小麦 *aestivum*	栽培	西北农林科技大学
	西农 8925	禾本科 Gramineae	小麦属 *Triticum*	普通小麦 *aestivum*	栽培	西北农林科技大学
	西农 901	禾本科 Gramineae	小麦属 *Triticum*	普通小麦 *aestivum*	栽培	西北农林科技大学

（续表）

作物种类（作物名称）	种质名称	物种			属性（栽培或野生）	采集地
		科	属	种		
小麦	西农 9062	禾本科 Gramineae	小麦属 *Triticum*	普通小麦 *aestivum*	栽培	西北农林科技大学
	西农 9070	禾本科 Gramineae	小麦属 *Triticum*	普通小麦 *aestivum*	栽培	西北农林科技大学
	西农 9615	禾本科 Gramineae	小麦属 *Triticum*	普通小麦 *aestivum*	栽培	西北农林科技大学
	西农 9718	禾本科 Gramineae	小麦属 *Triticum*	普通小麦 *aestivum*	栽培	西北农林科技大学
	西农 9766	禾本科 Gramineae	小麦属 *Triticum*	普通小麦 *aestivum*	栽培	西北农林科技大学
	西农 9766-1	禾本科 Gramineae	小麦属 *Triticum*	普通小麦 *aestivum*	栽培	西北农林科技大学
	西农 9823	禾本科 Gramineae	小麦属 *Triticum*	普通小麦 *aestivum*	栽培	西北农林科技大学
	西农 9871	禾本科 Gramineae	小麦属 *Triticum*	普通小麦 *aestivum*	栽培	西北农林科技大学
	西农 9872	禾本科 Gramineae	小麦属 *Triticum*	普通小麦 *aestivum*	栽培	西北农林科技大学
	西杂 1 号	禾本科 Gramineae	小麦属 *Triticum*	普通小麦 *aestivum*	栽培	西北农林科技大学
	小偃 128	禾本科 Gramineae	小麦属 *Triticum*	普通小麦 *aestivum*	栽培	西北农林科技大学
	小偃 135	禾本科 Gramineae	小麦属 *Triticum*	普通小麦 *aestivum*	栽培	西北农林科技大学
	小偃 15	禾本科 Gramineae	小麦属 *Triticum*	普通小麦 *aestivum*	栽培	西北农林科技大学
	小偃 597	禾本科 Gramineae	小麦属 *Triticum*	普通小麦 *aestivum*	栽培	西北农林科技大学
	小偃 926	禾本科 Gramineae	小麦属 *Triticum*	普通小麦 *aestivum*	栽培	西北农林科技大学
	远丰 175	禾本科 Gramineae	小麦属 *Triticum*	普通小麦 *aestivum*	栽培	西北农林科技大学
	远丰 626	禾本科 Gramineae	小麦属 *Triticum*	普通小麦 *aestivum*	栽培	西北农林科技大学
	远丰 998	禾本科 Gramineae	小麦属 *Triticum*	普通小麦 *aestivum*	栽培	西北农林科技大学
	早丰 1 号	禾本科 Gramineae	小麦属 *Triticum*	普通小麦 *aestivum*	栽培	西北农林科技大学

（续表）

作物种类（作物名称）	种质名称	物种			属性（栽培或野生）	采集地
		科	属	种		
小麦	中墨 1 号	禾本科 Gramineae	小麦属 *Triticum*	普通小麦 *aestivum*	栽培	西北农林科技大学
	西农 797	禾本科 Gramineae	小麦属 *Triticum*	普通小麦 *aestivum*	栽培	西北农林科技大学农学院
	西农 928	禾本科 Gramineae	小麦属 *Triticum*	普通小麦 *aestivum*	栽培	西北农林科技大学农学院
	西农 3525	禾本科 Gramineae	小麦属 *Triticum*	普通小麦 *aestivum*	栽培	西北农林科技大学农作二站
	西农 580	禾本科 Gramineae	小麦属 *Triticum*	普通小麦 *aestivum*	栽培	西北农林科技大学农作二站
	西农 869	禾本科 Gramineae	小麦属 *Triticum*	普通小麦 *aestivum*	栽培	西北农林科技大学农作二站
	31–1–20	禾本科 Gramineae	小麦属 *Triticum*	普通小麦 *aestivum*	栽培	西北农林科技大学食品科学与工程学院
	32–1–20	禾本科 Gramineae	小麦属 *Triticum*	普通小麦 *aestivum*	栽培	西北农林科技大学食品科学与工程学院
	36–2	禾本科 Gramineae	小麦属 *Triticum*	普通小麦 *aestivum*	栽培	西北农林科技大学食品科学与工程学院
	37–5	禾本科 Gramineae	小麦属 *Triticum*	普通小麦 *aestivum*	栽培	西北农林科技大学食品科学与工程学院
	37–7	禾本科 Gramineae	小麦属 *Triticum*	普通小麦 *aestivum*	栽培	西北农林科技大学食品科学与工程学院
	1–1–1	禾本科 Gramineae	小麦属 *Triticum*	普通小麦 *aestivum*	栽培	西北农林科技大学食品科学与工程学院

（续表）

作物种类（作物名称）	种质名称	物种			属性（栽培或野生）	采集地
		科	属	种		
小麦	4-10-1	禾本科 Gramineae	小麦属 *Triticum*	普通小麦 *aestivum*	栽培	西北农林科技大学食品科学与工程学院
	15-1-8	禾本科 Gramineae	小麦属 *Triticum*	普通小麦 *aestivum*	栽培	西北农林科技大学食品科学与工程学院
	31-1	禾本科 Gramineae	小麦属 *Triticum*	普通小麦 *aestivum*	栽培	西北农林科技大学食品科学与工程学院
	3-2	禾本科 Gramineae	小麦属 *Triticum*	普通小麦 *aestivum*	栽培	西北农林科技大学食品科学与工程学院
	3-3	禾本科 Gramineae	小麦属 *Triticum*	普通小麦 *aestivum*	栽培	西北农林科技大学食品科学与工程学院
	8-17	禾本科 Gramineae	小麦属 *Triticum*	普通小麦 *aestivum*	栽培	西北农林科技大学食品科学与工程学院
	8-21	禾本科 Gramineae	小麦属 *Triticum*	普通小麦 *aestivum*	栽培	西北农林科技大学食品科学与工程学院
	10-20	禾本科 Gramineae	小麦属 *Triticum*	普通小麦 *aestivum*	栽培	西北农林科技大学食品科学与工程学院
	10-24	禾本科 Gramineae	小麦属 *Triticum*	普通小麦 *aestivum*	栽培	西北农林科技大学食品科学与工程学院
	10-28	禾本科 Gramineae	小麦属 *Triticum*	普通小麦 *aestivum*	栽培	西北农林科技大学食品科学与工程学院
	10-36	禾本科 Gramineae	小麦属 *Triticum*	普通小麦 *aestivum*	栽培	西北农林科技大学食品科学与工程学院

（续表）

作物种类（作物名称）	种质名称	物种			属性（栽培或野生）	采集地
		科	属	种		
小麦	10-36	禾本科 Gramineae	小麦属 *Triticum*	普通小麦 *aestivum*	栽培	西北农林科技大学食品科学与工程学院
	10-43	禾本科 Gramineae	小麦属 *Triticum*	普通小麦 *aestivum*	栽培	西北农林科技大学食品科学与工程学院
	10-78	禾本科 Gramineae	小麦属 *Triticum*	普通小麦 *aestivum*	栽培	西北农林科技大学食品科学与工程学院
	10-80	禾本科 Gramineae	小麦属 *Triticum*	普通小麦 *aestivum*	栽培	西北农林科技大学食品科学与工程学院
	15-1-15-1	禾本科 Gramineae	小麦属 *Triticum*	普通小麦 *aestivum*	栽培	西北农林科技大学食品科学与工程学院
	15-1-15-2	禾本科 Gramineae	小麦属 *Triticum*	普通小麦 *aestivum*	栽培	西北农林科技大学食品科学与工程学院
	15-1-4-1	禾本科 Gramineae	小麦属 *Triticum*	普通小麦 *aestivum*	栽培	西北农林科技大学食品科学与工程学院
	18-4-11-1-4	禾本科 Gramineae	小麦属 *Triticum*	普通小麦 *aestivum*	栽培	西北农林科技大学食品科学与工程学院
	18-4-2-2	禾本科 Gramineae	小麦属 *Triticum*	普通小麦 *aestivum*	栽培	西北农林科技大学食品科学与工程学院
	20-1-1-2-3	禾本科 Gramineae	小麦属 *Triticum*	普通小麦 *aestivum*	栽培	西北农林科技大学食品科学与工程学院
	20-1-1-2-4	禾本科 Gramineae	小麦属 *Triticum*	普通小麦 *aestivum*	栽培	西北农林科技大学食品科学与工程学院

（续表）

作物种类（作物名称）	种质名称	物种			属性（栽培或野生）	采集地
		科	属	种		
小麦	2-60-1	禾本科 Gramineae	小麦属 *Triticum*	普通小麦 *aestivum*	栽培	西北农林科技大学食品科学与工程学院
	2-67-1	禾本科 Gramineae	小麦属 *Triticum*	普通小麦 *aestivum*	栽培	西北农林科技大学食品科学与工程学院
	31-1-1-6-1	禾本科 Gramineae	小麦属 *Triticum*	普通小麦 *aestivum*	栽培	西北农林科技大学食品科学与工程学院
	31-1-3-3	禾本科 Gramineae	小麦属 *Triticum*	普通小麦 *aestivum*	栽培	西北农林科技大学食品科学与工程学院
	31-1-37	禾本科 Gramineae	小麦属 *Triticum*	普通小麦 *aestivum*	栽培	西北农林科技大学食品科学与工程学院
	31-1-37	禾本科 Gramineae	小麦属 *Triticum*	普通小麦 *aestivum*	栽培	西北农林科技大学食品科学与工程学院
	31-1-38-1	禾本科 Gramineae	小麦属 *Triticum*	普通小麦 *aestivum*	栽培	西北农林科技大学食品科学与工程学院
	4576-73-3	禾本科 Gramineae	小麦属 *Triticum*	普通小麦 *aestivum*	栽培	西北农林科技大学食品科学与工程学院
	6-59-1	禾本科 Gramineae	小麦属 *Triticum*	普通小麦 *aestivum*	栽培	西北农林科技大学食品科学与工程学院
	6-59-6	禾本科 Gramineae	小麦属 *Triticum*	普通小麦 *aestivum*	栽培	西北农林科技大学食品科学与工程学院
	8-57	禾本科 Gramineae	小麦属 *Triticum*	普通小麦 *aestivum*	栽培	西北农林科技大学食品科学与工程学院

（续表）

作物种类（作物名称）	种质名称	物种			属性（栽培或野生）	采集地
		科	属	种		
小麦	9-1-1-1-12	禾本科 Gramineae	小麦属 *Triticum*	普通小麦 *aestivum*	栽培	西北农林科技大学食品科学与工程学院
	9-1-1-13	禾本科 Gramineae	小麦属 *Triticum*	普通小麦 *aestivum*	栽培	西北农林科技大学食品科学与工程学院
	9-1-1-3	禾本科 Gramineae	小麦属 *Triticum*	普通小麦 *aestivum*	栽培	西北农林科技大学食品科学与工程学院
	9-1-1-5	禾本科 Gramineae	小麦属 *Triticum*	普通小麦 *aestivum*	栽培	西北农林科技大学食品科学与工程学院
	YB0734	禾本科 Gramineae	小麦属 *Triticum*	普通小麦 *aestivum*	栽培	西北农林科技大学食品科学与工程学院
	西农 889	禾本科 Gramineae	小麦属 *Triticum*	普通小麦 *aestivum*	栽培	西北农林科技大学试验农场
	西农 8727	禾本科 Gramineae	小麦属 *Triticum*	普通小麦 *aestivum*	栽培	西北农业大学
	大粒 878	禾本科 Gramineae	小麦属 *Triticum*	普通小麦 *aestivum*	栽培	西北植物所
	238	禾本科 Gramineae	小麦属 *Triticum*	普通小麦 *aestivum*	栽培	西北植物研究所
	620	禾本科 Gramineae	小麦属 *Triticum*	普通小麦 *aestivum*	栽培	西北植物研究所
	8821	禾本科 Gramineae	小麦属 *Triticum*	普通小麦 *aestivum*	栽培	西北植物研究所
	85504	禾本科 Gramineae	小麦属 *Triticum*	普通小麦 *aestivum*	栽培	西北植物研究所
	85534	禾本科 Gramineae	小麦属 *Triticum*	普通小麦 *aestivum*	栽培	西北植物研究所
	85598	禾本科 Gramineae	小麦属 *Triticum*	普通小麦 *aestivum*	栽培	西北植物研究所
	86522	禾本科 Gramineae	小麦属 *Triticum*	普通小麦 *aestivum*	栽培	西北植物研究所

（续表）

作物种类（作物名称）	种质名称	物种			属性（栽培或野生）	采集地
		科	属	种		
小麦	88575	禾本科 Gramineae	小麦属 *Triticum*	普通小麦 *aestivum*	栽培	西北植物研究所
	90510	禾本科 Gramineae	小麦属 *Triticum*	普通小麦 *aestivum*	栽培	西北植物研究所
	91876	禾本科 Gramineae	小麦属 *Triticum*	普通小麦 *aestivum*	栽培	西北植物研究所
	92517	禾本科 Gramineae	小麦属 *Triticum*	普通小麦 *aestivum*	栽培	西北植物研究所
	86S001	禾本科 Gramineae	小麦属 *Triticum*	普通小麦 *aestivum*	栽培	西北植物研究所
	H8911	禾本科 Gramineae	小麦属 *Triticum*	普通小麦 *aestivum*	栽培	西北植物研究所
	H9014	禾本科 Gramineae	小麦属 *Triticum*	普通小麦 *aestivum*	栽培	西北植物研究所
	H9020	禾本科 Gramineae	小麦属 *Triticum*	普通小麦 *aestivum*	栽培	西北植物研究所
	H9021	禾本科 Gramineae	小麦属 *Triticum*	普通小麦 *aestivum*	栽培	西北植物研究所
	H921	禾本科 Gramineae	小麦属 *Triticum*	普通小麦 *aestivum*	栽培	西北植物研究所
	H9511	禾本科 Gramineae	小麦属 *Triticum*	普通小麦 *aestivum*	栽培	西北植物研究所
	M852	禾本科 Gramineae	小麦属 *Triticum*	普通小麦 *aestivum*	栽培	西北植物研究所
	M853	禾本科 Gramineae	小麦属 *Triticum*	普通小麦 *aestivum*	栽培	西北植物研究所
	M8657	禾本科 Gramineae	小麦属 *Triticum*	普通小麦 *aestivum*	栽培	西北植物研究所
	M8724	禾本科 Gramineae	小麦属 *Triticum*	普通小麦 *aestivum*	栽培	西北植物研究所
	M8725	禾本科 Gramineae	小麦属 *Triticum*	普通小麦 *aestivum*	栽培	西北植物研究所
	M9510	禾本科 Gramineae	小麦属 *Triticum*	普通小麦 *aestivum*	栽培	西北植物研究所
	M985	禾本科 Gramineae	小麦属 *Triticum*	普通小麦 *aestivum*	栽培	西北植物研究所
	P3505	禾本科 Gramineae	小麦属 *Triticum*	普通小麦 *aestivum*	栽培	西北植物研究所

（续表）

作物种类（作物名称）	种质名称	物种			属性（栽培或野生）	采集地
		科	属	种		
小麦	P4527	禾本科 Gramineae	小麦属 *Triticum*	普通小麦 *aestivum*	栽培	西北植物研究所
	V832	禾本科 Gramineae	小麦属 *Triticum*	普通小麦 *aestivum*	栽培	西北植物研究所
	V851	禾本科 Gramineae	小麦属 *Triticum*	普通小麦 *aestivum*	栽培	西北植物研究所
	V9125	禾本科 Gramineae	小麦属 *Triticum*	普通小麦 *aestivum*	栽培	西北植物研究所
	V9128	禾本科 Gramineae	小麦属 *Triticum*	普通小麦 *aestivum*	栽培	西北植物研究所
	V9129	禾本科 Gramineae	小麦属 *Triticum*	普通小麦 *aestivum*	栽培	西北植物研究所
	V9511	禾本科 Gramineae	小麦属 *Triticum*	普通小麦 *aestivum*	栽培	西北植物研究所
	V9615	禾本科 Gramineae	小麦属 *Triticum*	普通小麦 *aestivum*	栽培	西北植物研究所
	V9840	禾本科 Gramineae	小麦属 *Triticum*	普通小麦 *aestivum*	栽培	西北植物研究所
	V9842	禾本科 Gramineae	小麦属 *Triticum*	普通小麦 *aestivum*	栽培	西北植物研究所
	V9846	禾本科 Gramineae	小麦属 *Triticum*	普通小麦 *aestivum*	栽培	西北植物研究所
	乌麦	禾本科 Gramineae	小麦属 *Triticum*	普通小麦 *aestivum*	栽培	西北植物研究所
	西植 6005	禾本科 Gramineae	小麦属 *Triticum*	普通小麦 *aestivum*	栽培	西北植物研究所
	小偃 137	禾本科 Gramineae	小麦属 *Triticum*	普通小麦 *aestivum*	栽培	西北植物研究所
	小偃 145	禾本科 Gramineae	小麦属 *Triticum*	普通小麦 *aestivum*	栽培	西北植物研究所
	小偃 15	禾本科 Gramineae	小麦属 *Triticum*	普通小麦 *aestivum*	栽培	西北植物研究所
	小偃 216	禾本科 Gramineae	小麦属 *Triticum*	普通小麦 *aestivum*	栽培	西北植物研究所
	小偃 534	禾本科 Gramineae	小麦属 *Triticum*	普通小麦 *aestivum*	栽培	西北植物研究所
	小偃 605	禾本科 Gramineae	小麦属 *Triticum*	普通小麦 *aestivum*	栽培	西北植物研究所

（续表）

作物种类（作物名称）	种质名称	物种			属性（栽培或野生）	采集地
		科	属	种		
小麦	小偃 68	禾本科 Gramineae	小麦属 *Triticum*	普通小麦 *aestivum*	栽培	西北植物研究所
	小偃 7430	禾本科 Gramineae	小麦属 *Triticum*	普通小麦 *aestivum*	栽培	西北植物研究所
	小偃 866	禾本科 Gramineae	小麦属 *Triticum*	普通小麦 *aestivum*	栽培	西北植物研究所
	小偃 92	禾本科 Gramineae	小麦属 *Triticum*	普通小麦 *aestivum*	栽培	西北植物研究所
	113	禾本科 Gramineae	小麦属 *Triticum*	普通小麦 *aestivum*	栽培	咸阳市农科所
	5191	禾本科 Gramineae	小麦属 *Triticum*	普通小麦 *aestivum*	栽培	咸阳市农科所
	5267	禾本科 Gramineae	小麦属 *Triticum*	普通小麦 *aestivum*	栽培	咸阳市农科所
	5268	禾本科 Gramineae	小麦属 *Triticum*	普通小麦 *aestivum*	栽培	咸阳市农科所
	5270	禾本科 Gramineae	小麦属 *Triticum*	普通小麦 *aestivum*	栽培	咸阳市农科所
	5301	禾本科 Gramineae	小麦属 *Triticum*	普通小麦 *aestivum*	栽培	咸阳市农科所
	5304	禾本科 Gramineae	小麦属 *Triticum*	普通小麦 *aestivum*	栽培	咸阳市农科所
	5321	禾本科 Gramineae	小麦属 *Triticum*	普通小麦 *aestivum*	栽培	咸阳市农科所
	5328	禾本科 Gramineae	小麦属 *Triticum*	普通小麦 *aestivum*	栽培	咸阳市农科所
	5365	禾本科 Gramineae	小麦属 *Triticum*	普通小麦 *aestivum*	栽培	咸阳市农科所
	5374	禾本科 Gramineae	小麦属 *Triticum*	普通小麦 *aestivum*	栽培	咸阳市农科所
	5376	禾本科 Gramineae	小麦属 *Triticum*	普通小麦 *aestivum*	栽培	咸阳市农科所
	5382	禾本科 Gramineae	小麦属 *Triticum*	普通小麦 *aestivum*	栽培	咸阳市农科所
	5659	禾本科 Gramineae	小麦属 *Triticum*	普通小麦 *aestivum*	栽培	咸阳市农科所
	5676	禾本科 Gramineae	小麦属 *Triticum*	普通小麦 *aestivum*	栽培	咸阳市农科所

（续表）

作物种类（作物名称）	种质名称	物种			属性（栽培或野生）	采集地
		科	属	种		
小麦	17331	禾本科 Gramineae	小麦属 *Triticum*	普通小麦 *aestivum*	栽培	咸阳市农科所
	17473	禾本科 Gramineae	小麦属 *Triticum*	普通小麦 *aestivum*	栽培	咸阳市农科所
	19396	禾本科 Gramineae	小麦属 *Triticum*	普通小麦 *aestivum*	栽培	咸阳市农科所
	19397	禾本科 Gramineae	小麦属 *Triticum*	普通小麦 *aestivum*	栽培	咸阳市农科所
	19399	禾本科 Gramineae	小麦属 *Triticum*	普通小麦 *aestivum*	栽培	咸阳市农科所
	19403	禾本科 Gramineae	小麦属 *Triticum*	普通小麦 *aestivum*	栽培	咸阳市农科所
	19575	禾本科 Gramineae	小麦属 *Triticum*	普通小麦 *aestivum*	栽培	咸阳市农科所
	19576	禾本科 Gramineae	小麦属 *Triticum*	普通小麦 *aestivum*	栽培	咸阳市农科所
	19590	禾本科 Gramineae	小麦属 *Triticum*	普通小麦 *aestivum*	栽培	咸阳市农科所
	19642	禾本科 Gramineae	小麦属 *Triticum*	普通小麦 *aestivum*	栽培	咸阳市农科所
	19655	禾本科 Gramineae	小麦属 *Triticum*	普通小麦 *aestivum*	栽培	咸阳市农科所
	20114	禾本科 Gramineae	小麦属 *Triticum*	普通小麦 *aestivum*	栽培	咸阳市农科所
	41057	禾本科 Gramineae	小麦属 *Triticum*	普通小麦 *aestivum*	栽培	咸阳市农科所
	21127-2-15	禾本科 Gramineae	小麦属 *Triticum*	普通小麦 *aestivum*	栽培	咸阳市农科所
	67-19-12	禾本科 Gramineae	小麦属 *Triticum*	普通小麦 *aestivum*	栽培	咸阳市农科所
	77-18-9	禾本科 Gramineae	小麦属 *Triticum*	普通小麦 *aestivum*	栽培	咸阳市农科所
	ZP01450	禾本科 Gramineae	小麦属 *Triticum*	普通小麦 *aestivum*	栽培	咸阳市农科所
	ZP0469	禾本科 Gramineae	小麦属 *Triticum*	普通小麦 *aestivum*	栽培	咸阳市农科所
	ZP0488	禾本科 Gramineae	小麦属 *Triticum*	普通小麦 *aestivum*	栽培	咸阳市农科所

（续表）

作物种类（作物名称）	种质名称	物种			属性（栽培或野生）	采集地
		科	属	种		
小麦	ZP05121	禾本科 Gramineae	小麦属 *Triticum*	普通小麦 *aestivum*	栽培	咸阳市农科所
	ZP05124	禾本科 Gramineae	小麦属 *Triticum*	普通小麦 *aestivum*	栽培	咸阳市农科所
	ZP05127	禾本科 Gramineae	小麦属 *Triticum*	普通小麦 *aestivum*	栽培	咸阳市农科所
	ZP05131	禾本科 Gramineae	小麦属 *Triticum*	普通小麦 *aestivum*	栽培	咸阳市农科所
	ZP05144	禾本科 Gramineae	小麦属 *Triticum*	普通小麦 *aestivum*	栽培	咸阳市农科所
	ZP05147	禾本科 Gramineae	小麦属 *Triticum*	普通小麦 *aestivum*	栽培	咸阳市农科所
	ZP05148	禾本科 Gramineae	小麦属 *Triticum*	普通小麦 *aestivum*	栽培	咸阳市农科所
	ZP05188	禾本科 Gramineae	小麦属 *Triticum*	普通小麦 *aestivum*	栽培	咸阳市农科所
	ZP0575	禾本科 Gramineae	小麦属 *Triticum*	普通小麦 *aestivum*	栽培	咸阳市农科所
	ZP0576	禾本科 Gramineae	小麦属 *Triticum*	普通小麦 *aestivum*	栽培	咸阳市农科所
	ZP0577	禾本科 Gramineae	小麦属 *Triticum*	普通小麦 *aestivum*	栽培	咸阳市农科所
	91170	禾本科 Gramineae	小麦属 *Triticum*	普通小麦 *aestivum*	栽培	阎良农技站
	9755	禾本科 Gramineae	小麦属 *Triticum*	普通小麦 *aestivum*	栽培	杨凌农业生物技术育种中心
	9848	禾本科 Gramineae	小麦属 *Triticum*	普通小麦 *aestivum*	栽培	杨凌农业生物技术育种中心
	H5	禾本科 Gramineae	小麦属 *Triticum*	普通小麦 *aestivum*	栽培	杨凌农业生物技术育种中心
	WT120	禾本科 Gramineae	小麦属 *Triticum*	普通小麦 *aestivum*	栽培	杨凌农业生物技术育种中心

（续表）

作物种类（作物名称）	种质名称	物种			属性（栽培或野生）	采集地
		科	属	种		
小麦	WT137	禾本科 Gramineae	小麦属 *Triticum*	普通小麦 *aestivum*	栽培	杨凌农业生物技术育种中心
	WT178	禾本科 Gramineae	小麦属 *Triticum*	普通小麦 *aestivum*	栽培	杨凌农业生物技术育种中心
	WT212	禾本科 Gramineae	小麦属 *Triticum*	普通小麦 *aestivum*	栽培	杨凌农业生物技术育种中心
	花育 888	禾本科 Gramineae	小麦属 *Triticum*	普通小麦 *aestivum*	栽培	杨凌农业生物技术育种中心
	武农 158	禾本科 Gramineae	小麦属 *Triticum*	普通小麦 *aestivum*	栽培	杨凌职业技术学院
	武农 95（18）	禾本科 Gramineae	小麦属 *Triticum*	普通小麦 *aestivum*	栽培	杨凌职业技术学院
	武农 96（15）	禾本科 Gramineae	小麦属 *Triticum*	普通小麦 *aestivum*	栽培	杨凌职业技术学院
	陕垦 81	禾本科 Gramineae	小麦属 *Triticum*	普通小麦 *aestivum*	栽培	杂交油菜研究中心
	长旱 58	禾本科 Gramineae	小麦属 *Triticum*	普通小麦 *aestivum*	栽培	长武县农技中心
	长武 112	禾本科 Gramineae	小麦属 *Triticum*	普通小麦 *aestivum*	栽培	长武县农科所
大麦	宝大麦 2034	禾本科 Gramineae	大麦属 *Hordeum*	大麦 *vulgare*	栽培	宝鸡市农科所
	西引 2 号	禾本科 Gramineae	大麦属 *Hordeum*	大麦 *vulgare*	栽培	宝鸡市农科所
	95-83	禾本科 Gramineae	大麦属 *Hordeum*	大麦 *vulgare*	栽培	西北农林科技大学
	D-18	禾本科 Gramineae	大麦属 *Hordeum*	大麦 *vulgare*	栽培	西北农林科技大学
	D-22	禾本科 Gramineae	大麦属 *Hordeum*	大麦 *vulgare*	栽培	西北农林科技大学
	稞粒黑大麦	禾本科 Gramineae	大麦属 *Hordeum*	大麦 *vulgare*	栽培	西北农林科技大学

（续表）

作物种类（作物名称）	种质名称	物种			属性（栽培或野生）	采集地
		科	属	种		
大麦	秃芒	禾本科 Gramineae	大麦属 *Hordeum*	大麦 *vulgare*	栽培	西北农林科技大学
	西安 91-2	禾本科 Gramineae	大麦属 *Hordeum*	大麦 *vulgare*	栽培	西北农林科技大学
玉米	安玉 11	禾本科 Gramineae	玉蜀黍属 *Zea*	玉米 *mays*	栽培	安康市农业科学研究所
	四号黄	禾本科 Gramineae	玉蜀黍属 *Zea*	玉米 *mays*	栽培	安康镇坪县种子繁育中心
	宝单 1 号	禾本科 Gramineae	玉蜀黍属 *Zea*	玉米 *mays*	栽培	宝鸡市农科所
	高农 1 号	禾本科 Gramineae	玉蜀黍属 *Zea*	玉米 *mays*	栽培	高农研究所
	户单 2000	禾本科 Gramineae	玉蜀黍属 *Zea*	玉米 *mays*	栽培	户县秦龙玉米研究所
	秦单 5 号	禾本科 Gramineae	玉蜀黍属 *Zea*	玉米 *mays*	栽培	户县秦龙玉米研究所
	秦农 11 号	禾本科 Gramineae	玉蜀黍属 *Zea*	玉米 *mays*	栽培	户县秦龙玉米研究所
	秦农 9 号	禾本科 Gramineae	玉蜀黍属 *Zea*	玉米 *mays*	栽培	户县秦龙玉米研究所
	新户单 4 号	禾本科 Gramineae	玉蜀黍属 *Zea*	玉米 *mays*	栽培	户县秦龙玉米研究所
	秦龙 3 号黑红甜	禾本科 Gramineae	玉蜀黍属 *Zea*	玉米 *mays*	栽培	秦龙绿色种业有限公司
	秦单 4 号	禾本科 Gramineae	玉蜀黍属 *Zea*	玉米 *mays*	栽培	陕西秦龙绿色种业有限公司
	秦龙 8 号	禾本科 Gramineae	玉蜀黍属 *Zea*	玉米 *mays*	栽培	陕西秦龙绿色种业有限公司
	秦龙九号	禾本科 Gramineae	玉蜀黍属 *Zea*	玉米 *mays*	栽培	陕西秦龙绿色种业有限公司

（续表）

作物种类（作物名称）	种质名称	物种			属性（栽培或野生）	采集地
		科	属	种		
玉米	秦玉 3 号	禾本科 Gramineae	玉蜀黍属 *Zea*	玉米 *mays*	栽培	陕西秦龙绿色种业有限公司
	陕单 931	禾本科 Gramineae	玉蜀黍属 *Zea*	玉米 *mays*	栽培	陕西省农业科学院
	白糯玉米 11	禾本科 Gramineae	玉蜀黍属 *Zea*	玉米 *mays*	栽培	西北农林科技大学
	白色爆力球	禾本科 Gramineae	玉蜀黍属 *Zea*	玉米 *mays*	栽培	西北农林科技大学
	白色爆力玉米	禾本科 Gramineae	玉蜀黍属 *Zea*	玉米 *mays*	栽培	西北农林科技大学
	白色甜糯混	禾本科 Gramineae	玉蜀黍属 *Zea*	玉米 *mays*	栽培	西北农林科技大学
	白色甜糯玉米	禾本科 Gramineae	玉蜀黍属 *Zea*	玉米 *mays*	栽培	西北农林科技大学
	包叶玉米	禾本科 Gramineae	玉蜀黍属 *Zea*	玉米 *mays*	栽培	西北农林科技大学
	超甜 2000	禾本科 Gramineae	玉蜀黍属 *Zea*	玉米 *mays*	栽培	西北农林科技大学
	超甜 2000 混	禾本科 Gramineae	玉蜀黍属 *Zea*	玉米 *mays*	栽培	西北农林科技大学
	黑色甜糯玉米	禾本科 Gramineae	玉蜀黍属 *Zea*	玉米 *mays*	栽培	西北农林科技大学
	黑色甜糯玉米混	禾本科 Gramineae	玉蜀黍属 *Zea*	玉米 *mays*	栽培	西北农林科技大学
	红色甜糯	禾本科 Gramineae	玉蜀黍属 *Zea*	玉米 *mays*	栽培	西北农林科技大学
	红色甜糯玉米混	禾本科 Gramineae	玉蜀黍属 *Zea*	玉米 *mays*	栽培	西北农林科技大学
	黄玫瑰 3 号	禾本科 Gramineae	玉蜀黍属 *Zea*	玉米 *mays*	栽培	西北农林科技大学
	黄玫瑰混	禾本科 Gramineae	玉蜀黍属 *Zea*	玉米 *mays*	栽培	西北农林科技大学
	黄粘甜玉米	禾本科 Gramineae	玉蜀黍属 *Zea*	玉米 *mays*	栽培	西北农林科技大学
	垦粘 1 号	禾本科 Gramineae	玉蜀黍属 *Zea*	玉米 *mays*	栽培	西北农林科技大学

（续表）

作物种类（作物名称）	种质名称	物种			属性（栽培或野生）	采集地
		科	属	种		
玉米	陕白糯 11 混	禾本科 Gramineae	玉蜀黍属 *Zea*	玉米 *mays*	栽培	西北农林科技大学
	陕白糯 1 号	禾本科 Gramineae	玉蜀黍属 *Zea*	玉米 *mays*	栽培	西北农林科技大学
	陕白糯 1 混	禾本科 Gramineae	玉蜀黍属 *Zea*	玉米 *mays*	栽培	西北农林科技大学
	陕单 972	禾本科 Gramineae	玉蜀黍属 *Zea*	玉米 *mays*	栽培	西北农林科技大学
	鲜粘黑玉米	禾本科 Gramineae	玉蜀黍属 *Zea*	玉米 *mays*	栽培	西北农林科技大学
	硬质玉米	禾本科 Gramineae	玉蜀黍属 *Zea*	玉米 *mays*	栽培	西北农林科技大学
	远杂 902	禾本科 Gramineae	玉蜀黍属 *Zea*	玉米 *mays*	栽培	西北农林科技大学
	远杂 9307	禾本科 Gramineae	玉蜀黍属 *Zea*	玉米 *mays*	栽培	西北农林科技大学
	紫红色爆力球混	禾本科 Gramineae	玉蜀黍属 *Zea*	玉米 *mays*	栽培	西北农林科技大学
	紫红色爆力玉米	禾本科 Gramineae	玉蜀黍属 *Zea*	玉米 *mays*	栽培	西北农林科技大学
	K11	禾本科 Gramineae	玉蜀黍属 *Zea*	玉米 *mays*	栽培	西北农林科技大学农学院
	K12	禾本科 Gramineae	玉蜀黍属 *Zea*	玉米 *mays*	栽培	西北农林科技大学农学院
	K14	禾本科 Gramineae	玉蜀黍属 *Zea*	玉米 *mays*	栽培	西北农林科技大学农学院
	K201	禾本科 Gramineae	玉蜀黍属 *Zea*	玉米 *mays*	栽培	西北农林科技大学农学院
	K203	禾本科 Gramineae	玉蜀黍属 *Zea*	玉米 *mays*	栽培	西北农林科技大学农学院

（续表）

作物种类（作物名称）	种质名称	物种			属性（栽培或野生）	采集地
		科	属	种		
玉米	K22	禾本科 Gramineae	玉蜀黍属 *Zea*	玉米 *mays*	栽培	西北农林科技大学农学院
	L102	禾本科 Gramineae	玉蜀黍属 *Zea*	玉米 *mays*	栽培	西北农林科技大学农学院
	M3026	禾本科 Gramineae	玉蜀黍属 *Zea*	玉米 *mays*	栽培	西北农林科技大学农学院
	M3468	禾本科 Gramineae	玉蜀黍属 *Zea*	玉米 *mays*	栽培	西北农林科技大学农学院
	W138	禾本科 Gramineae	玉蜀黍属 *Zea*	玉米 *mays*	栽培	西北农林科技大学农学院
	WN11	禾本科 Gramineae	玉蜀黍属 *Zea*	玉米 *mays*	栽培	西北农林科技大学农学院
	陕爆 1 号	禾本科 Gramineae	玉蜀黍属 *Zea*	玉米 *mays*	栽培	西北农林科技大学农学院
	陕爆 2 号	禾本科 Gramineae	玉蜀黍属 *Zea*	玉米 *mays*	栽培	西北农林科技大学农学院
	陕单 16	禾本科 Gramineae	玉蜀黍属 *Zea*	玉米 *mays*	栽培	西北农林科技大学农学院
	陕单 16	禾本科 Gramineae	玉蜀黍属 *Zea*	玉米 *mays*	栽培	西北农林科技大学农学院
	陕单 204	禾本科 Gramineae	玉蜀黍属 *Zea*	玉米 *mays*	栽培	西北农林科技大学农学院

（续表）

作物种类（作物名称）	种质名称	物种			属性（栽培或野生）	采集地
		科	属	种		
玉米	陕单 21	禾本科 Gramineae	玉蜀黍属 *Zea*	玉米 *mays*	栽培	西北农林科技大学农学院
	陕单 9505	禾本科 Gramineae	玉蜀黍属 *Zea*	玉米 *mays*	栽培	西北农林科技大学农学院
	陕鲜玉 1 号	禾本科 Gramineae	玉蜀黍属 *Zea*	玉米 *mays*	栽培	西北农林科技大学农学院
	陕鲜玉 2 号	禾本科 Gramineae	玉蜀黍属 *Zea*	玉米 *mays*	栽培	西北农林科技大学农学院
	陕资 1 号	禾本科 Gramineae	玉蜀黍属 *Zea*	玉米 *mays*	栽培	西北农林科技大学农学院
	武 102	禾本科 Gramineae	玉蜀黍属 *Zea*	玉米 *mays*	栽培	西北农林科技大学农学院
	武 109	禾本科 Gramineae	玉蜀黍属 *Zea*	玉米 *mays*	栽培	西北农林科技大学农学院
	武 309	禾本科 Gramineae	玉蜀黍属 *Zea*	玉米 *mays*	栽培	西北农林科技大学农学院
	武 314	禾本科 Gramineae	玉蜀黍属 *Zea*	玉米 *mays*	栽培	西北农林科技大学农学院
	西农 11 号	禾本科 Gramineae	玉蜀黍属 *Zea*	玉米 *mays*	栽培	西北农林科技大学农学院
	咸 160	禾本科 Gramineae	玉蜀黍属 *Zea*	玉米 *mays*	栽培	西北农林科技大学农学院

（续表）

作物种类（作物名称）	种质名称	物种			属性（栽培或野生）	采集地
		科	属	种		
玉米	新陕资	禾本科 Gramineae	玉蜀黍属 *Zea*	玉米 *mays*	栽培	西北农林科技大学农学院
	陕单 308	禾本科 Gramineae	玉蜀黍属 *Zea*	玉米 *mays*	栽培	西北农林科技大学农学院玉米所
	陕单 21 号	禾本科 Gramineae	玉蜀黍属 *Zea*	玉米 *mays*	栽培	西北农林科技大学玉米所
	陕单 8806	禾本科 Gramineae	玉蜀黍属 *Zea*	玉米 *mays*	栽培	西北农林科技大学玉米所
	陕单 8813	禾本科 Gramineae	玉蜀黍属 *Zea*	玉米 *mays*	栽培	西北农林科技大学玉米所
	西农 12	禾本科 Gramineae	玉蜀黍属 *Zea*	玉米 *mays*	栽培	西北农业大学
	秦丰超甜 1 号	禾本科 Gramineae	玉蜀黍属 *Zea*	玉米 *mays*	栽培	杨凌秦丰公司种子科学研究院
	秦单五号	禾本科 Gramineae	玉蜀黍属 *Zea*	玉米 *mays*	栽培	杨凌秦丰农业科技股份有限公司
	远①	禾本科 Gramineae	玉蜀黍属 *Zea*	玉米 *mays*	栽培	杨凌远丰种业有限责任公司
	远 1009	禾本科 Gramineae	玉蜀黍属 *Zea*	玉米 *mays*	栽培	杨凌远丰种业有限责任公司
	远 1030	禾本科 Gramineae	玉蜀黍属 *Zea*	玉米 *mays*	栽培	杨凌远丰种业有限责任公司
	远 1130	禾本科 Gramineae	玉蜀黍属 *Zea*	玉米 *mays*	栽培	杨凌远丰种业有限责任公司

（续表）

作物种类（作物名称）	种质名称	物种			属性（栽培或野生）	采集地
		科	属	种		
玉米	远 117	禾本科 Gramineae	玉蜀黍属 *Zea*	玉米 *mays*	栽培	杨凌远丰种业有限责任公司
	远 130	禾本科 Gramineae	玉蜀黍属 *Zea*	玉米 *mays*	栽培	杨凌远丰种业有限责任公司
	远 176	禾本科 Gramineae	玉蜀黍属 *Zea*	玉米 *mays*	栽培	杨凌远丰种业有限责任公司
	远 184	禾本科 Gramineae	玉蜀黍属 *Zea*	玉米 *mays*	栽培	杨凌远丰种业有限责任公司
	远 19	禾本科 Gramineae	玉蜀黍属 *Zea*	玉米 *mays*	栽培	杨凌远丰种业有限责任公司
	远 195	禾本科 Gramineae	玉蜀黍属 *Zea*	玉米 *mays*	栽培	杨凌远丰种业有限责任公司
	远 214	禾本科 Gramineae	玉蜀黍属 *Zea*	玉米 *mays*	栽培	杨凌远丰种业有限责任公司
	远 361	禾本科 Gramineae	玉蜀黍属 *Zea*	玉米 *mays*	栽培	杨凌远丰种业有限责任公司
	远④22	禾本科 Gramineae	玉蜀黍属 *Zea*	玉米 *mays*	栽培	杨凌远丰种业有限责任公司
	远⑤	禾本科 Gramineae	玉蜀黍属 *Zea*	玉米 *mays*	栽培	杨凌远丰种业有限责任公司
	远 531	禾本科 Gramineae	玉蜀黍属 *Zea*	玉米 *mays*	栽培	杨凌远丰种业有限责任公司

（续表）

作物种类（作物名称）	种质名称	物种			属性（栽培或野生）	采集地
		科	属	种		
玉米	远 592	禾本科 Gramineae	玉蜀黍属 *Zea*	玉米 *mays*	栽培	杨凌远丰种业有限责任公司
	远 63	禾本科 Gramineae	玉蜀黍属 *Zea*	玉米 *mays*	栽培	杨凌远丰种业有限责任公司
	远 653	禾本科 Gramineae	玉蜀黍属 *Zea*	玉米 *mays*	栽培	杨凌远丰种业有限责任公司
	远 654	禾本科 Gramineae	玉蜀黍属 *Zea*	玉米 *mays*	栽培	杨凌远丰种业有限责任公司
	远⑧	禾本科 Gramineae	玉蜀黍属 *Zea*	玉米 *mays*	栽培	杨凌远丰种业有限责任公司
	远 8912	禾本科 Gramineae	玉蜀黍属 *Zea*	玉米 *mays*	栽培	杨凌远丰种业有限责任公司
	远 9630	禾本科 Gramineae	玉蜀黍属 *Zea*	玉米 *mays*	栽培	杨凌远丰种业有限责任公司
	远 99124	禾本科 Gramineae	玉蜀黍属 *Zea*	玉米 *mays*	栽培	杨凌远丰种业有限责任公司
高粱	标引高粱 1 号	禾本科 Gramineae	高粱属 *Sorghum*	高粱 *bicolor*	栽培	延安市农科所
	标引高粱 2 号	禾本科 Gramineae	高粱属 *Sorghum*	高粱 *bicolor*	栽培	延安市农科所
	标引高粱 3 号	禾本科 Gramineae	高粱属 *Sorghum*	高粱 *bicolor*	栽培	延安市农科所
	标引高粱 4 号	禾本科 Gramineae	高粱属 *Sorghum*	高粱 *bicolor*	栽培	延安市农科所
	标引高粱 5 号	禾本科 Gramineae	高粱属 *Sorghum*	高粱 *bicolor*	栽培	延安市农科所
	甜高粱	禾本科 Gramineae	高粱属 *Sorghum*	高粱 *bicolor*	栽培	榆林农科所

（续表）

作物种类（作物名称）	种质名称	物　　种			属性（栽培或野生）	采集地
		科	属	种		
谷子	秦谷 9 号	禾本科 Gramineae	狗尾草属 *Setaria*	粱 *italica*	栽培	渭南市农科所
	辐谷 6 号	禾本科 Gramineae	狗尾草属 *Setaria*	粱 *italica*	栽培	西北农林科技大学农学院
	辐谷 7 号	禾本科 Gramineae	狗尾草属 *Setaria*	粱 *italica*	栽培	西北农林科技大学农学院
	延谷 9311	禾本科 Gramineae	狗尾草属 *Setaria*	粱 *italica*	栽培	延安市农科所
	榆谷 4 号	禾本科 Gramineae	狗尾草属 *Setaria*	粱 *italica*	栽培	榆林地区农科所
糜子	糜籽	禾本科 Gramineae	黍属 *Panicum*		栽培	农一站
	软糜籽	禾本科 Gramineae	黍属 *Panicum*		栽培	农一站
	硬糜籽	禾本科 Gramineae	黍属 *Panicum*		栽培	农一站
	榆糜 3 号	禾本科 Gramineae	黍属 *Panicum*		栽培	西北农林科技大学农学院
	糜籽	禾本科 Gramineae	黍属 *Panicum*		栽培	延安地区农科所
	硬糜籽	禾本科 Gramineae	黍属 *Panicum*		栽培	延安地区农科所
	软糜籽	禾本科 Gramineae	黍属 *Panicum*		栽培	榆林农科所
荞麦	靖边苦荞	蓼科 Polygonaceae	荞麦属 *Fagopyrum*	苦荞麦 *tataricum*	栽培	靖边县
	靖边甜荞	蓼科 Polygonaceae	荞麦属 *Fagopyrum*		栽培	靖边县
	苦荞	蓼科 Polygonaceae	荞麦属 *Fagopyrum*	苦荞麦 *tataricum*	栽培	农一站
	甜荞	蓼科 Polygonaceae	荞麦属 *Fagopyrum*		栽培	农一站

（续表）

作物种类（作物名称）	种质名称	物种			属性（栽培或野生）	采集地
		科	属	种		
荞麦	苦荞 9920	蓼科 Polygonaceae	荞麦属 *Fagopyrum*	苦荞麦 *tataricum*	栽培	西北农林科技大学农学院
	西农 9909	蓼科 Polygonaceae	荞麦属 *Fagopyrum*		栽培	西北农林科技大学农学院
	大红花	蓼科 Polygonaceae	荞麦属 *Fagopyrum*		栽培	榆林农科所
	苦荞 05	蓼科 Polygonaceae	荞麦属 *Fagopyrum*	苦荞麦 *tataricum*	栽培	榆林农科所
	甜荞 01	蓼科 Polygonaceae	荞麦属 *Fagopyrum*		栽培	榆林农科所
	榆 6–21	蓼科 Polygonaceae	荞麦属 *Fagopyrum*		栽培	榆林农科所
	榆荞 2 号	蓼科 Polygonaceae	荞麦属 *Fagopyrum*		栽培	榆林农科所
甘薯	北雷红	旋花科 Convolvulaceae	甘薯属 *Ipomoea*	甘薯 *batatas*	栽培	合阳县农技中心
	地瓜	旋花科 Convolvulaceae	甘薯属 *Ipomoea*	甘薯 *batatas*	栽培	农一站
	883	旋花科 Convolvulaceae	甘薯属 *Ipomoea*	甘薯 *batatas*	栽培	西北农林科技大学
	39833	旋花科 Convolvulaceae	甘薯属 *Ipomoea*	甘薯 *batatas*	栽培	西北农林科技大学
	39954	旋花科 Convolvulaceae	甘薯属 *Ipomoea*	甘薯 *batatas*	栽培	西北农林科技大学
	90（18）	旋花科 Convolvulaceae	甘薯属 *Ipomoea*	甘薯 *batatas*	栽培	西北农林科技大学

（续表）

作物种类（作物名称）	种质名称	物种			属性（栽培或野生）	采集地
		科	属	种		
甘薯	95（21）	旋花科 Convolvulaceae	甘薯属 *Ipomoea*	甘薯 *batatas*	栽培	西北农林科技大学
	LMJ 10 号	旋花科 Convolvulaceae	甘薯属 *Ipomoea*	甘薯 *batatas*	栽培	西北农林科技大学
	LMJ 11 号	旋花科 Convolvulaceae	甘薯属 *Ipomoea*	甘薯 *batatas*	栽培	西北农林科技大学
	LMJ 12 号	旋花科 Convolvulaceae	甘薯属 *Ipomoea*	甘薯 *batatas*	栽培	西北农林科技大学
	LMJ 2 号	旋花科 Convolvulaceae	甘薯属 *Ipomoea*	甘薯 *batatas*	栽培	西北农林科技大学
	LMJ 3 号	旋花科 Convolvulaceae	甘薯属 *Ipomoea*	甘薯 *batatas*	栽培	西北农林科技大学
	LMJ 4 号	旋花科 Convolvulaceae	甘薯属 *Ipomoea*	甘薯 *batatas*	栽培	西北农林科技大学
	LMJ 5 号	旋花科 Convolvulaceae	甘薯属 *Ipomoea*	甘薯 *batatas*	栽培	西北农林科技大学
	LMJ 6 号	旋花科 Convolvulaceae	甘薯属 *Ipomoea*	甘薯 *batatas*	栽培	西北农林科技大学
	LMJ 7 号	旋花科 Convolvulaceae	甘薯属 *Ipomoea*	甘薯 *batatas*	栽培	西北农林科技大学
	LMJ 8 号	旋花科 Convolvulaceae	甘薯属 *Ipomoea*	甘薯 *batatas*	栽培	西北农林科技大学

（续表）

作物种类（作物名称）	种质名称	物种			属性（栽培或野生）	采集地
		科	属	种		
甘薯	LMJ 9 号	旋花科 Convolvulaceae	甘薯属 *Ipomoea*	甘薯 *batatas*	栽培	西北农林科技大学
	LMJ1 号	旋花科 Convolvulaceae	甘薯属 *Ipomoea*	甘薯 *batatas*	栽培	西北农林科技大学
	甘白	旋花科 Convolvulaceae	甘薯属 *Ipomoea*	甘薯 *batatas*	栽培	西北农林科技大学
	麦营一号	旋花科 Convolvulaceae	甘薯属 *Ipomoea*	甘薯 *batatas*	栽培	西北农林科技大学
	秦秀 2000	旋花科 Convolvulaceae	甘薯属 *Ipomoea*	甘薯 *batatas*	栽培	西北农林科技大学
	选白	旋花科 Convolvulaceae	甘薯属 *Ipomoea*	甘薯 *batatas*	栽培	西北农林科技大学
	紫薯 1 号	旋花科 Convolvulaceae	甘薯属 *Ipomoea*	甘薯 *batatas*	栽培	西北农林科技大学
	秦薯 4 号	旋花科 Convolvulaceae	甘薯属 *Ipomoea*	甘薯 *batatas*	栽培	西北农林科技大学农学院
	延安大红苕	旋花科 Convolvulaceae	甘薯属 *Ipomoea*	甘薯 *batatas*	栽培	延安地区农科所
马铃薯	LMJ10 号	茄科 Solanaceae	茄属 *Solanum*	马铃薯 *tuberosum*	栽培	农一站
	LMJ11 号	茄科 Solanaceae	茄属 *Solanum*	马铃薯 *tuberosum*	栽培	农一站
	LMJ12 号	茄科 Solanaceae	茄属 *Solanum*	马铃薯 *tuberosum*	栽培	农一站
	LMJ1 号	茄科 Solanaceae	茄属 *Solanum*	马铃薯 *tuberosum*	栽培	农一站

（续表）

作物种类（作物名称）	种质名称	物种			属性（栽培或野生）	采集地
		科	属	种		
马铃薯	LMJ2 号	茄科 Solanaceae	茄属 *Solanum*	马铃薯 *tuberosum*	栽培	农一站
	LMJ3 号	茄科 Solanaceae	茄属 *Solanum*	马铃薯 *tuberosum*	栽培	农一站
	LMJ4 号	茄科 Solanaceae	茄属 *Solanum*	马铃薯 *tuberosum*	栽培	农一站
	LMJ5 号	茄科 Solanaceae	茄属 *Solanum*	马铃薯 *tuberosum*	栽培	农一站
	LMJ6 号	茄科 Solanaceae	茄属 *Solanum*	马铃薯 *tuberosum*	栽培	农一站
	LMJ7 号	茄科 Solanaceae	茄属 *Solanum*	马铃薯 *tuberosum*	栽培	农一站
	LMJ8 号	茄科 Solanaceae	茄属 *Solanum*	马铃薯 *tuberosum*	栽培	农一站
	LMJ9 号	茄科 Solanaceae	茄属 *Solanum*	马铃薯 *tuberosum*	栽培	农一站
棉花	秦荔 534	锦葵科 Malvaceae	棉属 *Gossypium*		栽培	大荔县农垦科教中心
	秦远四号	锦葵科 Malvaceae	棉属 *Gossypium*		栽培	西北农林科技大学农学院
	陕 016	锦葵科 Malvaceae	棉属 *Gossypium*		栽培	西北农林科技大学农学院
	陕 1-15	锦葵科 Malvaceae	棉属 *Gossypium*		栽培	西北农林科技大学农学院
	陕 204	锦葵科 Malvaceae	棉属 *Gossypium*		栽培	西北农林科技大学农学院
	陕 2177	锦葵科 Malvaceae	棉属 *Gossypium*		栽培	西北农林科技大学农学院
	陕 2365	锦葵科 Malvaceae	棉属 *Gossypium*		栽培	西北农林科技大学农学院

（续表）

作物种类（作物名称）	种质名称	物种			属性（栽培或野生）	采集地
		科	属	种		
棉花	陕 4073	锦葵科 Malvaceae	棉属 *Gossypium*		栽培	西北农林科技大学农学院
	陕 4080	锦葵科 Malvaceae	棉属 *Gossypium*		栽培	西北农林科技大学农学院
	陕 6192	锦葵科 Malvaceae	棉属 *Gossypium*		栽培	西北农林科技大学农学院
	陕 7359	锦葵科 Malvaceae	棉属 *Gossypium*		栽培	西北农林科技大学农学院
	陕棉 2234	锦葵科 Malvaceae	棉属 *Gossypium*		栽培	西北农林科技大学农学院
麻类	大麻	桑科 Moraceae	大麻属 *Cannabis*	大麻 *sativa*	栽培	汉中地区农科所
	大麻	桑科 Moraceae	大麻属 *Cannabis*	大麻 *sativa*	栽培	农一站
	苘麻	锦葵科 Malvaceae	苘麻属 *Abutilon*	苘麻 *theophrasti*	栽培	农一站
	苘麻	锦葵科 Malvaceae	苘麻属 *Abutilon*	苘麻 *theophrasti*	栽培	安康地区农科所
油菜	宝杂油一号	十字花科 Cruciferae	芸薹属 *Brassica*	白菜型油菜 *campestris*	栽培	宝鸡市农科所
	驰杂油 1 号	十字花科 Cruciferae	芸薹属 *Brassica*	白菜型油菜 *campestris*	栽培	三原县种子公司
	黄杂 2 号	十字花科 Cruciferae	芸薹属 *Brassica*	白菜型油菜 *campestris*	栽培	陕西省杂交油菜研究中心
	秦杂油 1 号	十字花科 Cruciferae	芸薹属 *Brassica*	白菜型油菜 *campestris*	栽培	陕西省杂交油菜研究中心

（续表）

作物种类（作物名称）	种质名称	物种			属性（栽培或野生）	采集地
		科	属	种		
油菜	秦杂油 1 号	十字花科 Cruciferae	芸薹属 *Brassica*	白菜型油菜 *campestris*	栽培	陕西省杂交油菜研究中心
	陕油 6 号	十字花科 Cruciferae	芸薹属 *Brassica*	白菜型油菜 *campestris*	栽培	西北农林科技大学
	陕油 8 号	十字花科 Cruciferae	芸薹属 *Brassica*	白菜型油菜 *campestris*	栽培	西北农林科技大学
	陕油 9 号	十字花科 Cruciferae	芸薹属 *Brassica*	白菜型油菜 *campestris*	栽培	西北农林科技大学
	白杂 1 号	十字花科 Cruciferae	芸薹属 *Brassica*	白菜型油菜 *campestris*	栽培	西北农林科技大学经作所
	212	十字花科 Cruciferae	芸薹属 *Brassica*	白菜型油菜 *campestris*	栽培	西北农林科技大学农学院
	1102C	十字花科 Cruciferae	芸薹属 *Brassica*	白菜型油菜 *campestris*	栽培	西北农林科技大学农学院
	203A	十字花科 Cruciferae	芸薹属 *Brassica*	白菜型油菜 *campestris*	栽培	西北农林科技大学农学院
	208A	十字花科 Cruciferae	芸薹属 *Brassica*	白菜型油菜 *campestris*	栽培	西北农林科技大学农学院
	X0301A	十字花科 Cruciferae	芸薹属 *Brassica*	白菜型油菜 *campestris*	栽培	西北农林科技大学农学院
	X0302A	十字花科 Cruciferae	芸薹属 *Brassica*	白菜型油菜 *campestris*	栽培	西北农林科技大学农学院

（续表）

作物种类（作物名称）	种质名称	物种			属性（栽培或野生）	采集地
		科	属	种		
油菜	X0401A	十字花科 Cruciferae	芸薹属 *Brassica*	白菜型油菜 *campestris*	栽培	西北农林科技大学农学院
	X0402A	十字花科 Cruciferae	芸薹属 *Brassica*	白菜型油菜 *campestris*	栽培	西北农林科技大学农学院
	XZ098-136	十字花科 Cruciferae	芸薹属 *Brassica*	白菜型油菜 *campestris*	栽培	西北农林科技大学农学院
	XZ098-20	十字花科 Cruciferae	芸薹属 *Brassica*	白菜型油菜 *campestris*	栽培	西北农林科技大学农学院
	XZ098-76	十字花科 Cruciferae	芸薹属 *Brassica*	白菜型油菜 *campestris*	栽培	西北农林科技大学农学院
	XZ099-18	十字花科 Cruciferae	芸薹属 *Brassica*	白菜型油菜 *campestris*	栽培	西北农林科技大学农学院
	XZ099-3	十字花科 Cruciferae	芸薹属 *Brassica*	白菜型油菜 *campestris*	栽培	西北农林科技大学农学院
	XZ2000-6	十字花科 Cruciferae	芸薹属 *Brassica*	白菜型油菜 *campestris*	栽培	西北农林科技大学农学院
	XZ2000-66	十字花科 Cruciferae	芸薹属 *Brassica*	白菜型油菜 *campestris*	栽培	西北农林科技大学农学院
	XZ2000-9	十字花科 Cruciferae	芸薹属 *Brassica*	白菜型油菜 *campestris*	栽培	西北农林科技大学农学院
	XZ2001-101	十字花科 Cruciferae	芸薹属 *Brassica*	白菜型油菜 *campestris*	栽培	西北农林科技大学农学院

（续表）

作物种类（作物名称）	种质名称	物种			属性（栽培或野生）	采集地
		科	属	种		
油菜	XZ2001-175	十字花科 Cruciferae	芸薹属 *Brassica*	白菜型油菜 *campestris*	栽培	西北农林科技大学农学院
	XZ2002-7	十字花科 Cruciferae	芸薹属 *Brassica*	白菜型油菜 *campestris*	栽培	西北农林科技大学农学院
	XZ2003-138	十字花科 Cruciferae	芸薹属 *Brassica*	白菜型油菜 *campestris*	栽培	西北农林科技大学农学院
	XZ2003-94	十字花科 Cruciferae	芸薹属 *Brassica*	白菜型油菜 *campestris*	栽培	西北农林科技大学农学院
	改良陕油 6 号	十字花科 Cruciferae	芸薹属 *Brassica*	白菜型油菜 *campestris*	栽培	西北农林科技大学农学院
	甘杂 1 号	十字花科 Cruciferae	芸薹属 *Brassica*	白菜型油菜 *campestris*	栽培	西北农林科技大学农学院
	秦研 211	十字花科 Cruciferae	芸薹属 *Brassica*	白菜型油菜 *campestris*	栽培	西北农林科技大学农学院
	杂优 1 号	十字花科 Cruciferae	芸薹属 *Brassica*	白菜型油菜 *campestris*	栽培	西北农林科技大学农学院
	秦优 10 号	十字花科 Cruciferae	芸薹属 *Brassica*	白菜型油菜 *campestris*	栽培	咸阳农业科学研究所
	秦优 9 号	十字花科 Cruciferae	芸薹属 *Brassica*	白菜型油菜 *campestris*	栽培	咸阳市农科所

（续表）

作物种类（作物名称）	种质名称	物种			属性（栽培或野生）	采集地
		科	属	种		
油菜	秦优 10 号	十字花科 Cruciferae	芸薹属 *Brassica*	白菜型油菜 *campestris*	栽培	咸阳市农业科学研究所
向日葵	191-9R-1	菊科 Compositae	向日葵属 *Helianthus*	向日葵 *annuus*	栽培	西北农林科技大学经作所
	191-9R-2	菊科 Compositae	向日葵属 *Helianthus*	向日葵 *annuus*	栽培	西北农林科技大学经作所
	277R-1	菊科 Compositae	向日葵属 *Helianthus*	向日葵 *annuus*	栽培	西北农林科技大学经作所
	277R-2	菊科 Compositae	向日葵属 *Helianthus*	向日葵 *annuus*	栽培	西北农林科技大学经作所
	28A	菊科 Compositae	向日葵属 *Helianthus*	向日葵 *annuus*	栽培	西北农林科技大学经作所
	28B	菊科 Compositae	向日葵属 *Helianthus*	向日葵 *annuus*	栽培	西北农林科技大学经作所
	411-R-1	菊科 Compositae	向日葵属 *Helianthus*	向日葵 *annuus*	栽培	西北农林科技大学经作所
	411-R-2	菊科 Compositae	向日葵属 *Helianthus*	向日葵 *annuus*	栽培	西北农林科技大学经作所
	447A	菊科 Compositae	向日葵属 *Helianthus*	向日葵 *annuus*	栽培	西北农林科技大学经作所
	447B	菊科 Compositae	向日葵属 *Helianthus*	向日葵 *annuus*	栽培	西北农林科技大学经作所

（续表）

作物种类（作物名称）	种质名称	物种			属性（栽培或野生）	采集地
		科	属	种		
向日葵	65A	菊科 Compositae	向日葵属 *Helianthus*	向日葵 *annuus*	栽培	西北农林科技大学经作所
	65B	菊科 Compositae	向日葵属 *Helianthus*	向日葵 *annuus*	栽培	西北农林科技大学经作所
	陕葵杂 1 号	菊科 Compositae	向日葵属 *Helianthus*	向日葵 *annuus*	栽培	西北农林科技大学经作所
芝麻	胡麻	胡麻科 Pedaliaceae	胡麻属 *Sesamum*	芝麻 *indicum*	栽培	安康地区农科所
	甘肃白银胡麻	胡麻科 Pedaliaceae	胡麻属 *Sesamum*	芝麻 *indicum*	栽培	农一站
	临泉小籽白	胡麻科 Pedaliaceae	胡麻属 *Sesamum*	芝麻 *indicum*	栽培	农一站
	项城白芝糜	胡麻科 Pedaliaceae	胡麻属 *Sesamum*	芝麻 *indicum*	栽培	农一站
	新豫芝 4 号	胡麻科 Pedaliaceae	胡麻属 *Sesamum*	芝麻 *indicum*	栽培	农一站
	豫芝 10 号	胡麻科 Pedaliaceae	胡麻属 *Sesamum*	芝麻 *indicum*	栽培	农一站
	豫芝 11 号	胡麻科 Pedaliaceae	胡麻属 *Sesamum*	芝麻 *indicum*	栽培	农一站
	豫芝 8 号	胡麻科 Pedaliaceae	胡麻属 *Sesamum*	芝麻 *indicum*	栽培	农一站
	郑芝 97556	胡麻科 Pedaliaceae	胡麻属 *Sesamum*	芝麻 *indicum*	栽培	农一站
	标本 1 号	胡麻科 Pedaliaceae	胡麻属 *Sesamum*	芝麻 *indicum*	栽培	西北农林科技大学
	黑芝麻 1 号	胡麻科 Pedaliaceae	胡麻属 *Sesamum*	芝麻 *indicum*	栽培	西北农林科技大学
	优选黑芝麻	胡麻科 Pedaliaceae	胡麻属 *Sesamum*	芝麻 *indicum*	栽培	西北农林科技大学
	陕芝 3 号	胡麻科 Pedaliaceae	胡麻属 *Sesamum*	芝麻 *indicum*	栽培	西北农林科技大学农学院

（续表）

作物种类（作物名称）	种质名称	物种			属性（栽培或野生）	采集地
		科	属	种		
豆类	合 95-66	豆科 Leguminosae	大豆属 *Glycine*	大豆 *max*	栽培	宝鸡市农科所
	黄沙豆	莎草科 Cyperaceae			栽培	宝鸡市农科所
	96A213	豆科 Leguminosae	大豆属 *Glycine*	大豆 *max*	栽培	大荔县农垦科教中心
	安 02-1	豆科 Leguminosae	豇豆属 *Vigna*	绿豆 *radiata*	栽培	农一站
	保 942-40-2	豆科 Leguminosae	菜豆属 *Phaseolus*		栽培	农一站
	标本 1 号	豆科 Leguminosae	落花生属 *Arachis*	花生 *hypogaea*	栽培	农一站
	滨豆 95-20	豆科 Leguminosae	大豆属 *Glycine*	大豆 *max*	栽培	农一站
	汾豆 55 号	豆科 Leguminosae	大豆属 *Glycine*	大豆 *max*	栽培	农一站
	韩国 1 号	豆科 Leguminosae	落花生属 *Arachis*	花生 *hypogaea*	栽培	农一站
	韩国改良 998	豆科 Leguminosae	落花生属 *Arachis*	花生 *hypogaea*	栽培	农一站
	冀豆 7 号	豆科 Leguminosae	大豆属 *Glycine*	大豆 *max*	栽培	农一站
	冀红 4 号	豆科 Leguminosae	豇豆属 *Vigna*		栽培	农一站
	冀黄 12	豆科 Leguminosae	大豆属 *Glycine*	大豆 *max*	栽培	农一站
	冀黄 13	豆科 Leguminosae	大豆属 *Glycine*	大豆 *max*	栽培	农一站
	潍 8901-32	豆科 Leguminosae	菜豆属 *Phaseolus*		栽培	农一站
	新豫生 8 号	豆科 Leguminosae	落花生属 *Arachis*	花生 *hypogaea*	栽培	农一站
	亚洲叁号	豆科 Leguminosae	落花生属 *Arachis*	花生 *hypogaea*	栽培	农一站
	豫花 153	豆科 Leguminosae	落花生属 *Arachis*	花生 *hypogaea*	栽培	农一站
	豫花 7 号	豆科 Leguminosae	落花生属 *Arachis*	花生 *hypogaea*	栽培	农一站

（续表）

作物种类（作物名称）	种质名称	物种			属性（栽培或野生）	采集地
		科	属	种		
豆类	豫花 9327	豆科 Leguminosae	落花生属 *Arachis*	花生 *hypogaea*	栽培	农一站
	豫花 9331	豆科 Leguminosae	落花生属 *Arachis*	花生 *hypogaea*	栽培	农一站
	远杂 902	豆科 Leguminosae	落花生属 *Arachis*	花生 *hypogaea*	栽培	农一站
	远杂 9307	豆科 Leguminosae	落花生属 *Arachis*	花生 *hypogaea*	栽培	农一站
	府谷绿豆	豆科 Leguminosae	豇豆属 *Vigna*	绿豆 *radiata*	栽培	陕西府谷
	横山绿豆	豆科 Leguminosae	豇豆属 *Vigna*	绿豆 *radiata*	栽培	陕西横山
	横山绿豆	豆科 Leguminosae	豇豆属 *Vigna*	绿豆 *radiata*	栽培	陕西横山
	佳县绿豆 1	豆科 Leguminosae	豇豆属 *Vigna*	绿豆 *radiata*	栽培	陕西佳县
	佳县绿豆 2	豆科 Leguminosae	豇豆属 *Vigna*	绿豆 *radiata*	栽培	陕西佳县
	清涧绿豆 1	豆科 Leguminosae	豇豆属 *Vigna*	绿豆 *radiata*	栽培	陕西清涧
	清涧绿豆 2	豆科 Leguminosae	豇豆属 *Vigna*	绿豆 *radiata*	栽培	陕西清涧
	长奶花芸豆	豆科 Leguminosae	菜豆属 *Phaseolus*		栽培	陕西商洛
	神木绿豆 1	豆科 Leguminosae	豇豆属 *Vigna*	绿豆 *radiata*	栽培	陕西神木
	神木绿豆 2	豆科 Leguminosae	豇豆属 *Vigna*	绿豆 *radiata*	栽培	陕西神木
	黄芸豆	豆科 Leguminosae	菜豆属 *Phaseolus*		栽培	陕西太白
	白地豆	豆科 Leguminosae	菜豆属 *Phaseolus*		栽培	西北农林科技大学
	白红 99616	豆科 Leguminosae	菜豆属 *Phaseolus*		栽培	西北农林科技大学
	高丰 1 号	豆科 Leguminosae	大豆属 *Glycine*	大豆 *max*	栽培	西北农林科技大学
	黑云豆	豆科 Leguminosae	菜豆属 *Phaseolus*		栽培	西北农林科技大学

（续表）

作物种类（作物名称）	种质名称	物种			属性（栽培或野生）	采集地
		科	属	种		
豆类	红小豆	豆科 Leguminosae	豇豆属 *Vigna*		栽培	西北农林科技大学
	花云豆 2	豆科 Leguminosae	菜豆属 *Phaseolus*		栽培	西北农林科技大学
	花云豆 3	豆科 Leguminosae	菜豆属 *Phaseolus*		栽培	西北农林科技大学
	豇豆 1	豆科 Leguminosae	豇豆属 *Vigna*		栽培	西北农林科技大学
	科丰 6 号	豆科 Leguminosae	大豆属 *Glycine*	大豆 *max*	栽培	西北农林科技大学
	科丰 8 号	豆科 Leguminosae	大豆属 *Glycine*	大豆 *max*	栽培	西北农林科技大学
	奈曼小豆	豆科 Leguminosae	豇豆属 *Vigna*		栽培	西北农林科技大学
	秦米绿豆	豆科 Leguminosae	豇豆属 *Vigna*	绿豆 *radiata*	栽培	西北农林科技大学
	陕豆 125	豆科 Leguminosae	大豆属 *Glycine*	大豆 *max*	栽培	西北农林科技大学农学院
	陕豆 5137	豆科 Leguminosae	大豆属 *Glycine*	大豆 *max*	栽培	西北农林科技大学农学院
	陕豆 5147	豆科 Leguminosae	大豆属 *Glycine*	大豆 *max*	栽培	西北农林科技大学农学院
	陕豆 5371	豆科 Leguminosae	大豆属 *Glycine*	大豆 *max*	栽培	西北农林科技大学农学院
小麦的近缘野生种	华山新麦草	禾本科 Gramineae	新麦草属 *Psathyrostachys*		野生	202 省道
	鹅观草 1	禾本科 Gramineae	鹅观草属 *Roegneria*		野生	安康市
	鹅观草 10	禾本科 Gramineae	鹅观草属 *Roegneria*		野生	安康市
	鹅观草 2	禾本科 Gramineae	鹅观草属 *Roegneria*		野生	安康市

（续表）

作物种类（作物名称）	种质名称	物种			属性（栽培或野生）	采集地
		科	属	种		
小麦的近缘野生种	鹅观草 3	禾本科 Gramineae	鹅观草属 *Roegneria*		野生	安康市
	鹅观草 4	禾本科 Gramineae	鹅观草属 *Roegneria*		野生	安康市
	鹅观草 5	禾本科 Gramineae	鹅观草属 *Roegneria*		野生	安康市
	鹅观草 6	禾本科 Gramineae	鹅观草属 *Roegneria*		野生	安康市
	鹅观草 7	禾本科 Gramineae	鹅观草属 *Roegneria*		野生	安康市
	鹅观草 8	禾本科 Gramineae	鹅观草属 *Roegneria*		野生	安康市
	鹅观草 9	禾本科 Gramineae	鹅观草属 *Roegneria*		野生	安康市
	赖草	禾本科 Gramineae	赖草属 *Leymus*		野生	安康市
	雀麦	禾本科 Gramineae	雀麦属 *Bromus*		野生	安康市
	鹅观草 1	禾本科 Gramineae	鹅观草属 *Roegneria*		野生	城固县
	鹅观草 2	禾本科 Gramineae	鹅观草属 *Roegneria*		野生	城固县
	鹅观草 3	禾本科 Gramineae	鹅观草属 *Roegneria*		野生	城固县
	鹅观草 4	禾本科 Gramineae	鹅观草属 *Roegneria*		野生	城固县
	华山新麦草	禾本科 Gramineae	新麦草属 *Psathyrostachys*		野生	葱屿
	鹅观草	禾本科 Gramineae	鹅观草属 *Roegneria*		野生	大安至略阳公路旁
	鹅观草 1	禾本科 Gramineae	鹅观草属 *Roegneria*		野生	丹凤县
	鹅观草 2	禾本科 Gramineae	鹅观草属 *Roegneria*		野生	丹凤县
	鹅观草 3	禾本科 Gramineae	鹅观草属 *Roegneria*		野生	丹凤县

（续表）

作物种类（作物名称）	种质名称	物种			属性（栽培或野生）	采集地
		科	属	种		
小麦的近缘野生种	冰草	禾本科 Gramineae	冰草属 *Agropyron*	冰草 *cristatum*	野生	定边
	肃草	禾本科 Gramineae	鹅观草属 *Roegneria*	肃草 *stricta*	野生	定边、陇县
	华山新麦草	禾本科 Gramineae	新麦草属 *Psathyrostachys*		野生	杜峪口
	华山新麦草	禾本科 Gramineae	新麦草属 *Psathyrostachys*		野生	方山峪口
	鹅观草 1	禾本科 Gramineae	鹅观草属 *Roegneria*		野生	凤县
	鹅观草 2	禾本科 Gramineae	鹅观草属 *Roegneria*		野生	凤县
	披碱草	禾本科 Gramineae	披碱草属 *Elymus*		野生	凤县
	雀麦	禾本科 Gramineae	雀麦属 *Bromus*		野生	凤县
	鹅观草 1	禾本科 Gramineae	鹅观草属 *Roegneria*		野生	佛平县
	鹅观草 10	禾本科 Gramineae	鹅观草属 *Roegneria*		野生	佛平县
	鹅观草 11	禾本科 Gramineae	鹅观草属 *Roegneria*		野生	佛平县
	鹅观草 12	禾本科 Gramineae	披碱草属 *Elymus*		野生	佛平县
	鹅观草 2	禾本科 Gramineae	鹅观草属 *Roegneria*		野生	佛平县
	鹅观草 3	禾本科 Gramineae	鹅观草属 *Roegneria*		野生	佛平县
	鹅观草 4	禾本科 Gramineae	鹅观草属 *Roegneria*		野生	佛平县
	鹅观草 5	禾本科 Gramineae	鹅观草属 *Roegneria*		野生	佛平县
	鹅观草 6	禾本科 Gramineae	鹅观草属 *Roegneria*		野生	佛平县
	鹅观草 7	禾本科 Gramineae	鹅观草属 *Roegneria*		野生	佛平县

（续表）

作物种类（作物名称）	种质名称	物种			属性（栽培或野生）	采集地
		科	属	种		
小麦的近缘野生种	鹅观草 8	禾本科 Gramineae	鹅观草属 *Roegneria*		野生	佛平县
	鹅观草 9	禾本科 Gramineae	鹅观草属 *Roegneria*		野生	佛平县
	雀麦 1	禾本科 Gramineae	雀麦属 *Bromus*		野生	佛平县
	雀麦 2	禾本科 Gramineae	雀麦属 *Bromus*		野生	佛平县
	雀麦 3	禾本科 Gramineae	雀麦属 *Bromus*		野生	佛平县
	雀麦 4	禾本科 Gramineae	雀麦属 *Bromus*		野生	佛平县
	鹅观草	禾本科 Gramineae	鹅观草属 *Roegneria*		野生	府谷县
	赖草	禾本科 Gramineae	赖草属 *Leymus*		野生	府谷县
	披碱草	禾本科 Gramineae	披碱草属 *Elymus*		野生	府谷县
	华山新麦草 1	禾本科 Gramineae	新麦草属 *Psathyrostachys*		野生	港子
	华山新麦草 2	禾本科 Gramineae	新麦草属 *Psathyrostachys*		野生	港子
	鹅观草 1	禾本科 Gramineae	鹅观草属 *Roegneria*		野生	汉阴县
	鹅观草 2	禾本科 Gramineae	鹅观草属 *Roegneria*		野生	汉阴县
	鹅观草 1	禾本科 Gramineae	鹅观草属 *Roegneria*		野生	汉中
	鹅观草 2	禾本科 Gramineae	鹅观草属 *Roegneria*		野生	汉中
	赖草	禾本科 Gramineae	赖草属 *Leymus*		野生	贺家乞佬
	鹅观草 1	禾本科 Gramineae	鹅观草属 *Roegneria*		野生	红河谷
	鹅观草 2	禾本科 Gramineae	鹅观草属 *Roegneria*		野生	红河谷

（续表）

作物种类（作物名称）	种质名称	物种			属性（栽培或野生）	采集地
		科	属	种		
小麦的近缘野生种	鹅观草 3	禾本科 Gramineae	鹅观草属 *Roegneria*		野生	红河谷
	鹅观草 4	禾本科 Gramineae	鹅观草属 *Roegneria*		野生	红河谷
	披碱草 1	禾本科 Gramineae	披碱草属 *Elymus*		野生	红河谷
	披碱草 2	禾本科 Gramineae	披碱草属 *Elymus*		野生	红河谷
	披碱草 3	禾本科 Gramineae	披碱草属 *Elymus*		野生	红河谷
	披碱草 4	禾本科 Gramineae	披碱草属 *Elymus*		野生	红河谷
	猥草 1	禾本科 Gramineae	猬草属 *Hystrix Moench*		野生	红河谷
	猥草 2	禾本科 Gramineae	猬草属 *Hystrix Moench*		野生	红河谷
	羊茅	禾本科 Gramineae	羊茅属 *Festuca*		野生	红河谷
	大鹅观草	禾本科 Gramineae	鹅观草属 *Roegneria*		野生	华山
	鹅观草 1	禾本科 Gramineae	鹅观草属 *Roegneria*		野生	华山
	鹅观草 2	禾本科 Gramineae	鹅观草属 *Roegneria*		野生	华山
	鹅观草 3	禾本科 Gramineae	鹅观草属 *Roegneria*		野生	华山
	鹅观草 4	禾本科 Gramineae	鹅观草属 *Roegneria*		野生	华山
	鹅观草 5	禾本科 Gramineae	鹅观草属 *Roegneria*		野生	华山
	鹅观草 6	禾本科 Gramineae	鹅观草属 *Roegneria*		野生	华山
	华山新麦草 1	禾本科 Gramineae	鹅观草属 *Roegneria*		野生	华山

（续表）

作物种类（作物名称）	种质名称	物种			属性（栽培或野生）	采集地
		科	属	种		
小麦的近缘野生种	华山新麦草 2	禾本科 Gramineae	新麦草属 *Psathyrostachys*		野生	华山
	华山新麦草 3	禾本科 Gramineae	新麦草属 *Psathyrostachys*		野生	华山
	华山新麦草 4	禾本科 Gramineae	新麦草属 *Psathyrostachys*		野生	华山
	华山新麦草 5	禾本科 Gramineae	新麦草属 *Psathyrostachys*		野生	华山
	华山新麦草 6	禾本科 Gramineae	新麦草属 *Psathyrostachys*		野生	华山
	华山新麦草 7	禾本科 Gramineae	新麦草属 *Psathyrostachys*		野生	华山
	华山新麦草 8	禾本科 Gramineae	新麦草属 *Psathyrostachys*		野生	华山
	披碱草 1	禾本科 Gramineae	披碱草属 *Elymus*		野生	华山
	披碱草 2	禾本科 Gramineae	披碱草属 *Elymus*		野生	华山
	披碱草 3	禾本科 Gramineae	披碱草属 *Elymus*		野生	华山
	披碱草 4	禾本科 Gramineae	披碱草属 *Elymus*		野生	华山
	披碱草 5	禾本科 Gramineae	披碱草属 *Elymus*		野生	华山
	多秆鹅观草	禾本科 Gramineae	鹅观草属 *Roegneria*	多秆鹅观草 *multiculmis*	野生	华山、户县

（续表）

作物种类（作物名称）	种质名称	物种			属性（栽培或野生）	采集地
		科	属	种		
小麦的近缘野生种	华山新麦草	禾本科 Gramineae	新麦草属 *Psathyrostachys*	华山新麦草 *Huashanica*	野生	华县
	鹅观草 1	禾本科 Gramineae	鹅观草属 *Roegneria*		野生	华阴县
	鹅观草 2	禾本科 Gramineae	鹅观草属 *Roegneria*		野生	华阴县
	鹅观草 1	禾本科 Gramineae	鹅观草属 *Roegneria*		野生	黄陵县
	鹅观草 2	禾本科 Gramineae	鹅观草属 *Roegneria*		野生	黄陵县
	赖草	禾本科 Gramineae	赖草属 *Leymus*		野生	黄陵县
	披碱草	禾本科 Gramineae	披碱草属 *Elymus*		野生	黄陵县
	紫野大麦	禾本科 Gramineae	大麦属 *Hordeum*	紫大麦草 *violaceum*	野生	靖边
	大肃草	禾本科 Gramineae	鹅观草属 *Roegneria*	大肃草 *stricta* f. *major*	野生	靖边、定边
	赖草	禾本科 Gramineae	赖草属 *Leymus*		野生	靖边县
	鹅观草	禾本科 Gramineae	鹅观草属 *Roegneria*		野生	九里山
	赖草	禾本科 Gramineae	赖草属 *Leymus*		野生	九里山
	披碱草	禾本科 Gramineae	披碱草属 *Elymus*		野生	九里山
	鹅观草 1	禾本科 Gramineae	鹅观草属 *Roegneria*		野生	岚皋县
	鹅观草 2	禾本科 Gramineae	鹅观草属 *Roegneria*		野生	岚皋县
	鹅观草 3	禾本科 Gramineae	鹅观草属 *Roegneria*		野生	岚皋县
	鹅观草 4	禾本科 Gramineae	鹅观草属 *Roegneria*		野生	岚皋县
	鹅观草 1	禾本科 Gramineae	鹅观草属 *Roegneria*		野生	蓝田

（续表）

作物种类（作物名称）	种质名称	物　种			属性（栽培或野生）	采集地
		科	属	种		
小麦的近缘野生种	鹅观草 2	禾本科 Gramineae	鹅观草属 *Roegneria*		野生	蓝田
	黑麦草	禾本科 Gramineae	黑麦草属 *Lolium*		野生	蓝田
	披碱草	禾本科 Gramineae	披碱草属 *Elymus*		野生	蓝田
	雀麦 1	禾本科 Gramineae	雀麦属 *Bromus*		野生	蓝田
	雀麦 2	禾本科 Gramineae	雀麦属 *Bromus*		野生	蓝田
	赖草	禾本科 Gramineae	赖草属 *Leymus*		野生	刘家坪
	披碱草	禾本科 Gramineae	披碱草属 *Elymus*		野生	刘家坪
	鹅观草	禾本科 Gramineae	鹅观草属 *Roegneria*		野生	留坝县
	雀麦	禾本科 Gramineae	雀麦属 *Bromus*		野生	留坝县
	鹅观草	禾本科 Gramineae	鹅观草属 *Roegneria*		野生	洛河县
	鹅观草 1	禾本科 Gramineae	鹅观草属 *Roegneria*		野生	洛南县
	鹅观草 2	禾本科 Gramineae	鹅观草属 *Roegneria*		野生	洛南县
	鹅观草 3	禾本科 Gramineae	鹅观草属 *Roegneria*		野生	洛南县
	鹅观草 4	禾本科 Gramineae	鹅观草属 *Roegneria*		野生	洛南县
	鹅观草 5	禾本科 Gramineae	鹅观草属 *Roegneria*		野生	洛南县
	雀麦 1	禾本科 Gramineae	雀麦属 *Bromus*		野生	洛南县
	雀麦 2	禾本科 Gramineae	雀麦属 *Bromus*		野生	洛南县
	鹅观草 1	禾本科 Gramineae	鹅观草属 *Roegneria*		野生	勉县
	鹅观草 2	禾本科 Gramineae	鹅观草属 *Roegneria*		野生	勉县

（续表）

作物种类（作物名称）	种质名称	物种			属性（栽培或野生）	采集地
		科	属	种		
小麦的近缘野生种	鹅观草 3	禾本科 Gramineae	鹅观草属 *Roegneria*		野生	勉县
	披碱草	禾本科 Gramineae	披碱草属 *Elymus*		野生	庙湾煤矿
	鹅观草 1	禾本科 Gramineae	鹅观草属 *Roegneria*		野生	南郑县
	鹅观草 2	禾本科 Gramineae	鹅观草属 *Roegneria*		野生	南郑县
	鹅观草	禾本科 Gramineae	鹅观草属 *Roegneria*		野生	宁强县
	鹅观草 1	禾本科 Gramineae	鹅观草属 *Roegneria*		野生	宁陕县
	鹅观草 10	禾本科 Gramineae	鹅观草属 *Roegneria*		野生	宁陕县
	鹅观草 11	禾本科 Gramineae	鹅观草属 *Roegneria*		野生	宁陕县
	鹅观草 12	禾本科 Gramineae	鹅观草属 *Roegneria*		野生	宁陕县
	鹅观草 2	禾本科 Gramineae	鹅观草属 *Roegneria*		野生	宁陕县
	鹅观草 3	禾本科 Gramineae	鹅观草属 *Roegneria*		野生	宁陕县
	鹅观草 4	禾本科 Gramineae	鹅观草属 *Roegneria*		野生	宁陕县
	鹅观草 5	禾本科 Gramineae	鹅观草属 *Roegneria*		野生	宁陕县
	鹅观草 6	禾本科 Gramineae	鹅观草属 *Roegneria*		野生	宁陕县
	鹅观草 7	禾本科 Gramineae	鹅观草属 *Roegneria*		野生	宁陕县
	鹅观草 8	禾本科 Gramineae	鹅观草属 *Roegneria*		野生	宁陕县
	鹅观草 9	禾本科 Gramineae	鹅观草属 *Roegneria*		野生	宁陕县
	披碱草 1	禾本科 Gramineae	披碱草属 *Elymus*		野生	宁陕县
	披碱草 2	禾本科 Gramineae	披碱草属 *Elymus*		野生	宁陕县

（续表）

作物种类（作物名称）	种质名称	物种			属性（栽培或野生）	采集地
		科	属	种		
小麦的近缘野生种	披碱草 3	禾本科 Gramineae	披碱草属 *Elymus*		野生	宁陕县
	披碱草 4	禾本科 Gramineae	披碱草属 *Elymus*		野生	宁陕县
	披碱草 5	禾本科 Gramineae	披碱草属 *Elymus*		野生	宁陕县
	披碱草 6	禾本科 Gramineae	披碱草属 *Elymus*		野生	宁陕县
	雀麦 1	禾本科 Gramineae	雀麦属 *Bromus*		野生	宁陕县
	雀麦 2	禾本科 Gramineae	雀麦属 *Bromus*		野生	宁陕县
	雀麦 3	禾本科 Gramineae	雀麦属 *Bromus*		野生	宁陕县
	鹅观草 1	禾本科 Gramineae	鹅观草属 *Roegneria*		野生	平利县
	鹅观草 2	禾本科 Gramineae	鹅观草属 *Roegneria*		野生	平利县
	鹅观草 3	禾本科 Gramineae	鹅观草属 *Roegneria*		野生	平利县
	鹅观草 4	禾本科 Gramineae	鹅观草属 *Roegneria*		野生	平利县
	鹅观草 5	禾本科 Gramineae	鹅观草属 *Roegneria*		野生	平利县
	鹅观草 6	禾本科 Gramineae	鹅观草属 *Roegneria*		野生	平利县
	鹅观草 7	禾本科 Gramineae	鹅观草属 *Roegneria*		野生	平利县
	鹅观草 8	禾本科 Gramineae	披碱草属 *Elymus*		野生	平利县
	披碱草	禾本科 Gramineae	披碱草属 *Elymus*		野生	平利县
	雀麦	禾本科 Gramineae	雀麦属 *Bromus*		野生	平利县
	鹅观草 1	禾本科 Gramineae	鹅观草属 *Roegneria*		野生	山阳县
	鹅观草 10	禾本科 Gramineae	鹅观草属 *Roegneria*		野生	山阳县

（续表）

作物种类（作物名称）	种质名称	物种			属性（栽培或野生）	采集地
		科	属	种		
小麦的近缘野生种	鹅观草 11	禾本科 Gramineae	鹅观草属 *Roegneria*		野生	山阳县
	鹅观草 12	禾本科 Gramineae	鹅观草属 *Roegneria*		野生	山阳县
	鹅观草 13	禾本科 Gramineae	鹅观草属 *Roegneria*		野生	山阳县
	鹅观草 14	禾本科 Gramineae	鹅观草属 *Roegneria*		野生	山阳县
	鹅观草 2	禾本科 Gramineae	鹅观草属 *Roegneria*		野生	山阳县
	鹅观草 3	禾本科 Gramineae	鹅观草属 *Roegneria*		野生	山阳县
	鹅观草 4	禾本科 Gramineae	鹅观草属 *Roegneria*		野生	山阳县
	鹅观草 5	禾本科 Gramineae	鹅观草属 *Roegneria*		野生	山阳县
	鹅观草 6	禾本科 Gramineae	鹅观草属 *Roegneria*		野生	山阳县
	鹅观草 7	禾本科 Gramineae	鹅观草属 *Roegneria*		野生	山阳县
	鹅观草 8	禾本科 Gramineae	鹅观草属 *Roegneria*		野生	山阳县
	鹅观草 9	禾本科 Gramineae	鹅观草属 *Roegneria*		野生	山阳县
	雀麦 1	禾本科 Gramineae	雀麦属 *Bromus*		野生	山阳县
	雀麦 2	禾本科 Gramineae	雀麦属 *Bromus*		野生	山阳县
	雀麦 3	禾本科 Gramineae	雀麦属 *Bromus*		野生	山阳县
	雀麦 4	禾本科 Gramineae	雀麦属 *Bromus*		野生	山阳县
	鹅观草 1	禾本科 Gramineae	鹅观草属 *Roegneria*		野生	商洛
	鹅观草 2	禾本科 Gramineae	鹅观草属 *Roegneria*		野生	商洛
	鹅观草 3	禾本科 Gramineae	鹅观草属 *Roegneria*		野生	商洛

（续表）

作物种类（作物名称）	种质名称	物种			属性（栽培或野生）	采集地
		科	属	种		
小麦的近缘野生种	鹅观草 1	禾本科 Gramineae	鹅观草属 *Roegneria*		野生	商南县
	鹅观草 10	禾本科 Gramineae	鹅观草属 *Roegneria*		野生	商南县
	鹅观草 11	禾本科 Gramineae	鹅观草属 *Roegneria*		野生	商南县
	鹅观草 12	禾本科 Gramineae	鹅观草属 *Roegneria*		野生	商南县
	鹅观草 2	禾本科 Gramineae	鹅观草属 *Roegneria*		野生	商南县
	鹅观草 3	禾本科 Gramineae	鹅观草属 *Roegneria*		野生	商南县
	鹅观草 4	禾本科 Gramineae	鹅观草属 *Roegneria*		野生	商南县
	鹅观草 5	禾本科 Gramineae	鹅观草属 *Roegneria*		野生	商南县
	鹅观草 6	禾本科 Gramineae	鹅观草属 *Roegneria*		野生	商南县
	鹅观草 7	禾本科 Gramineae	鹅观草属 *Roegneria*		野生	商南县
	鹅观草 8	禾本科 Gramineae	鹅观草属 *Roegneria*		野生	商南县
	鹅观草 9	禾本科 Gramineae	鹅观草属 *Roegneria*		野生	商南县
	雀麦 1	禾本科 Gramineae	雀麦属 *Bromus*		野生	商南县
	雀麦 2	禾本科 Gramineae	雀麦属 *Bromus*		野生	商南县
	鹅观草 1	禾本科 Gramineae	鹅观草属 *Roegneria*		野生	商州
	鹅观草 2	禾本科 Gramineae	鹅观草属 *Roegneria*		野生	商州
	雀麦	禾本科 Gramineae	雀麦属 *Bromus*		野生	商州
	鹅观草 1	禾本科 Gramineae	鹅观草属 *Roegneria*		野生	商州区
	鹅观草 2	禾本科 Gramineae	鹅观草属 *Roegneria*		野生	商州区

（续表）

作物种类（作物名称）	种质名称	物种			属性（栽培或野生）	采集地
		科	属	种		
小麦的近缘野生种	鹅观草 3	禾本科 Gramineae	鹅观草属 *Roegneria*		野生	商州区
	鹅观草 4	禾本科 Gramineae	鹅观草属 *Roegneria*		野生	商州区
	狗尾草	禾本科 Gramineae	狗尾草属 *Setaria*		野生	商州区
	雀麦 1	禾本科 Gramineae	雀麦属 *Bromus*		野生	商州区
	雀麦 2	禾本科 Gramineae	雀麦属 *Bromus*		野生	商州区
	雀麦 3	禾本科 Gramineae	雀麦属 *Bromus*		野生	商州区
	赖草 1	禾本科 Gramineae	赖草属 *Leymus*		野生	神木
	赖草 2	禾本科 Gramineae	赖草属 *Leymus*		野生	神木
	赖草 3	禾本科 Gramineae	赖草属 *Leymus*		野生	神木
	鹅观草 1	禾本科 Gramineae	鹅观草属 *Roegneria*		野生	石泉
	鹅观草 10	禾本科 Gramineae	鹅观草属 *Roegneria*		野生	石泉
	鹅观草 11	禾本科 Gramineae	鹅观草属 *Roegneria*		野生	石泉
	鹅观草 12	禾本科 Gramineae	鹅观草属 *Roegneria*		野生	石泉
	鹅观草 13	禾本科 Gramineae	鹅观草属 *Roegneria*		野生	石泉
	鹅观草 14	禾本科 Gramineae	鹅观草属 *Roegneria*		野生	石泉
	鹅观草 2	禾本科 Gramineae	鹅观草属 *Roegneria*		野生	石泉
	鹅观草 3	禾本科 Gramineae	鹅观草属 *Roegneria*		野生	石泉
	鹅观草 4	禾本科 Gramineae	鹅观草属 *Roegneria*		野生	石泉
	鹅观草 5	禾本科 Gramineae	鹅观草属 *Roegneria*		野生	石泉

（续表）

作物种类（作物名称）	种质名称	物种			属性（栽培或野生）	采集地
		科	属	种		
小麦的近缘野生种	鹅观草 6	禾本科 Gramineae	鹅观草属 *Roegneria*		野生	石泉
	鹅观草 7	禾本科 Gramineae	鹅观草属 *Roegneria*		野生	石泉
	鹅观草 8	禾本科 Gramineae	鹅观草属 *Roegneria*		野生	石泉
	鹅观草 9	禾本科 Gramineae	鹅观草属 *Roegneria*		野生	石泉
	鹅观草	禾本科 Gramineae	鹅观草属 *Roegneria*		野生	碳家湾
	赖草	禾本科 Gramineae	赖草属 *Leymus*		野生	碳家湾
	披碱草	禾本科 Gramineae	披碱草属 *Elymus*		野生	铜黄高速
	华山新麦草	禾本科 Gramineae	新麦草属 *Psathyrostachys*		野生	瓮峪
	鹅观草	禾本科 Gramineae	鹅观草属 *Roegneria*		野生	西铜高速
	赖草	禾本科 Gramineae	赖草属 *Leymus*		野生	西铜高速
	鹅观草 1	禾本科 Gramineae	鹅观草属 *Roegneria*		野生	西乡县
	鹅观草 2	禾本科 Gramineae	鹅观草属 *Roegneria*		野生	西乡县
	鹅观草 3	禾本科 Gramineae	鹅观草属 *Roegneria*		野生	西乡县
	鹅观草 4	禾本科 Gramineae	鹅观草属 *Roegneria*		野生	西乡县
	鹅观草 5	禾本科 Gramineae	鹅观草属 *Roegneria*		野生	西乡县
	鹅观草 6	禾本科 Gramineae	鹅观草属 *Roegneria*		野生	西乡县
	鹅观草 7	禾本科 Gramineae	鹅观草属 *Roegneria*		野生	西乡县
	鹅观草 8	禾本科 Gramineae	鹅观草属 *Roegneria*		野生	西乡县

（续表）

作物种类（作物名称）	种质名称	物种			属性（栽培或野生）	采集地
		科	属	种		
小麦的近缘野生种	菅草	禾本科 Gramineae	菅草属 *Themeda*		野生	西乡县
	雀麦	禾本科 Gramineae	雀麦属 *Bromus*		野生	西乡县
	赖草	禾本科 Gramineae	赖草属 *Leymus*		野生	席麻湾乡
	蒙古冰草	禾本科 Gramineae	冰草属 *Agropyron*		野生	席麻湾乡
	鹅观草 1	禾本科 Gramineae	鹅观草属 *Roegneria*		野生	旬阳县
	鹅观草 2	禾本科 Gramineae	鹅观草属 *Roegneria*		野生	旬阳县
	鹅观草 3	禾本科 Gramineae	鹅观草属 *Roegneria*		野生	旬阳县
	鹅观草 4	禾本科 Gramineae	鹅观草属 *Roegneria*		野生	旬阳县
	鹅观草 5	禾本科 Gramineae	鹅观草属 *Roegneria*		野生	旬阳县
	鹅观草 6	禾本科 Gramineae	鹅观草属 *Roegneria*		野生	旬阳县
	鹅观草 7	禾本科 Gramineae	鹅观草属 *Roegneria*		野生	旬阳县
	五龙山鹅观草	禾本科 Gramineae	鹅观草属 *Roegneria*	五龙山鹅观草 *hondai*	野生	延安
	鹅观草	禾本科 Gramineae	鹅观草属 *Roegneria*	鹅观草 *kamoji*	野生	延安、华山、宝鸡、户县、镇安、南郑、商南
	鹅观草	禾本科 Gramineae	鹅观草属 *Roegneria*		野生	延川樊家沟
	鹅观草 1	禾本科 Gramineae	鹅观草属 *Roegneria*		野生	洋县
	鹅观草 2	禾本科 Gramineae	鹅观草属 *Roegneria*		野生	洋县
	鹅观草 3	禾本科 Gramineae	鹅观草属 *Roegneria*		野生	洋县
	鹅观草 4	禾本科 Gramineae	鹅观草属 *Roegneria*		野生	洋县

（续表）

作物种类（作物名称）	种质名称	物种			属性（栽培或野生）	采集地
		科	属	种		
小麦的近缘野生种	鹅观草 5	禾本科 Gramineae	鹅观草属 *Roegneria*		野生	洋县
	菅草	禾本科 Gramineae	菅草属 *Themeda*		野生	洋县
	显子草	禾本科 Gramineae	显子草属 *Phaenosperma*		野生	洋县
	肥披碱草	禾本科 Gramineae	披碱草属 *Elymus*	肥披碱草 *excelscus*	野生	耀县、绥德、榆林、神木、横山、靖边、陇县、宝鸡、户县
	纤毛鹅观草	禾本科 Gramineae	鹅观草属 *Roegneria*	纤毛鹅观草 *ciliaris*	野生	耀县、宜君、神木、户县
	赖草	禾本科 Gramineae	赖草属 *Leymus*	赖草 *secalinus*	野生	宜君、延安、绥德、榆林、横山、靖边、定边
	蒙古冰草	禾本科 Gramineae	冰草属 *Agropyron*		野生	油房庄
	老芒麦	禾本科 Gramineae	披碱草属 *Elymus*	老芒麦 *sibiricus*	野生	榆林、陇县、宝鸡
	蒙古冰草	禾本科 Gramineae	冰草属 *Agropyron*	蒙古冰草 *mongolicum*	野生	榆林、神木、横山、定边
	赖草	禾本科 Gramineae	赖草属 *Leymus*		野生	榆林金鸡滩镇
	披碱（红）	禾本科 Gramineae	披碱草属 *Elymus*		野生	榆林金鸡滩镇
	披碱（绿）	禾本科 Gramineae	披碱草属 *Elymus*		野生	榆林金鸡滩镇
	鹅观草 1	禾本科 Gramineae	鹅观草属 *Roegneria*		野生	柞水县
	鹅观草 10	禾本科 Gramineae	鹅观草属 *Roegneria*		野生	柞水县

（续表）

作物种类（作物名称）	种质名称	物种			属性（栽培或野生）	采集地
		科	属	种		
小麦的近缘野生种	鹅观草 11	禾本科 Gramineae	鹅观草属 *Roegneria*		野生	柞水县
	鹅观草 12	禾本科 Gramineae	鹅观草属 *Roegneria*		野生	柞水县
	鹅观草 13	禾本科 Gramineae	鹅观草属 *Roegneria*		野生	柞水县
	鹅观草 14	禾本科 Gramineae	鹅观草属 *Roegneria*		野生	柞水县
	鹅观草 15	禾本科 Gramineae	狗尾草属 *Setaria*		野生	柞水县
	鹅观草 16	禾本科 Gramineae	披碱草属 *Elymus*		野生	柞水县
	鹅观草 2	禾本科 Gramineae	鹅观草属 *Roegneria*		野生	柞水县
	鹅观草 3	禾本科 Gramineae	鹅观草属 *Roegneria*		野生	柞水县
	鹅观草 4	禾本科 Gramineae	鹅观草属 *Roegneria*		野生	柞水县
	鹅观草 5	禾本科 Gramineae	鹅观草属 *Roegneria*		野生	柞水县
	鹅观草 6	禾本科 Gramineae	鹅观草属 *Roegneria*		野生	柞水县
	鹅观草 7	禾本科 Gramineae	鹅观草属 *Roegneria*		野生	柞水县
	鹅观草 8	禾本科 Gramineae	鹅观草属 *Roegneria*		野生	柞水县
	鹅观草 9	禾本科 Gramineae	鹅观草属 *Roegneria*		野生	柞水县
	雀麦 1	禾本科 Gramineae	雀麦属 *Bromus*		野生	柞水县
	雀麦 2	禾本科 Gramineae	雀麦属 *Bromus*		野生	柞水县
	鹅观草 1	禾本科 Gramineae	鹅观草属 *Roegneria*		野生	长安县
	鹅观草 10	禾本科 Gramineae	鹅观草属 *Roegneria*		野生	长安县
	鹅观草 11	禾本科 Gramineae	鹅观草属 *Roegneria*		野生	长安县

（续表）

作物种类（作物名称）	种质名称	物种			属性（栽培或野生）	采集地
		科	属	种		
小麦的近缘野生种	鹅观草 12	禾本科 Gramineae	鹅观草属 *Roegneria*		野生	长安县
	鹅观草 2	禾本科 Gramineae	鹅观草属 *Roegneria*		野生	长安县
	鹅观草 3	禾本科 Gramineae	鹅观草属 *Roegneria*		野生	长安县
	鹅观草 4	禾本科 Gramineae	鹅观草属 *Roegneria*		野生	长安县
	鹅观草 5	禾本科 Gramineae	鹅观草属 *Roegneria*		野生	长安县
	鹅观草 6	禾本科 Gramineae	鹅观草属 *Roegneria*		野生	长安县
	鹅观草 7	禾本科 Gramineae	鹅观草属 *Roegneria*		野生	长安县
	鹅观草 8	禾本科 Gramineae	鹅观草属 *Roegneria*		野生	长安县
	鹅观草 9	禾本科 Gramineae	鹅观草属 *Roegneria*		野生	长安县
	披碱草 1	禾本科 Gramineae	披碱草属 *Elymus*		野生	长安县
	披碱草 2	禾本科 Gramineae	披碱草属 *Elymus*		野生	长安县
	披碱草 3	禾本科 Gramineae	披碱草属 *Elymus*		野生	长安县
	披碱草 4	禾本科 Gramineae	披碱草属 *Elymus*		野生	长安县
	雀麦 1	禾本科 Gramineae	雀麦属 *Bromus*		野生	长安县
	雀麦 2	禾本科 Gramineae	雀麦属 *Bromus*		野生	长安县
	鹅观草 1	禾本科 Gramineae	鹅观草属 *Roegneria*		野生	镇安县
	鹅观草 2	禾本科 Gramineae	鹅观草属 *Roegneria*		野生	镇安县
	鹅观草 3	禾本科 Gramineae	鹅观草属 *Roegneria*		野生	镇安县
	鹅观草 4	禾本科 Gramineae	鹅观草属 *Roegneria*		野生	镇安县

（续表）

作物种类（作物名称）	种质名称	物种			属性（栽培或野生）	采集地
		科	属	种		
小麦的近缘野生种	鹅观草 5	禾本科 Gramineae	鹅观草属 *Roegneria*		野生	镇安县
	鹅观草 6	禾本科 Gramineae	鹅观草属 *Roegneria*		野生	镇安县
	鹅观草 1	禾本科 Gramineae	鹅观草属 *Roegneria*		野生	镇巴县
	鹅观草 10	禾本科 Gramineae	鹅观草属 *Roegneria*		野生	镇巴县
	鹅观草 11	禾本科 Gramineae	鹅观草属 *Roegneria*		野生	镇巴县
	鹅观草 12	禾本科 Gramineae	鹅观草属 *Roegneria*		野生	镇巴县
	鹅观草 13	禾本科 Gramineae	鹅观草属 *Roegneria*		野生	镇巴县
	鹅观草 2	禾本科 Gramineae	鹅观草属 *Roegneria*		野生	镇巴县
	鹅观草 3	禾本科 Gramineae	鹅观草属 *Roegneria*		野生	镇巴县
	鹅观草 4	禾本科 Gramineae	鹅观草属 *Roegneria*		野生	镇巴县
	鹅观草 5	禾本科 Gramineae	鹅观草属 *Roegneria*		野生	镇巴县
	鹅观草 6	禾本科 Gramineae	鹅观草属 *Roegneria*		野生	镇巴县
	鹅观草 7	禾本科 Gramineae	鹅观草属 *Roegneria*		野生	镇巴县
	鹅观草 8	禾本科 Gramineae	鹅观草属 *Roegneria*		野生	镇巴县
	鹅观草 9	禾本科 Gramineae	鹅观草属 *Roegneria*		野生	镇巴县
	披碱草 1	禾本科 Gramineae	披碱草属 *Elymus*		野生	镇巴县
	披碱草 2	禾本科 Gramineae	披碱草属 *Elymus*		野生	镇巴县
	雀麦 1	禾本科 Gramineae	雀麦属 *Bromus*		野生	镇巴县
	雀麦 2	禾本科 Gramineae	雀麦属 *Bromus*		野生	镇巴县

（续表）

作物种类（作物名称）	种质名称	物种			属性（栽培或野生）	采集地
		科	属	种		
小麦的近缘野生种	雀麦 3	禾本科 Gramineae	雀麦属 *Bromus*		野生	镇巴县
	雀麦 4	禾本科 Gramineae	雀麦属 *Bromus*		野生	镇巴县
	鹅观草	禾本科 Gramineae	鹅观草属 *Roegneria*		野生	周至秦岭隧道
	雀麦	禾本科 Gramineae	雀麦属 *Bromus*		野生	周至秦岭隧道
	赖草	禾本科 Gramineae	赖草属 *Leymus*		野生	砖牛镇
	蒙古冰草	禾本科 Gramineae	冰草属 *Agropyron*		野生	砖牛镇
	鹅观草 1	禾本科 Gramineae	鹅观草属 *Roegneria*		野生	紫阳县
	鹅观草 2	禾本科 Gramineae	鹅观草属 *Roegneria*		野生	紫阳县
	鹅观草 3	禾本科 Gramineae	鹅观草属 *Roegneria*		野生	紫阳县
	鹅观草 4	禾本科 Gramineae	鹅观草属 *Roegneria*		野生	紫阳县
	鹅观草 5	禾本科 Gramineae	鹅观草属 *Roegneria*		野生	紫阳县
	鹅观草 6	禾本科 Gramineae	鹅观草属 *Roegneria*		野生	紫阳县
	雀麦 1	禾本科 Gramineae	雀麦属 *Bromus*		野生	紫阳县
	雀麦 2	禾本科 Gramineae	雀麦属 *Bromus*		野生	紫阳县
	燕麦	禾本科 Gramineae	燕麦属 *Avena*		野生	紫阳县
	鹅观草	禾本科 Gramineae	鹅观草属 *Roegneria*		野生	
	鹅观草 1	禾本科 Gramineae	鹅观草属 *Roegneria*		野生	
	鹅观草 10	禾本科 Gramineae	鹅观草属 *Roegneria*		野生	
	鹅观草 11	禾本科 Gramineae	鹅观草属 *Roegneria*		野生	

（续表）

作物种类（作物名称）	种质名称	物种			属性（栽培或野生）	采集地
		科	属	种		
小麦的近缘野生种	鹅观草 12	禾本科 Gramineae	鹅观草属 *Roegneria*		野生	
	鹅观草 13	禾本科 Gramineae	鹅观草属 *Roegneria*		野生	
	鹅观草 14	禾本科 Gramineae	鹅观草属 *Roegneria*		野生	
	鹅观草 2	禾本科 Gramineae	鹅观草属 *Roegneria*		野生	
	鹅观草 3	禾本科 Gramineae	鹅观草属 *Roegneria*		野生	
	鹅观草 4	禾本科 Gramineae	鹅观草属 *Roegneria*		野生	
	鹅观草 5	禾本科 Gramineae	鹅观草属 *Roegneria*		野生	
	鹅观草 6	禾本科 Gramineae	鹅观草属 *Roegneria*		野生	
	鹅观草 7	禾本科 Gramineae	鹅观草属 *Roegneria*		野生	
	鹅观草 8	禾本科 Gramineae	鹅观草属 *Roegneria*		野生	
	鹅观草 9	禾本科 Gramineae	鹅观草属 *Roegneria*		野生	
	节节麦	禾本科 Gramineae	山羊草属 *Aegilops*	节节麦 *squarrosa*	野生	
	赖草 1	禾本科 Gramineae	赖草属 *Leymus*		野生	
	赖草 10	禾本科 Gramineae	赖草属 *Leymus*		野生	
	赖草 11	禾本科 Gramineae	赖草属 *Leymus*		野生	
	赖草 12	禾本科 Gramineae	赖草属 *Leymus*		野生	
	赖草 13	禾本科 Gramineae	赖草属 *Leymus*		野生	
	赖草 14	禾本科 Gramineae	赖草属 *Leymus*		野生	
	赖草 15	禾本科 Gramineae	赖草属 *Leymus*		野生	

（续表）

作物种类（作物名称）	种质名称	物种			属性（栽培或野生）	采集地
		科	属	种		
小麦的近缘野生种	赖草 16	禾本科 Gramineae	赖草属 *Leymus*		野生	
	赖草 17	禾本科 Gramineae	赖草属 *Leymus*		野生	
	赖草 18	禾本科 Gramineae	赖草属 *Leymus*		野生	
	赖草 19	禾本科 Gramineae	赖草属 *Leymus*		野生	
	赖草 2	禾本科 Gramineae	赖草属 *Leymus*		野生	
	赖草 20	禾本科 Gramineae	赖草属 *Leymus*		野生	
	赖草 21	禾本科 Gramineae	赖草属 *Leymus*		野生	
	赖草 3	禾本科 Gramineae	赖草属 *Leymus*		野生	
	赖草 4	禾本科 Gramineae	赖草属 *Leymus*		野生	
	赖草 5	禾本科 Gramineae	赖草属 *Leymus*		野生	
	赖草 6	禾本科 Gramineae	赖草属 *Leymus*		野生	
	赖草 7	禾本科 Gramineae	赖草属 *Leymus*		野生	
	赖草 8	禾本科 Gramineae	赖草属 *Leymus*		野生	
	赖草 9	禾本科 Gramineae	赖草属 *Leymus*		野生	
	赖草属	禾本科 Gramineae	赖草属 *Leymus*		野生	
	蒙古冰草 1	禾本科 Gramineae	冰草属 *Agropyron*		野生	
	蒙古冰草 2	禾本科 Gramineae	冰草属 *Agropyron*		野生	
	披碱草 1	禾本科 Gramineae	披碱草属 *Elymus*		野生	
	披碱草 2	禾本科 Gramineae	披碱草属 *Elymus*		野生	

（续表）

作物种类（作物名称）	种质名称	物种			属性（栽培或野生）	采集地
		科	属	种		
小麦的近缘野生种	披碱草 3	禾本科 Gramineae	披碱草属 *Elymus*		野生	
	披碱草 4	禾本科 Gramineae	披碱草属 *Elymus*		野生	
大豆的近缘野生种	野大豆 1	豆科 Leguminosae	大豆属 *Glycine*	野生大豆 *soja*	野生	安康市
	野大豆 2	豆科 Leguminosae	大豆属 *Glycine*	野生大豆 *soja*	野生	安康市
	野大豆 3	豆科 Leguminosae	大豆属 *Glycine*	野生大豆 *soja*	野生	安康市
	野大豆 4	豆科 Leguminosae	大豆属 *Glycine*	野生大豆 *soja*	野生	安康市
	野大豆 5	豆科 Leguminosae	大豆属 *Glycine*	野生大豆 *soja*	野生	安康市
	野大豆 1	豆科 Leguminosae	大豆属 *Glycine*	野生大豆 *soja*	野生	佛平县
	野大豆 2	豆科 Leguminosae	大豆属 *Glycine*	野生大豆 *soja*	野生	佛平县
	野大豆 3	豆科 Leguminosae	大豆属 *Glycine*	野生大豆 *soja*	野生	佛平县
	野生大豆	豆科 Leguminosae	大豆属 *Glycine*	野生大豆 *soja*	野生	黄龙
	野大豆	豆科 Leguminosae	大豆属 *Glycine*	野生大豆 *soja*	野生	岚皋县
	野大豆 1	豆科 Leguminosae	大豆属 *Glycine*	野生大豆 *soja*	野生	蓝田
	野大豆 2	豆科 Leguminosae	大豆属 *Glycine*	野生大豆 *soja*	野生	蓝田
	野大豆 1	豆科 Leguminosae	大豆属 *Glycine*	野生大豆 *soja*	野生	宁陕县
	野大豆 2	豆科 Leguminosae	大豆属 *Glycine*	野生大豆 *soja*	野生	宁陕县
	野大豆 3	豆科 Leguminosae	豌豆属 *Pisum*	豌豆 *sativum*	野生	宁陕县
	野大豆 1	豆科 Leguminosae	大豆属 *Glycine*	野生大豆 *soja*	野生	平利县
	野大豆 2	豆科 Leguminosae	大豆属 *Glycine*	野生大豆 *soja*	野生	平利县

（续表）

作物种类（作物名称）	种质名称	物种			属性（栽培或野生）	采集地
		科	属	种		
大豆的近缘野生种	野大豆 3	豆科 Leguminosae	大豆属 *Glycine*	野生大豆 *soja*	野生	平利县
	野大豆 4	豆科 Leguminosae	大豆属 *Glycine*	野生大豆 *soja*	野生	平利县
	野大豆 5	豆科 Leguminosae	大豆属 *Glycine*	野生大豆 *soja*	野生	平利县
	野绿豆	豆科 Leguminosae	豇豆属 *Vigna*	绿豆 *radiata*	野生	平利县
	绿豆	豆科 Leguminosae	豇豆属 *Vigna*	绿豆 *radiata*	野生	商南县
	野大豆 1	豆科 Leguminosae	大豆属 *Glycine*	野生大豆 *soja*	野生	商南县
	野大豆 2	豆科 Leguminosae	大豆属 *Glycine*	野生大豆 *soja*	野生	商南县
	野大豆 3	豆科 Leguminosae	大豆属 *Glycine*	野生大豆 *soja*	野生	商南县
	野大豆 4	豆科 Leguminosae	大豆属 *Glycine*	野生大豆 *soja*	野生	商南县
	野大豆 5	豆科 Leguminosae	大豆属 *Glycine*	野生大豆 *soja*	野生	商南县
	野大豆	豆科 Leguminosae	大豆属 *Glycine*	野生大豆 *soja*	野生	商州区
	黑绿豆	豆科 Leguminosae	豇豆属 *Vigna*	绿豆 *radiata*	野生	石泉
	野大豆 1	豆科 Leguminosae	大豆属 *Glycine*	野生大豆 *soja*	野生	石泉
	野大豆 2	豆科 Leguminosae	大豆属 *Glycine*	野生大豆 *soja*	野生	石泉
	野大豆 3	豆科 Leguminosae	大豆属 *Glycine*	野生大豆 *soja*	野生	石泉
	野大豆 4	豆科 Leguminosae	大豆属 *Glycine*	野生大豆 *soja*	野生	石泉
	野大豆 1	豆科 Leguminosae	大豆属 *Glycine*	野生大豆 *soja*	野生	旬阳县
	野大豆 2	豆科 Leguminosae	大豆属 *Glycine*	野生大豆 *soja*	野生	旬阳县
	野大豆	豆科 Leguminosae	大豆属 *Glycine*	野生大豆 *soja*	野生	洋县

（续表）

作物种类（作物名称）	种质名称	物种			属性（栽培或野生）	采集地
		科	属	种		
大豆的近缘野生种	黑大豆	豆科 Leguminosae	大豆属 *Glycine*	野生大豆 *soja*	野生	柞水县
	黑绿豆	豆科 Leguminosae	豇豆属 *Vigna*	绿豆 *radiata*	野生	柞水县
	绿豆 1	豆科 Leguminosae	豇豆属 *Vigna*	绿豆 *radiata*	野生	柞水县
	绿豆 2	豆科 Leguminosae	豇豆属 *Vigna*	绿豆 *radiata*	野生	柞水县
	绿豆 3	豆科 Leguminosae	豇豆属 *Vigna*	绿豆 *radiata*	野生	柞水县
	野大豆	豆科 Leguminosae	大豆属 *Glycine*	野生大豆 *soja*	野生	柞水县
	野大豆 1	豆科 Leguminosae	大豆属 *Glycine*	野生大豆 *soja*	野生	柞水县
	野大豆 2	豆科 Leguminosae	大豆属 *Glycine*	野生大豆 *soja*	野生	柞水县
	野大豆	豆科 Leguminosae	大豆属 *Glycine*	野生大豆 *soja*	野生	镇安县
	野大豆 1	豆科 Leguminosae	大豆属 *Glycine*	野生大豆 *soja*	野生	镇巴县
	野大豆 22	豆科 Leguminosae	大豆属 *Glycine*	野生大豆 *soja*	野生	镇巴县
	野大豆 3	豆科 Leguminosae	大豆属 *Glycine*	野生大豆 *soja*	野生	镇巴县
	野大豆 4	豆科 Leguminosae	大豆属 *Glycine*	野生大豆 *soja*	野生	镇巴县
	野大豆 5	豆科 Leguminosae	大豆属 *Glycine*	野生大豆 *soja*	野生	镇巴县
	野大豆 6	豆科 Leguminosae	大豆属 *Glycine*	野生大豆 *soja*	野生	镇巴县
	野大豆 1	豆科 Leguminosae	大豆属 *Glycine*	野生大豆 *soja*	野生	
	野大豆 2	豆科 Leguminosae	大豆属 *Glycine*	野生大豆 *soja*	野生	
	野豌豆	豆科 Leguminosae	豌豆属 *Pisum*	豌豆 *sativum*	野生	

（续表）

作物种类（作物名称）	种质名称	物种			属性（栽培或野生）	采集地
		科	属	种		
野荞麦 其他作物的近缘野生种	野油菜	十字花科 Cruciferae	芸薹属 *Brassica*	白菜型油菜 *campestris*	野生	佛平县
	野燕麦	禾本科 Gramineae	燕麦属 *Avena*	野燕麦 *fatua*	野生	华山、渭南、合阳、蒲城、富平、宝鸡、户县、杨凌、岐山
	芸芥	十字花科 Cruciferae	芝麻菜属 *Eruca*		野生	黄渠则
	野荞麦	蓼科 Polygonaceae	荞麦属 *Fagopyrum*		野生	南郑县
	野荞麦	蓼科 Polygonaceae	荞麦属 *Fagopyrum*		野生	宁陕县
	野荞麦	蓼科 Polygonaceae	荞麦属 *Fagopyrum*		野生	平利县
	野荞麦	蓼科 Polygonaceae	荞麦属 *Fagopyrum*		野生	席麻湾乡
	芸芥	十字花科 Cruciferae	芝麻菜属 *Eruca*		野生	席麻湾乡
	油菜 1	十字花科 Cruciferae	芸薹属 *Brassica*	白菜型油菜 *campestris*	野生	洋县
	油菜 2	十字花科 Cruciferae	芸薹属 *Brassica*	白菜型油菜 *campestris*	野生	洋县
	臭芥	十字花科 Cruciferae	芝麻菜属 *Eruca*		野生	油房庄
	野荞麦	蓼科 Polygonaceae	荞麦属 *Fagopyrum*		野生	柞水县
	野荞麦	蓼科 Polygonaceae	荞麦属 *Fagopyrum*		野生	镇巴县
其他	吨谷 1 号	禾本科 Gramineae	狗尾草属 *Setaria*		栽培	农一站

（续表）

作物种类（作物名称）	种质名称	物种			属性（栽培或野生）	采集地
		科	属	种		
其他	甘白	禾本科 Gramineae	狗尾草属 *Setaria*		栽培	农一站
	红谷香米王	禾本科 Gramineae	狗尾草属 *Setaria*		栽培	农一站
	黄沙豆	莎草科 Cyperaceae			栽培	农一站
	冀优 186	禾本科 Gramineae	狗尾草属 *Setaria*		栽培	农一站
	冀优 2 号	禾本科 Gramineae	狗尾草属 *Setaria*		栽培	农一站
	麦营一号	禾本科 Gramineae	狗尾草属 *Setaria*		栽培	农一站
	薏米	禾本科 Gramineae	薏苡属 *Coicis*		栽培	农一站
	豫谷 1 号	禾本科 Gramineae	狗尾草属 *Setaria*		栽培	农一站

附件五　青海省主要农作物种质资源调查收集目录

种质名称	物种名			属性（栽培或野生）	原产地	采集地	主要经济用途（食用等用途）
	科	属	种				
山丹	百合科 Liliaceae	百合属 *Lilium*	*pumilum*	野生	青海	化隆县	观赏
甘肃贝母	百合科 Liliaceae	贝母属 *Fritillaria*	*przewalskii*	野生	青海	班玛县	药用
葱 1	百合科 Liliaceae	葱属 *Allium*	*fistulosum*	栽培	青海	同仁县保安镇	食用
葱 2	百合科 Liliaceae	葱属 *Allium*	*fistulosum*	栽培	青海	西宁市二十里铺镇	食用
葱 3	百合科 Liliaceae	葱属 *Allium*	*fistulosum*	栽培	青海		食用
高山韭	百合科 Liliaceae	葱属 *Allium*	*sikkimense*	野生	青海	同仁麦秀林场	食用
韭	百合科 Liliaceae	葱属 *Allium*	*tuberosum*	栽培	青海		食用
韭菜 1	百合科 Liliaceae	葱属 *Allium*	*tuberosum*	栽培	青海	同德县巴沟乡	食用
韭菜 2	百合科 Liliaceae	葱属 *Allium*	*tuberosum*	栽培	青海		食用
野葱 1	百合科 Liliaceae	葱属 *Allium*	*chrysanthum*	野生	青海	玛多县	食用
野葱 2	百合科 Liliaceae	葱属 *Allium*	*chrysanthum*	野生	青海	同德县尕巴松多镇	食用
野葱 3	百合科 Liliaceae	葱属 *Allium*	*chrysanthum*	野生	青海	同仁县麦秀林区	食用
野葱 4	百合科 Liliaceae	葱属 *Allium*	*chrysanthum*	野生	青海		食用
卷叶黄精 1	百合科 Liliaceae	黄精属 *Polygonatum*	*cirrhifolium*	野生	青海	循化县孟达天池	观赏
卷叶黄精 2	百合科 Liliaceae	黄精属 *Polygonatum*	*cirrhifolium*	野生	青海		观赏
卷叶黄精 3	百合科 Liliaceae	黄精属 *Polygonatum*	*verticillatum*	野生	青海	玛珂	观赏

（续表）

种质名称	物种名			属性（栽培或野生）	原产地	采集地	主要经济用途（食用等用途）
	科	属	种				
圆柏	柏科 Cupressaceae	圆柏属 *Sabina*		野生	青海	化隆县	
羽叶点地梅	报春花科 Primulaceae	羽叶点地梅属 *Pomatosace*	*filicula*	栽培	青海	玛沁县	观赏
金鱼草	唇形科 Labiatae			野生	青海		观赏
鼬瓣花	唇形科 Labiatae	鼬瓣花属 *Galeopsis*	*bifida*	栽培	青海	班玛县	观赏
益母草 1	唇形科 Labiatae	益母草属 *Leonurus*	*japonicus*	野生	青海	化隆县	药用
益母草 2	唇形科 Labiatae	益母草属 *Leonurus*	*japonicus*	野生	青海	玛沁县	药用
尖齿糙苏	唇形科 Labiatae	糙苏属 *Phlomis*	*dentosa*	野生	青海	玛沁县	药用
多裂叶荆芥 1	唇形科 Labiatae	裂叶荆芥属 *Schizonepeta*	*multifida*	野生	青海		药用
多裂叶荆芥 2	唇形科 Labiatae	裂叶荆芥属 *Schizonepeta*	*multifida*	野生	青海		药用
甘露子宝塔菜	唇形科 Labiatae	水苏属 *Stachys*	*sieboldii*	野生	青海	班玛县	药用
白刀豆	豆科 Leguminosae	*Canavalia*	*ensiformis*	栽培	青海	保安镇	食用
刀豆 1	豆科 Leguminosae	*Canavalia*	*ensiformis*	栽培	青海	互助县	食用
刀豆 2	豆科 Leguminosae	*Canavalia*	*ensiformis*	栽培	青海	同仁县保安镇	食用
刀豆 3	豆科 Leguminosae	*Canavalia*	*ensiformis*	栽培	青海	西宁市二十里铺镇	食用
刀豆 4	豆科 Leguminosae	*Canavalia*	*gladiata*	栽培	青海		食用
刀豆黑	豆科 Leguminosae	*Canavalia*	*ensiformis*	栽培	青海		食用
刀豆当地种	豆科 Leguminosae	*Canavalia*	*ensiformis*	栽培	青海	同德县巴沟乡	食用

（续表）

种质名称	物种名			属性（栽培或野生）	原产地	采集地	主要经济用途（食用等用途）
	科	属	种				
红花刀豆	豆科 Leguminosae	*Canavalia*	*gladiata*	栽培	青海		食用
扁豆	豆科 Leguminosae	*Dolichos*	*lablab*	野生	青海	班玛县	牧草
黑豆	豆科 Leguminosae	大豆属 *Glycine*	*max*	栽培	青海	西宁市莫家泉湾	食用
黄豆	豆科 Leguminosae	大豆属 *Glycine*	*max*	栽培	青海	循化县积石镇	食用
甘草	豆科 Leguminosae	甘草属 *Glycyrrhiza*	*uralensis*	野生	青海	玛多县	药用
胡卢巴	豆科 Leguminosae	胡卢巴属 *Trigonella*	*foenum-graecum*	野生	青海		牧草
葫卢巴苦豆子 1	豆科 Leguminosae	胡卢巴属 *Trigonella*	*foenum-graecum*	野生	青海		牧草
葫卢巴苦豆子 2	豆科 Leguminosae	胡卢巴属 *Trigonella*	*foenum-graecum*	野生	青海	互助县	牧草
黄芪	豆科 Leguminosae	黄芪属 *Astragalus*		野生	青海	同德	药用
膜荚黄芪	豆科 Leguminosae	黄芪属 *Astragalus*	*membranaceus*	野生	青海	囊谦县	药用
甘肃棘豆	豆科 Leguminosae	棘豆属 *Oxytropis*	*kansuensis*	野生	青海		牧草
贵南棘豆	豆科 Leguminosae	棘豆属 *Oxytropis*	*guinanensis*	野生	青海	贵南县	牧草
棘豆尾	豆科 Leguminosae	棘豆属 *Oxytropis*		野生	青海	班玛县	牧草
鬼箭锦鸡儿	豆科 Leguminosae	锦鸡儿属 *Caragana*	*jubata*	野生	青海	称多县	观赏
柠条 1	豆科 Leguminosae	锦鸡儿属 *Caragana*	*korshinskii*	野生	青海	贵南县	绿肥
柠条 2	豆科 Leguminosae	锦鸡儿属 *Caragana*	*korshinskii*	野生	青海	乐都县	绿肥
小叶锦鸡儿 1	豆科 Leguminosae	锦鸡儿属 *Caragana*	*microphylla*	野生	青海	班玛县	牧草
小叶锦鸡儿 2	豆科 Leguminosae	锦鸡儿属 *Caragana*	*microphylla*	野生	青海	玛珂	牧草

（续表）

种质名称	物种名			属性（栽培或野生）	原产地	采集地	主要经济用途（食用等用途）
	科	属	种				
苦马豆 1	豆科 Leguminosae	苦马豆属 *Sphaerophysa*	*salsula*	野生	青海	循化县	牧草
苦马豆 2	豆科 Leguminosae	苦马豆属 *Sphaerophysa*	*salsula*	野生	青海	化隆县	牧草
苦马豆 3	豆科 Leguminosae	苦马豆属 *Sphaerophysa*	*salsula*	野生	青海	玛多县	牧草
苦马豆 4	豆科 Leguminosae	苦马豆属 *Sphaerophysa*	*salsula*	野生	青海	循化县公伯峡阴坡	牧草
苦马豆 5	豆科 Leguminosae	苦马豆属 *Sphaerophysa*	*salsula*	野生	青海		牧草
紫花苜蓿	豆科 Leguminosae	苜蓿属 *Medicago*	*sativa*	栽培	青海	乐都县	牧草
紫苜蓿	豆科 Leguminosae	苜蓿属 *Medicago*	*sativa*	栽培	青海		牧草
大壳豌豆	豆科 Leguminosae	山黧豆属 *Lathyrus*	*sativum*	栽培	青海	化隆县	食用
黑豌豆	豆科 Leguminosae	山黧豆属 *Lathyrus*	*sativum*	栽培	青海	囊谦县	食用
红豌豆	豆科 Leguminosae	山黧豆属 *Lathyrus*	*sativum*	栽培	青海	互助县	食用
豌豆农家种	豆科 Leguminosae	山黧豆属 *Lathyrus*	*sativum*	栽培	青海	玉树州囊谦县香达镇	食用
小麻豌豆	豆科 Leguminosae	山黧豆属 *Lathyrus*	*sativum*	栽培	青海	班玛县	食用
小豌豆	豆科 Leguminosae	山黧豆属 *Lathyrus*	*sativum*	栽培	青海	同德县巴沟乡	食用
豌豆	豆科 Leguminosae	豌豆属 *Pisum*	*sativum*	栽培	青海	班玛县	食用
蚕豆 15 年种子	豆科 Leguminosae	野豌豆属 *Vicia*	*faba*	栽培	青海	同德县巴沟乡	食用
蚕豆农家种 1	豆科 Leguminosae	野豌豆属 *Vicia*	*faba*	栽培	青海	互助县	食用
蚕豆农家种 2	豆科 Leguminosae	野豌豆属 *Vicia*	*faba*	栽培	青海	同德县巴沟乡	食用
尕大豆	豆科 Leguminosae	野豌豆属 *Vicia*	*faba*	栽培	青海	互助县	食用

（续表）

种质名称	物种名			属性（栽培或野生）	原产地	采集地	主要经济用途（食用等用途）
	科	属	种				
红大豆蚕豆	豆科 Leguminosae	野豌豆属 *Vicia*	*faba*	栽培	青海	互助县	食用
野豌豆 1	豆科 Leguminosae	野豌豆属 *Vicia*	*sepium*	野生	青海	班玛县	牧草
野豌豆 2	豆科 Leguminosae	野豌豆属 *Vicia*	*sepium*	野生	青海	互助县	牧草
小红豆	豆科 Leguminosae			栽培	青海		食用
云豆	豆科 Leguminosae			栽培	青海		食用
凤仙花 1	凤仙花科 Balsaminaceae	凤仙花属 *Impatiens*	*balsamina*	野生	青海	同德	观赏
凤仙花 2	凤仙花科 Balsaminaceae	凤仙花属 *Impatiens*	*balsamina*	野生	青海		观赏
凤仙花 海纳	凤仙花科 Balsaminaceae	凤仙花属 *Impatiens*	*balsamina*	野生	青海		观赏
冰草	禾本科 Gramineae	并草属 *Agropyron*	*cristatum*	野生	青海		牧草
西伯利亚并草	禾本科 Gramineae	并草属 *Agropyron*	*desertorum*	野生	青海	贵南县	牧草
白青稞	禾本科 Gramineae	大麦属 *Hordeum*	*vulgare*	栽培	青海	互助县	食用
白青稞农家种	禾本科 Gramineae	大麦属 *Hordeum*	*vulgare*	栽培	青海	囊谦县	食用
大麦 1	禾本科 Gramineae	大麦属 *Hordeum*	*vulgare*	栽培	青海	互助县	食用
大麦 2	禾本科 Gramineae	大麦属 *Hordeum*	*vulgare*	栽培	青海	五十乡	食用
黑青稞 1	禾本科 Gramineae	大麦属 *Hordeum*	*vulgare*	栽培	青海	囊谦县	食用
黑青稞 2	禾本科 Gramineae	大麦属 *Hordeum*	*vulgare*	栽培	青海	囊谦县	食用
黑青稞 3	禾本科 Gramineae	大麦属 *Hordeum*	*vulgare*	栽培	青海	同德县巴沟乡	食用
黑青稞 4	禾本科 Gramineae	大麦属 *Hordeum*	*vulgare*	栽培	青海	同德县尕巴松多镇	食用

（续表）

种质名称	物种名			属性（栽培或野生）	原产地	采集地	主要经济用途（食用等用途）
	科	属	种				
六棱大麦地方种	禾本科 Gramineae	大麦属 *Hordeum*	*vulgare*	栽培	青海	互助县	食用
青稞 1	禾本科 Gramineae	大麦属 *Hordeum*	*vulgare*	栽培	青海	班玛县	食用
青稞 2	禾本科 Gramineae	大麦属 *Hordeum*	*vulgare*	栽培	青海	班玛县	食用
青稞 3	禾本科 Gramineae	大麦属 *Hordeum*	*vulgare*	栽培	青海	班玛县	食用
青稞 4	禾本科 Gramineae	大麦属 *Hordeum*	*vulgare*	栽培	青海	贵南县	食用
青稞 5	禾本科 Gramineae	大麦属 *Hordeum*	*vulgare*	栽培	青海	贵南县	食用
青稞 6	禾本科 Gramineae	大麦属 *Hordeum*	*vulgare*	栽培	青海	互助县	食用
青稞 7	禾本科 Gramineae	大麦属 *Hordeum*	*vulgare*	栽培	青海	同仁县双朋西乡	食用
青稞白浪散	禾本科 Gramineae	大麦属 *Hordeum*	*vulgare*	栽培	青海	互助县	食用
青稞黑白蓝色	禾本科 Gramineae	大麦属 *Hordeum*	*vulgare*	栽培	青海	囊谦县	食用
青稞农家种	禾本科 Gramineae	大麦属 *Hordeum*	*vulgare*	栽培	青海	同仁县双朋西乡	食用
短柄草	禾本科 Gramineae	短柄草属 *Brachypodium*	*sylvaticum*	野生	青海	玛多县	牧草
糙毛鹅观草	禾本科 Gramineae	鹅观草属 *Roegneria*		野生	青海	贵南县	牧草
垂穗鹅观草 1	禾本科 Gramineae	鹅观草属 *Roegneria*	*nutans*	野生	青海	玛多县	牧草
垂穗鹅观草 2	禾本科 Gramineae	鹅观草属 *Roegneria*	*nutans*	野生	青海	玛多县	牧草
鹅观草 1	禾本科 Gramineae	鹅观草属 *Roegneria*	*kamoji*	野生	青海	距达日	牧草
鹅观草 2	禾本科 Gramineae	鹅观草属 *Roegneria*	*kamoji*	野生	青海		牧草
光穗鹅观草	禾本科 Gramineae	鹅观草属 *Roegneria*	*grandiglumis*	野生	青海	玉树县通天河畔	牧草

（续表）

种质名称	物种名			属性（栽培或野生）	原产地	采集地	主要经济用途（食用等用途）
	科	属	种				
贫花鹅观草	禾本科 Gramineae	鹅观草属 *Roegneria*	*pauciflora*	野生	青海	贵南县	牧草
善变鹅观草	禾本科 Gramineae	鹅观草属 *Roegneria*	*hirsuta*	野生	青海	泽库县河口镇	牧草
狗尾草 1	禾本科 Gramineae	狗尾草属 *Setaria*	*viridis*	野生	青海	同德县巴沟乡	牧草
狗尾草 2	禾本科 Gramineae	狗尾草属 *Setaria*	*viridis*	野生	青海	西宁市莫家泉湾	牧草
谷子	禾本科 Gramineae	狗尾草属 *Setaria*	*italica*	野生	青海	循化县积石镇	食用
黑麦草	禾本科 Gramineae	黑麦草属 *Lolium*	*perenne*	野生	青海	囊谦县	牧草
星星草 1	禾本科 Gramineae	碱茅属 *Puccinellia*	*tenuiflora*	野生	青海	柴达木	牧草
星星草 2	禾本科 Gramineae	碱茅属 *Puccinellia*	*tenuiflora*	野生	青海	贵南县	牧草
赖草 1	禾本科 Gramineae	赖草属 *Leymus*	*secalinus*	野生	青海	班玛县	牧草
赖草 2	禾本科 Gramineae	赖草属 *Leymus*	*secalinus*	野生	青海	果洛州	牧草
赖草 3	禾本科 Gramineae	赖草属 *Leymus*	*secalinus*	野生	青海	同仁县曲库乡	牧草
老芒麦 1	禾本科 Gramineae	披碱草属 *Elymus*	*sibiricus*	野生	青海	玛沁县	牧草
老芒麦 2	禾本科 Gramineae	披碱草属 *Elymus*	*sibiricus*	野生	青海	囊谦县	牧草
垂穗披碱草 1	禾本科 Gramineae	披碱草属 *Elymus*	*nutans*	野生	青海	班玛县	牧草
垂穗披碱草 2	禾本科 Gramineae	披碱草属 *Elymus*	*nutans*	野生	青海	贵南县	牧草
垂穗披碱草 3	禾本科 Gramineae	披碱草属 *Elymus*	*nutans*	野生	青海	循化县公伯峡	牧草
老芒麦 1	禾本科 Gramineae	披碱草属 *Elymus*	*sibiricus*	野生	青海	贵南县	牧草
老芒麦 2	禾本科 Gramineae	披碱草属 *Elymus*	*sibiricus*	野生	青海	贵南县	牧草

（续表）

种质名称	物种名			属性（栽培或野生）	原产地	采集地	主要经济用途（食用等用途）
	科	属	种				
披碱草	禾本科 Gramineae	披碱草属 *Elymus*	*dahuricus*	野生	青海	贵南县	牧草
青牧 1 号老芒麦	禾本科 Gramineae	披碱草属 *Elymus*	*sibiricus*	野生	青海	贵南县	牧草
圆柱披碱草 1	禾本科 Gramineae	披碱草属 *Elymus*	*cylindricus*	野生	青海	化隆县	牧草
圆柱披碱草 2	禾本科 Gramineae	披碱草属 *Elymus*	*cylindricus*	野生	青海	同德县黄河桥头	牧草
圆柱披碱草 3	禾本科 Gramineae	披碱草属 *Elymus*	*cylindricus*	野生	青海	同仁县曲库乎乡	牧草
圆柱披碱草 4	禾本科 Gramineae	披碱草属 *Elymus*	*cylindricus*	野生	青海	泽库县麦秀林区	牧草
直穗披碱草	禾本科 Gramineae	披碱草属 *Elymus*		野生	青海	贵南县	牧草
洽草	禾本科 Gramineae	洽草属 *Koeleria*	*cristata*	野生	青海	贵南县	牧草
旱雀麦	禾本科 Gramineae	雀麦属 *Bromus*	*tectorum*	野生	青海	班玛县	牧草
雀麦	禾本科 Gramineae	雀麦属 *Bromus*	*japonicus*	野生	青海		牧草
无芒雀麦	禾本科 Gramineae	雀麦属 *Bromus*	*inermis*	野生	青海	贵南县	牧草
阿勃	禾本科 Gramineae	小麦属 *Triticum*	*aestivum*	栽培	青海	同仁县保安镇	食用
甘麦 8 号	禾本科 Gramineae	小麦属 *Triticum*		栽培	青海	贵南县	食用
红短麦 1	禾本科 Gramineae	小麦属 *Triticum*		栽培	青海	化隆县	食用
红短麦 2	禾本科 Gramineae	小麦属 *Triticum*	*aestivum*	栽培	青海	化隆县	食用
京 1084	禾本科 Gramineae	小麦属 *Triticum*	*aestivum*	栽培	青海		
京 3240	禾本科 Gramineae	小麦属 *Triticum*	*aestivum*	栽培	青海		
铁堡麦	禾本科 Gramineae	小麦属 *Triticum*	*aestivum*	栽培	青海	化隆县	食用

（续表）

种质名称	物种名			属性（栽培或野生）	原产地	采集地	主要经济用途（食用等用途）
	科	属	种				
小红麦	禾本科 Gramineae	小麦属 *Triticum*	*aestivum*	栽培	青海	班玛县	食用
小麦	禾本科 Gramineae	小麦属 *Triticum*	*aestivum*	栽培	青海		食用
小麦地方种 1	禾本科 Gramineae	小麦属 *Triticum*	*aestivum*	栽培	青海	称多县	食用
小麦 74 号	禾本科 Gramineae	小麦属 *Triticum*	*aestivum*	栽培	青海	互助县	食用
小麦地方种 2	禾本科 Gramineae	小麦属 *Triticum*	*aestivum*	栽培	青海	囊谦县	食用
小麦农家种 1	禾本科 Gramineae	小麦属 *Triticum*	*aestivum*	栽培	青海	甘都镇	食用
小麦农家种 2	禾本科 Gramineae	小麦属 *Triticum*	*aestivum*	栽培	青海	玉树州囊谦县香达镇	食用
小麦洋麦子	禾本科 Gramineae	小麦属 *Triticum*	*aestivum*	栽培	青海	循化县察汉都斯镇	食用
燕麦 1	禾本科 Gramineae	燕麦属 *Avena*	*sativa*	栽培	青海	边滩尼麻	食用
燕麦 2	禾本科 Gramineae	燕麦属 *Avena*	*sativa*	栽培	青海	互助县	食用
燕麦 3	禾本科 Gramineae	燕麦属 *Avena*	*sativa*	栽培	青海	互助县	食用
燕麦 4	禾本科 Gramineae	燕麦属 *Avena*	*sativa*	栽培	青海	互助县	食用
燕麦 5	禾本科 Gramineae	燕麦属 *Avena*	*sativa*	栽培	青海	互助县	食用
燕麦 6	禾本科 Gramineae	燕麦属 *Avena*	*sativa*	栽培	青海	乐都县	食用
燕麦 7	禾本科 Gramineae	燕麦属 *Avena*	*sativa*	栽培	青海	玛沁县	食用
燕麦加拿大	禾本科 Gramineae	燕麦属 *Avena*	*sativa*	栽培	青海	互助县	食用
野燕麦 1	禾本科 Gramineae	燕麦属 *Avena*	*fatua*	野生	青海	班玛县	牧草
野燕麦 2	禾本科 Gramineae	燕麦属 *Avena*	*fatua*	野生	青海	班玛县	牧草

（续表）

种质名称	物种名			属性（栽培或野生）	原产地	采集地	主要经济用途（食用等用途）
	科	属	种				
野燕麦 3	禾本科 Gramineae	燕麦属 *Avena*	*fatua*	野生	青海	互助县	牧草
野燕麦 4	禾本科 Gramineae	燕麦属 *Avena*	*fatua*	野生	青海	互助县	牧草
野燕麦 5	禾本科 Gramineae	燕麦属 *Avena*	*fatua*	野生	青海	互助县	牧草
野燕麦 6	禾本科 Gramineae	燕麦属 *Avena*	*fatua*	野生	青海	囊谦县	牧草
野燕麦 7	禾本科 Gramineae	燕麦属 *Avena*	*fatua*	野生	青海	同仁县麦秀林场	牧草
野燕麦 8	禾本科 Gramineae	燕麦属 *Avena*	*fatua*	野生	青海	西宁市莫家泉湾	牧草
玉麦	禾本科 Gramineae	燕麦属 *Avena*	*chinensis*	栽培	青海	同德县巴沟乡	食用
玉麦莜麦	禾本科 Gramineae	燕麦属 *Avena*	*chinensis*	栽培	青海	化隆县	食用
栽培燕麦	禾本科 Gramineae	燕麦属 *Avena*	*sativa*	栽培	青海	互助县	食用
西北羊茅	禾本科 Gramineae	羊茅属 *Festuca*		野生	青海	贵南县	牧草
大颖草 1	禾本科 Gramineae	以礼草属 *Kengyilia*	*grandiglumis*	野生	青海	贵南县	牧草
大颖草 2	禾本科 Gramineae	以礼草属 *Kengyilia*	*grandiglumis*	野生	青海	贵南县	牧草
大颖草 3	禾本科 Gramineae	以礼草属 *Kengyilia*	*grandiglumis*	野生	青海	距达日	牧草
青海以礼草 1	禾本科 Gramineae	以礼草属 *Kengyilia*	*kokonorica*	野生	青海	军功	牧草
青海以礼草 2	禾本科 Gramineae	以礼草属 *Kengyilia*	*kokonorica*	野生	青海		牧草
梭罗草 1	禾本科 Gramineae	以礼草属 *Kengyilia*	*thoroldiana*	野生	青海	玛多县	牧草
梭罗草 2	禾本科 Gramineae	以礼草属 *Kengyilia*	*thoroldiana*	野生	青海	玛多县	牧草
梭罗草 3	禾本科 Gramineae	以礼草属 *Kengyilia*	*thoroldiana*	野生	青海	玛多县	牧草

（续表）

种质名称	物种名			属性（栽培或野生）	原产地	采集地	主要经济用途（食用等用途）
	科	属	种				
梭罗草 4	禾本科 Gramineae	以礼草属 *Kengyilia*	*thoroldiana*	野生	青海	玉树县通天河谷	牧草
梭罗草 5	禾本科 Gramineae	以礼草属 *Kengyilia*	*thoroldiana*	野生	青海		牧草
甜糯玉米当地种	禾本科 Gramineae	玉蜀黍属 *Zea*	*mays*	栽培	青海	同德县尕巴镇	食用
玉米	禾本科 Gramineae	玉蜀黍属 *Zea*	*mays*	栽培	青海	同德	食用
扁茎早熟禾	禾本科 Gramineae	早熟禾属 *Poa*		野生	青海	贵南县	牧草
冷地早熟禾	禾本科 Gramineae	早熟禾属 *Poa*	*crymophila*	野生	青海	贵南县	牧草
早熟禾 1	禾本科 Gramineae	早熟禾属 *Poa*	*annua*	野生	青海	达日县	牧草
早熟禾 2	禾本科 Gramineae	早熟禾属 *Poa*	*annua*	野生	青海	玛沁县	牧草
早熟禾 3	禾本科 Gramineae	早熟禾属 *Poa*	*annua*	野生	青海	同仁县保安镇	牧草
异针茅	禾本科 Gramineae	针茅属 *Stipa*	*aliena*	野生	青海	果洛玛沁大武镇	牧草
紫花针茅	禾本科 Gramineae	针茅属 *Stipa*	*purpurea*	野生	青海	班玛县	牧草
禾本科草类	禾本科 Gramineae			野生	青海		
密穗野麦	禾本科 Gramineae			野生	青海	班玛县	牧草
露仁核桃	胡桃科 Juglandaceae	胡桃属 *Juglans*	*regia*	野生	青海	循化县孟达天池	食用
沙枣	胡颓子科 Elaeagnaceae	胡颓子属 *Elaeagnus*	*angustifolia*	栽培	青海	农科院	食用
沙棘红果	胡颓子科 Elaeagnaceae	沙棘属 *Hippophae*	*rhamnoides*	野生	青海	达日县	食用
西藏沙棘	胡颓子科 Elaeagnaceae	沙棘属 *Hippophae*	*thibetana*	野生	青海	班玛县	食用
中国沙棘	胡颓子科 Elaeagnaceae	沙棘属 *Hippophae*	*rhamnoides*	野生	青海	同德	食用

（续表）

种质名称	物种名			属性（栽培或野生）	原产地	采集地	主要经济用途（食用等用途）
	科	属	种				
香瓜种	葫芦科 Cucurbitaceae	黄瓜属 *Cucumis*	*melo*	栽培	青海	同德	食用
菜瓜 1	葫芦科 Cucurbitaceae	南瓜属 *Cucurbita*	*pepo*	栽培	青海	同仁县	食用
菜瓜 2	葫芦科 Cucurbitaceae	南瓜属 *Cucurbita*	*pepo*	栽培	青海	循化县红旗乡	食用
南瓜	葫芦科 Cucurbitaceae	南瓜属 *Cucurbita*	*moschata*	栽培	青海		食用
南瓜农家种	葫芦科 Cucurbitaceae	南瓜属 *Cucurbita*	*moschata*	栽培	青海	循化县红旗乡	食用
葫瓜	葫芦科 Cucurbitaceae			栽培	青海	同仁县隆务镇	食用
茶藨子 1	虎耳草科 Saxifragaceae	茶藨属 *Ribes*		野生	青海	班玛县	
茶藨子 2	虎耳草科 Saxifragaceae	茶藨属 *Ribes*		野生	青海	班玛县	
茶藨子 3	虎耳草科 Saxifragaceae	茶藨属 *Ribes*		野生	青海	玛珂	
茶藨子果色黄	虎耳草科 Saxifragaceae	茶藨属 *Ribes*		野生	青海	玛珂	
美丽茶藨子	虎耳草科 Saxifragaceae	茶藨属 *Ribes*		野生	青海	循化县孟达天池	观赏
糖茶藨野葡萄	虎耳草科 Saxifragaceae	茶藨属 *Ribes*	*himalense*	野生	青海	班玛县	观赏
腺毛茶藨子	虎耳草科 Saxifragaceae	茶藨属 *Ribes*		野生	青海	循化县孟达天池	观赏
山梅花 1	虎耳草科 Saxifragaceae	梅花草属 *Philadelphus*	*incanus*	野生	青海	循化县孟达天池	观赏
山梅花 2	虎耳草科 Saxifragaceae	梅花草属 *Philadelphus*	*incanus*	野生	青海		观赏
东陵八仙花	虎耳草科 Saxifragaceae	绣球花属 *Hydrangea*	*bretschneideri*	野生	青海	循化县孟达天池	观赏
白桦	桦木科 Betulaceae	桦木属 *Betula*	*albo-sinensis*	野生	青海	循化县孟达天池	用材
红桦	桦木科 Betulaceae	桦木属 *Betula*	*albo-sinensis*	野生	青海	循化县孟达天池	用材

（续表）

种质名称	物种名			属性（栽培或野生）	原产地	采集地	主要经济用途（食用等用途）
	科	属	种				
红桦树种子	桦木科 Betulaceae	桦木属 *Betula*	*albo-sinensis*	野生	青海		用材
毛榛	桦木科 Betulaceae	榛属 *Corylus*	*mandshurica*	野生	青海	循化县孟达天池	食用
白刺果红色	蒺藜科 Zygophyllaceae	白刺属 *Nitraria*	*sibirica*	野生	青海	同德县巴沟乡	药用、食用
罗布麻 1	夹竹桃科 Apocynaceae	罗布麻属 *Apocynum*	*venetum*	栽培	青海	乌兰县	纤维
罗布麻 2	夹竹桃科 Apocynaceae	罗布麻属 *Apocynum*	*venetum*	栽培	青海	化隆县	纤维
三色堇	堇菜科 Violaceae	堇菜属 *Viola*	*tricolor*	野生	青海	同德	观赏
冬葵 1	锦葵科 Malvaceae	锦葵属 *Malva*	*verthiciuta*	栽培	青海	农科院	观赏
冬葵 2	锦葵科 Malvaceae	锦葵属 *Malva*	*crispa*	栽培	青海	西宁市北郊莫家泉湾	观赏
冬葵富子花	锦葵科 Malvaceae	锦葵属 *Malva*	*verthiciuta*	栽培	青海	兴海县曲什安大米滩	观赏
锦葵	锦葵科 Malvaceae	锦葵属 *Malva*	*sinensis*	野生	青海	循化县孟达天池	观赏
锦葵观赏花	锦葵科 Malvaceae	锦葵属 *Malva*	*sinensis*	栽培	青海	西宁市农科院	观赏
大福琪大红	锦葵科 Malvaceae	蜀葵属 *Althaea*	*rosea*	栽培	青海	群科镇	观赏
蜀葵 1	锦葵科 Malvaceae	蜀葵属 *Althaea*	*rosea*	栽培	青海	化隆县	观赏
蜀葵 2	锦葵科 Malvaceae	蜀葵属 *Althaea*	*rosea*	栽培	青海	化隆县	观赏
党参	桔梗科 Campanulaceae	党参属 *Codonopsis*	*pilosula*	野生	青海	互助县	药用
灰毛党参	桔梗科 Campanulaceae	党参属 *Codonopsis*	*canescens*	野生	青海	兴海县	药用
野生党参	桔梗科 Campanulaceae	党参属 *Codonopsis*	*pilosula*	野生	青海	同德	药用
苍耳	菊科 Compositae	苍耳属 *Xanthium*	*sibiricum*	野生	青海	化隆县	药用

（续表）

种质名称	物种名			属性（栽培或野生）	原产地	采集地	主要经济用途（食用等用途）
	科	属	种				
大丽花	菊科 Compositae	大丽花属 *Dahlia*	*pinnata*	栽培	青海		观赏
小丽花	菊科 Compositae	大丽花属 *Dahlia*	*pinnata*	栽培	青海		观赏
飞廉	菊科 Compositae	飞廉属 *Carduus*	*crispus*	栽培	青海	互助县	药用
福兰风毛菊	菊科 Compositae	风毛菊属 *Saussurea*		野生	青海	班玛县	药用
青海风毛菊 1	菊科 Compositae	风毛菊属 *Saussurea*	*qinghaiensis*	野生	青海	班玛县	药用
青海风毛菊 2	菊科 Compositae	风毛菊属 *Saussurea*	*qinghaiensis*	野生	青海	果洛州	药用
青海风毛菊 3	菊科 Compositae	风毛菊属 *Saussurea*	*qinghaiensis*	野生	青海	河南县	药用
青海风毛菊 4	菊科 Compositae	风毛菊属 *Saussurea*	*qinghaiensis*	野生	青海		药用
松林风毛菊	菊科 Compositae	风毛菊属 *Saussurea*		野生	青海	麦秀	药用
雪莲	菊科 Compositae	风毛菊属 *Saussurea*	*involucrata*	野生	青海	河南县	药用
草红花	菊科 Compositae	红花属 *Carthamnus*	*tinctorius*	栽培	青海	同德	食用
草红花黄色	菊科 Compositae	红花属 *Carthamnus*	*tinctorius*	栽培	青海	同德	食用
红花 1	菊科 Compositae	红花属 *Carthamnus*	*tinctorius*	栽培	青海	边滩乡	食用
红花 2	菊科 Compositae	红花属 *Carthamnus*	*tinctorius*	栽培	青海	互助县	食用
红花 3	菊科 Compositae	红花属 *Carthamnus*	*tinctorius*	栽培	青海	互助县	食用
红花 4	菊科 Compositae	红花属 *Carthamnus*	*tinctorius*	栽培	青海	互助县	食用
红花 5	菊科 Compositae	红花属 *Carthamnus*	*tinctorius*	栽培	青海	农科院	食用
红花 6	菊科 Compositae	红花属 *Carthamnus*	*tinctorius*	栽培	青海		食用

（续表）

种质名称	物种名			属性（栽培或野生）	原产地	采集地	主要经济用途（食用等用途）
	科	属	种				
青稞巴青一号	菊科 Compositae	红花属 *Carthamnus*	*tinctorius*	栽培	青海	同德	食用
火绒草	菊科 Compositae	火绒草属 *Leontopodium*	*leontopodioides*	野生	青海		药用
菊花火绒菊	菊科 Compositae	火绒草属 *Leontopodium*	*leontopodioides*	野生	青海	同德	药用
刺儿菜 1	菊科 Compositae	蓟属 *Cirsium*	*setosum*	野生	青海	囊谦县	药用
刺儿菜 2	菊科 Compositae	蓟属 *Cirsium*	*setosum*	野生	青海		药用
葵花大蓟	菊科 Compositae	蓟属 *Cirsium*	*souliei*	栽培	青海	泽库县多福屯乡	药用
金盏菊 1	菊科 Compositae	金盏菊属 *Calendula*	*officinalis*	野生	青海	同德	观赏
金盏菊 2	菊科 Compositae	金盏菊属 *Calendula*	*officinalis*	野生	青海	同德	观赏
金盏菊 3	菊科 Compositae	金盏菊属 *Calendula*	*officinalis*	野生	青海		观赏
菊花 1	菊科 Compositae	菊属 *Dendranthema*	*morifolium*	栽培	青海	同德	观赏
菊花 2	菊科 Compositae	菊属 *Dendranthema*	*morifolium*	野生	青海	同仁县保安镇	观赏
菊花 3	菊科 Compositae	菊属 *Dendranthema*	*morifolium*	野生	青海	兴海县	观赏
牛蒡 1	菊科 Compositae	牛蒡属 *Arctium*	*lappa*	野生	青海	班玛县	药用
牛蒡 2	菊科 Compositae	牛蒡属 *Arctium*	*lappa*	野生	青海	同德	药用
波斯菊	菊科 Compositae	秋英属 *Cosmos*	*bipinnata*	栽培	青海		观赏
矢车菊	菊科 Compositae	矢车菊属 *Centaurea*	*cyanus*	栽培	青海	贵德	观赏
矢车菊蓝芙蓉 1	菊科 Compositae	矢车菊属 *Centaurea*	*cyanus*	栽培	青海		观赏
矢车菊蓝芙蓉 2	菊科 Compositae	矢车菊属 *Centaurea*	*cyanus*	野生	青海		观赏

（续表）

种质名称	物种名			属性（栽培或野生）	原产地	采集地	主要经济用途（食用等用途）
	科	属	种				
孔雀草	菊科 Compositae	万寿菊属 *Tagetes*	*patula*	野生	青海		观赏
万寿菊	菊科 Compositae	万寿菊属 *Tagetes*	*erecta*	野生	青海		观赏
多头莴苣	菊科 Compositae	莴苣属 *Lactuca*	*sativa*	野生	青海	贵南县	药用
莴苣 1	菊科 Compositae	莴苣属 *Lactuca*	*sativa*	栽培	青海	格尔木	食用
莴苣 2	菊科 Compositae	莴苣属 *Lactuca*	*sativa*	栽培	青海	西宁	食用
菊芋	菊科 Compositae	向日葵属 *Helianthus*	*tuberosus*	野生	青海	互助县	食用
向日葵 1	菊科 Compositae	向日葵属 *Helianthus*	*annuus*	栽培	青海	同德县巴沟乡	食用
向日葵 2	菊科 Compositae	向日葵属 *Helianthus*	*annuus*	栽培	青海		食用
青海帚菊	菊科 Compositae	帚菊属 *Pertya*	*uniflora*	野生	青海	麦秀	药用
草菊	菊科 Compositae			野生	青海		观赏
地谨	菊科 Compositae			野生	青海		观赏
金丝莲	菊科 Compositae			栽培	青海	同德	观赏
菊花金丝莲	菊科 Compositae			野生	青海	西宁市莫家泉湾	观赏
菊花杂	菊科 Compositae			栽培	青海		观赏
驴耳菊	菊科 Compositae			野生	青海		药用
小鱼眼草	菊科 Compositae			野生	青海	贵南县	药用
翼茎草	菊科 Compositae			野生	青海	隆务镇	药用
辽东栎	壳斗科 Fagaceae	栎属 *Quercus*	*liaotungensis*	野生	青海	循化县孟达天池	药用

（续表）

种质名称	物种名			属性（栽培或野生）	原产地	采集地	主要经济用途（食用等用途）
	科	属	种				
臭椿	苦木科 Simaroubaceae	臭椿属 *Ailanthus*	*altissima*	野生	青海	循化县孟达天池	药用
菠菜 1	藜科 Chenopodiaceae	菠菜属 *Spinacia*	*oleracea*	栽培	青海	互助县	食用
菠菜 2	藜科 Chenopodiaceae	菠菜属 *Spinacia*	*oleracea*	栽培	青海	互助县	食用
菠菜 3	藜科 Chenopodiaceae	菠菜属 *Spinacia*	*oleracea*	栽培	青海	同德县巴沟乡	食用
菠菜 4	藜科 Chenopodiaceae	菠菜属 *Spinacia*	*oleracea*	栽培	青海		食用
菠菜 5	藜科 Chenopodiaceae	菠菜属 *Spinacia*	*oleracea*	栽培	青海		食用
地肤	藜科 Chenopodiaceae	地肤属 *Kochia*	*scoparia*	野生	青海		药用
甜菜 1	藜科 Chenopodiaceae	甜菜属 *Beta*	*vulgaris*	栽培	青海	互助县	食用
甜菜 2	藜科 Chenopodiaceae	甜菜属 *Beta*	*vulgaris*	栽培	青海	互助县	食用
甜菜 3	藜科 Chenopodiaceae	甜菜属 *Beta*	*vulgaris*	栽培	青海	互助县	食用
甜菜 4	藜科 Chenopodiaceae	甜菜属 *Beta*	*vulgaris*	栽培	青海	同德县巴沟乡	食用
甜菜 5	藜科 Chenopodiaceae	甜菜属 *Beta*	*vulgaris*	栽培	青海	同仁县保安镇	食用
甜菜 6	藜科 Chenopodiaceae	甜菜属 *Beta*	*vulgaris*	栽培	青海		食用
唐古特大黄 1	蓼科 Polygonaceae	大黄属 *Rheum*	*tanguticum*	野生	青海	贵南县	药用
唐古特大黄 2	蓼科 Polygonaceae	大黄属 *Rheum*	*tanguticum*	野生	青海	河南县	药用
唐古特大黄 3	蓼科 Polygonaceae	大黄属 *Rheum*	*tanguticum*	野生	青海	循化县孟达天池	药用
唐古特大黄 4	蓼科 Polygonaceae	大黄属 *Rheum*	*tanguticum*	野生	青海	泽库县多禾茂乡	药用
唐古特大黄 5	蓼科 Polygonaceae	大黄属 *Rheum*	*tanguticum*	野生	青海		药用

（续表）

种质名称	物种名			属性（栽培或野生）	原产地	采集地	主要经济用途（食用等用途）
	科	属	种				
掌叶大黄	蓼科 Polygonaceae	大黄属 *Rheum*	*palmatum*	野生	青海	河南县	药用
木藤蓼	蓼科 Polygonaceae	木藤蓼属 *Polygonum*	*tuberosa*	野生	青海		药用
荞麦	蓼科 Polygonaceae	荞麦属 *Fagopyrum*	*esculentum*	栽培	青海	乐都县	食用
荞麦苦荞	蓼科 Polygonaceae	荞麦属 *Fagopyrum*	*tataricum*	栽培	青海	湟中县	食用
荞麦甜荞	蓼科 Polygonaceae	荞麦属 *Fagopyrum*	*esculentum*	栽培	青海	湟中县	食用
皱叶酸模	蓼科 Polygonaceae	酸模属 *Rumex*	*crispus*	野生	青海	农科院	药用
扁雷	龙胆科 Gentianaceae	扁蕾属 *Gentianopsis*	*barbata*	野生	青海	循化孟达	药用
湿生扁蕾	龙胆科 Gentianaceae	扁蕾属 *Gentianopsis*	*paludosa*	野生	青海		药用
椭圆叶花锚	龙胆科 Gentianaceae	花锚属 *Halenis*	*elliptica*	野生	青海		药用
黄管秦艽	龙胆科 Gentianaceae	龙胆属 *Gentiana*	*officinalis*	野生	青海		药用
秦花萝卜艽	龙胆科 Gentianaceae	龙胆属 *Gentiana*	*officinalis*	野生	青海	玛多县	药用
四数獐牙菜	龙胆科 Gentianaceae	獐牙菜属 *Swertia*	*tetraptera*	野生	青海	果洛久治年保玉则	药用
藏茵陈 1	龙胆科 Gentianaceae			野生	青海	互助县	药用
藏茵陈 2	龙胆科 Gentianaceae			野生	青海	玉树州囊谦县白扎乡	药用
辐花	龙胆科 Gentianaceae				青海		
夜来香	萝摩科 Asclepiadaceae	夜来香属 *Telosma*	*cordata*	野生	青海		观赏
草麻黄	麻黄科 Ephedraceae			野生	青海	玛沁县	药用

（续表）

种质名称	物种名			属性（栽培或野生）	原产地	采集地	主要经济用途（食用等用途）
	科	属	种				
天竺葵绣球梅	牻牛儿苗科 Geraniaceae	*Pelargonium*	*hortorum*	栽培	青海	西宁市莫家泉湾	观赏
密花翠雀	毛茛科 Ranunculaceae	翠雀属 *Delphinium*	*densiflorum*	野生	青海	班玛县	药用
毛茛	毛茛科 Ranunculaceae	毛茛属 *Ranunculus*	*japonicus*	栽培	青海	同仁县红旗乡	药用
川赤芍	毛茛科 Ranunculaceae	芍药属 *Paeonia*	*veitchii*	野生	青海	班玛县	观赏
牡丹	毛茛科 Ranunculaceae	芍药属 *Paeonia*	*suffruticosa*	栽培	青海	同德	观赏
牡丹粉红色	毛茛科 Ranunculaceae	芍药属 *Paeonia*	*suffruticosa*	栽培	青海	同德	观赏
芍药	毛茛科 Ranunculaceae	芍药属 *Paeonia*	*veitchii*	野生	青海	化隆县	观赏
紫斑牡丹	毛茛科 Ranunculaceae	芍药属 *Paeonia*	*suffruticosa*	栽培	青海	同德县巴沟乡	观赏
唐松草	毛茛科 Ranunculaceae	唐松草属 *Thalictrum*		野生	青海	玛珂	药用
甘青铁线莲 1	毛茛科 Ranunculaceae	铁线莲属 *Clematis*	*tangutica*	野生	青海	同德县巴沟乡	药用
甘青铁线莲 2	毛茛科 Ranunculaceae	铁线莲属 *Clematis*	*tangutica*	野生	青海	同仁县保安镇	药用
甘青铁线莲 3	毛茛科 Ranunculaceae	铁线莲属 *Clematis*	*tangutica*	野生	青海	循化县孟达天池	药用
铁棒锤	毛茛科 Ranunculaceae	乌头属 *Aconitum*	*pendulum*	野生	青海	循化县孟达天池	
灯笼梅 1	毛茛科 Ranunculaceae			野生	青海		观赏
灯笼梅 2	毛茛科 Ranunculaceae			野生	青海		观赏
灯笼梅白色	毛茛科 Ranunculaceae			栽培	青海	互助县	观赏
灯笼梅红色	毛茛科 Ranunculaceae			栽培	青海	互助县	观赏

（续表）

种质名称	物种名			属性（栽培或野生）	原产地	采集地	主要经济用途（食用等用途）
	科	属	种				
金丝莲	毛茛科 Ranunculaceae			野生	青海		观赏
羽叶丁香 紫花	木樨科 Oleaceae	丁香属 *Syringa*	*oblata*	栽培	青海	西宁市北郊农科院	观赏
紫丁香	木樨科 Oleaceae	丁香属 *Syringa*	*oblata*	栽培	青海		观赏
火炬树	漆树科 Anacardiaceae	盐肤木属 *Rhus*	*typhina*	野生	青海		观赏
桦叶四蕊槭 1	槭树科 Aceraceae	槭属 *Acer*	*tetramerum*	野生	青海	循化县孟达天池	观赏
桦叶四蕊槭 2	槭树科 Aceraceae	槭属 *Acer*	*tetramerum*	野生	青海	循化县孟达天池	观赏
桦叶四蕊槭 3	槭树科 Aceraceae	槭属 *Acer*	*tetramerum*	栽培	青海		观赏
陕甘花楸	蔷薇科 Rosaceae	花楸属 *Sorbus*	*koehneana*	野生	青海	玛珂	观赏
天山花楸 1	蔷薇科 Rosaceae	花楸属 *Sorbus*	*tianschanica*	栽培	青海	班玛县	观赏
天山花楸 2	蔷薇科 Rosaceae	花楸属 *Sorbus*	*tianschanica*	野生	青海	同仁县麦秀林场	观赏
碧桃树种子	蔷薇科 Rosaceae	李属 *Prunus*	*persica* var.	野生	青海	同德	食用
李	蔷薇科 Rosaceae	李属 *Prunus*	*salisina*	野生	青海	循化县孟达天池	食用
海棠	蔷薇科 Rosaceae	苹果属 *Malus*	*transitoria*	野生	青海	循化县孟达天池	观赏
花叶海棠大果 1	蔷薇科 Rosaceae	苹果属 *Malus*	*transitoria*	野生	青海	西宁北山	观赏
花叶海棠小果 2	蔷薇科 Rosaceae	苹果属 *Malus*	*transitoria*	野生	青海	西宁北山	观赏
扁刺蔷薇 1	蔷薇科 Rosaceae	蔷薇属 *Rosa*	*sweginzowii*	野生	青海	麦秀	观赏
扁刺蔷薇 2	蔷薇科 Rosaceae	蔷薇属 *Rosa*	*sweginzowii*	野生	青海	循化县孟达天池	观赏
扁刺蔷薇 3	蔷薇科 Rosaceae	蔷薇属 *Rosa*	*sweginzowii*	野生	青海		观赏

（续表）

种质名称	物种名			属性（栽培或野生）	原产地	采集地	主要经济用途（食用等用途）
	科	属	种				
黄刺玫 1	蔷薇科 Rosaceae	蔷薇属 *Rosa*	*xanthina*	野生	青海	循化公伯峡	观赏、食用
黄刺玫 2	蔷薇科 Rosaceae	蔷薇属 *Rosa*	*xanthina*	野生	青海	循化县公伯峡	观赏、食用
黄刺玫 3	蔷薇科 Rosaceae	蔷薇属 *Rosa*	*xanthina*	野生	青海	循化县公伯峡	观赏、食用
黄蔷薇	蔷薇科 Rosaceae	蔷薇属 *Rosa*	*hugonis*	野生	青海	麦秀	观赏
玫瑰 1	蔷薇科 Rosaceae	蔷薇属 *Rosa*	*rugosa*	野生	青海	班玛县	观赏
玫瑰 2	蔷薇科 Rosaceae	蔷薇属 *Rosa*	*rugosa*	野生	青海	麦秀	观赏
秦岭蔷薇	蔷薇科 Rosaceae	蔷薇属 *Rosa*	*sweginzowii*	野生	青海	循化县孟达天池	观赏
甘肃山楂 1	蔷薇科 Rosaceae	山楂属 *Crataegus*	*kansuensis*	野生	青海	循化孟达	药用
甘肃山楂 2	蔷薇科 Rosaceae	山楂属 *Crataegus*	*kansuensis*	野生	青海	循化县孟达天池	药用
榆叶梅 1	蔷薇科 Rosaceae	桃属 *Amygdalus*	*triloba*	野生	青海	循化县公伯峡	观赏
榆叶梅 2	蔷薇科 Rosaceae	桃属 *Amygdalus*	*triloba*	野生	青海	循化县公伯峡	观赏
榆叶梅 3	蔷薇科 Rosaceae	桃属 *Amygdalus*	*triloba*	野生	青海	循化县公伯峡	观赏
朝天委陵菜	蔷薇科 Rosaceae	委陵菜属 *Potentilla*	*supila*	野生	青海	贵南县	药用
金露梅	蔷薇科 Rosaceae	委陵菜属 *Potentilla*	*fruticosa*	野生	青海	同仁县麦秀林场	观赏
鲜卑花	蔷薇科 Rosaceae	鲜卑花属 *Sibiraea*	*laevigata*	栽培	青海	达日县	观赏
山杏	蔷薇科 Rosaceae	杏属 *Armeniaca*	*vulgris*	野生	青海	循化县孟达天池	食用
杏	蔷薇科 Rosaceae	杏属 *Armeniaca*	*vulgris*	栽培	青海	化隆县	食用
高山绣线菊	蔷薇科 Rosaceae	绣线菊属 *Spiraea*	*alpina*	野生	青海	同仁麦秀林场	观赏

（续表）

种质名称	物种名			属性（栽培或野生）	原产地	采集地	主要经济用途（食用等用途）
	科	属	种				
灌木栒子	蔷薇科 Rosaceae	栒子属 *Cotoneaster*	*acutifolius*	野生	青海		用材
灰栒子 1	蔷薇科 Rosaceae	栒子属 *Cotoneaster*	*acutifolius*	野生	青海	班玛县	药用
灰栒子 2	蔷薇科 Rosaceae	栒子属 *Cotoneaster*	*acutifolius*	野生	青海	玛珂	药用
匍匐栒子 1	蔷薇科 Rosaceae	栒子属 *Cotoneaster*	*adpressus*	野生	青海	班玛县	药用
匍匐栒子 2	蔷薇科 Rosaceae	栒子属 *Cotoneaster*	*adpressus*	野生	青海	党隆尕峡	药用
乔木栒子	蔷薇科 Rosaceae	栒子属 *Cotoneaster*	*acutifolius*	野生	青海		用材
西北沼委陵菜	蔷薇科 Rosaceae	沼委陵菜属 *Comarum*	*salesovianum*	野生	青海	青海化隆县青沙山	药用
华北珍珠梅 1	蔷薇科 Rosaceae	珍珠梅属 *Sorbaria*	*kirilowii*	野生	青海	循化孟达	观赏
华北珍珠梅 2	蔷薇科 Rosaceae	珍珠梅属 *Sorbaria*	*kirilowii*	野生	青海	循化县公伯峡	观赏
华北珍珠梅 3	蔷薇科 Rosaceae	珍珠梅属 *Sorbaria*	*kirilowii*	野生	青海	循化县孟达天池	观赏
华北珍珠梅花冠木	蔷薇科 Rosaceae	珍珠梅属 *Sorbaria*	*kirilowii*	野生	青海	循化公伯峡	观赏
宁夏枸杞 1	茄科 Solanaceae	枸杞属 *Lycium*	*barbarum*	栽培	青海	隆务镇	食用
宁夏枸杞 2	茄科 Solanaceae	枸杞属 *Lycium*	*barbarum*	野生	青海	循化县孟达天池	食用
宁夏枸杞 3	茄科 Solanaceae	枸杞属 *Lycium*	*barbarum*	野生	青海	循化县孟达天池	食用
辣椒 1	茄科 Solanaceae	辣椒属 *Capsium*	*annuum*	栽培	青海	乐都县	食用
辣椒 2	茄科 Solanaceae	辣椒属 *Capsium*	*annuum*	栽培	青海	循化县孟达天池	食用
循化辣椒种	茄科 Solanaceae	辣椒属 *Capsium*	*annuum*	栽培	青海	循化县积石镇	食用
马尿泡	茄科 Solanaceae	马尿泡属 *Przewalskia*	*tanggutica*	野生	青海	玛沁县	

（续表）

种质名称	物种名			属性（栽培或野生）	原产地	采集地	主要经济用途（食用等用途）
	科	属	种				
曼陀罗 1	茄科 Solanaceae	曼陀罗属 *Datura*	*stramonium*	栽培	青海	化隆县	药用
曼陀罗 2	茄科 Solanaceae	曼陀罗属 *Datura*	*stramonium*	野生	青海	循化县孟达天池	药用
天仙子	茄科 Solanaceae	天仙子属 *Hyoscyamus*	*niger*	栽培	青海	同德县巴沟乡	药用
烟草	茄科 Solanaceae	烟草属 *Nicotiana*	*tabacum*	栽培	青海	化隆县	观赏
探春	忍冬科 Caprifoliaceae	荚蒾属 *Viburnum*	*farreri*	栽培	青海	同德县尕巴松多镇	观赏
探春白色	忍冬科 Caprifoliaceae	荚蒾属 *Viburnum*	*farreri*	栽培	青海	同德县县城	观赏
刚毛忍冬	忍冬科 Caprifoliaceae	忍冬属 *Lonicera*	*nervosa*	野生	青海	循化县孟达天池	观赏
红脉忍冬	忍冬科 Caprifoliaceae	忍冬属 *Lonicera*	*nervosa*	野生	青海	循化孟达	药用
陇塞忍冬	忍冬科 Caprifoliaceae	忍冬属 *Lonicera*	*tangutica*	栽培	青海	班玛县	药用
忍冬 1	忍冬科 Caprifoliaceae	忍冬属 *Lonicera*	*nervosa*	野生	青海	循化县孟达天池	观赏
忍冬 2	忍冬科 Caprifoliaceae	忍冬属 *Lonicera*	*nervosa*	野生	青海	循化县孟达天池	观赏
莛子藨	忍冬科 Caprifoliaceae	莛子藨属 *Triosteum*	*pinnatifidum*	野生	青海	班玛县	药用
胡萝卜 1	伞形科 Umbelliferae	*Daucus*	*carota*	栽培	青海	同德县巴沟乡	食用
胡萝卜 2	伞形科 Umbelliferae	*Daucus*	*carota*	栽培	青海		食用
红萝卜	伞形科 Umbelliferae	*Daucus*	*carota*	栽培	青海	互助县	食用
黑柴胡	伞形科 Umbelliferae	柴胡属 *Bupleurum*	*smithii*	野生	青海	囊谦县	药用
密花柴胡	伞形科 Umbelliferae	柴胡属 *Bupleurum*	*densiflorum*	野生	青海	同德	药用
裂叶独活	伞形科 Umbelliferae	独活属 *Heracleum*	*millefolium*	野生	青海	果洛玛沁县	药用

（续表）

种质名称	物种名			属性（栽培或野生）	原产地	采集地	主要经济用途（食用等用途）
	科	属	种				
茴香	伞形科 Umbelliferae	茴香属 *Foeniculum*	*vulgare*	栽培	青海		食用
异伞棱子芹 1	伞形科 Umbelliferae	棱子芹属 *Pleurospermum*	*heterosciadium*	野生	青海	距达日	药用
异伞棱子芹 2	伞形科 Umbelliferae	棱子芹属 *Pleurospermum*	*heterosciadium*	野生	青海	玛多县	药用
羌活	伞形科 Umbelliferae	羌活属 *Notopterygium*	*incisum*	野生	青海	班玛县	药用
小窃衣	伞形科 Umbelliferae	窃衣属 *Torilis*	*japonica*	野生	青海		药用
迷果芹	伞形科 Umbelliferae	小芹属 *Sphallerocarpus*	*gracilis*	野生	青海	囊谦县	药用
页蒿 1	伞形科 Umbelliferae	页蒿属 *Carum*	*carvi*	野生	青海	同德	药用
页蒿 2	伞形科 Umbelliferae	页蒿属 *Carum*	*carvi*	野生	青海	同德	药用
香菜 1	伞形科 Umbelliferae	芫荽属 *Coriandrum*	*sativum*	栽培	青海	互助县	食用
香菜 2	伞形科 Umbelliferae	芫荽属 *Coriandrum*	*sativum*	栽培	青海	同德县巴沟乡	食用
芫荽 1	伞形科 Umbelliferae	芫荽属 *Coriandrum*	*sativum*	栽培	青海	互助县	食用
芫荽 2	伞形科 Umbelliferae	芫荽属 *Coriandrum*	*sativum*	栽培	青海	化隆县	食用
芫荽 3	伞形科 Umbelliferae	芫荽属 *Coriandrum*	*sativum*	栽培	青海	同仁县保安镇	食用
芫荽香菜	伞形科 Umbelliferae	芫荽属 *Coriandrum*	*sativum*	栽培	青海		食用
拟囊果芹	伞形科 Umbelliferae			野生	青海		药用
芹	伞形科 Umbelliferae			栽培	青海	果洛州	食用
芹菜	伞形科 Umbelliferae			栽培	青海	化隆县	食用

（续表）

种质名称	物种名			属性（栽培或野生）	原产地	采集地	主要经济用途（食用等用途）
	科	属	种				
秃根芹	伞形科 Umbelliferae			野生	青海	班玛县	药用
大麻 1	桑科 Moraceae	大麻属 *Cannabis*	*sativa*	栽培	青海	互助县	纤维
大麻 2	桑科 Moraceae	大麻属 *Cannabis*	*sativa*	栽培	青海	互助县	纤维
大麻 3	桑科 Moraceae	大麻属 *Cannabis*	*sativa*	栽培	青海	互助县	纤维
大麻 4	桑科 Moraceae	大麻属 *Cannabis*	*sativa*	栽培	青海	互助县	纤维
大麻 5	桑科 Moraceae	大麻属 *Cannabis*	*sativa*	栽培	青海	化隆县	纤维
大麻 6	桑科 Moraceae	大麻属 *Cannabis*	*sativa*	栽培	青海		纤维
青藏苔草	莎草科 Cyperaceae	苔草属 *Carex*	*moorcroftii*	野生	青海	班玛县	牧草
苔草伊凡苔草	莎草科 Cyperaceae	苔草属 *Carex*	*ivanovae*	野生	青海	玛沁县	牧草
辣芥 1	十字花科 Cruciferae			野生	青海		食用
辣芥 2	十字花科 Cruciferae			野生	青海	互助县	食用
辣芥 3	十字花科 Cruciferae			野生	青海	循化县红旗乡	食用
野辣芥	十字花科 Cruciferae			野生	青海	化隆县	食用
班玛萝卜	十字花科 Cruciferae	萝卜属 *Raphanus*	*sativus*	栽培	青海	班玛县	食用
冬萝卜	十字花科 Cruciferae	萝卜属 *Raphanus*	*sativus*	栽培	青海	化隆县	食用
红水萝卜	十字花科 Cruciferae	萝卜属 *Raphanus*		栽培	青海		食用
互助冬萝	十字花科 Cruciferae	萝卜属 *Raphanus*	*sativus*	栽培	青海	互助县	食用
萝卜	十字花科 Cruciferae	萝卜属 *Raphanus*	*sativus*	栽培	青海	循化县红旗乡	食用

（续表）

种质名称	物种名			属性（栽培或野生）	原产地	采集地	主要经济用途（食用等用途）
	科	属	种				
萝卜农家种	十字花科 Cruciferae	萝卜属 *Raphanus*	*sativus*	栽培	青海	循化县红旗乡	食用
水萝卜	十字花科 Cruciferae	萝卜属 *Raphanus*	*sativus*	栽培	青海	循化县红旗乡	食用
荠菜	十字花科 Cruciferae	荠属 *Capsella*	*bursa-pastoris*	栽培	青海		食用
糖芥	十字花科 Cruciferae	唐芥属 *Erysimum*	*bungei*	野生	青海	甘德县	食用
菥蓂遏蓝菜	十字花科 Cruciferae	菥蓂属 *Thlaspi*	*arvense*	野生	青海	河南县	食用
白菜	十字花科 Cruciferae	芸薹属 *Brassica*	*pekinensis*	栽培	青海	互助县	食用
白菜黄菜	十字花科 Cruciferae	芸薹属 *Brassica*	*pekinensis*	栽培	青海		食用
白菜型小油菜	十字花科 Cruciferae	芸薹属 *Brassica*	*campestris*	栽培	青海	同德县巴水镇	食用
芜菁 1	十字花科 Cruciferae	芸薹属 *Brassica*	*rapa*	野生	青海	囊谦县	牧草
芜菁 2	十字花科 Cruciferae	芸薹属 *Brassica*	*rapa*	野生	青海	囊谦县	牧草
黄籽油菜	十字花科 Cruciferae	芸薹属 *Brassica*	*campestris*	栽培	青海	互助县	食用
芥菜	十字花科 Cruciferae	芸薹属 *Brassica*	*juncea*	栽培	青海	化隆县	食用
小油菜 1	十字花科 Cruciferae	芸薹属 *Brassica*	*campestris*	栽培	青海	化隆县	食用
小油菜 2	十字花科 Cruciferae	芸薹属 *Brassica*	*campestris*	栽培	青海	玛沁县	食用
小油菜 3	十字花科 Cruciferae	芸薹属 *Brassica*	*campestris*	栽培	青海	同德县尕巴松多镇	食用
油白菜 1	十字花科 Cruciferae	芸薹属 *Brassica*	*campestris*	栽培	青海	循化县红旗乡	食用
油白菜 2	十字花科 Cruciferae	芸薹属 *Brassica*	*campestris*	栽培	青海		食用
油菜 1	十字花科 Cruciferae	芸薹属 *Brassica*	*campestris*	栽培	青海	互助县	食用

（续表）

种质名称	物种名			属性（栽培或野生）	原产地	采集地	主要经济用途（食用等用途）
	科	属	种				
油菜 2	十字花科 Cruciferae	芸薹属 *Brassica*	*campestris*	栽培	青海	化隆县	食用
油菜 3	十字花科 Cruciferae	芸薹属 *Brassica*	*campestris*	栽培	青海	化隆县	食用
油菜 4	十字花科 Cruciferae	芸薹属 *Brassica*	*campestris*	栽培	青海	同仁县保安镇	食用
生菜	十字花科 Cruciferae			栽培	青海	大通县	食用
芸苔居	十字花科 Cruciferae			野生	青海	班玛县	食用
板蓝根	十字花科 Cruciferae			野生	青海	玛多县	药用
晚香玉	石蒜科 Amaryllidaceae			栽培	青海		药用
银柴胡	石竹科 Caryophyllaceae	绳子草属 *Silene*	*jenisseenis*	野生	青海	玛多县	药用
石竹 1	石竹科 Caryophyllaceae	石竹属 *Dianthus*	*chinensis*	栽培	青海	同德	药用
石竹 2	石竹科 Caryophyllaceae	石竹属 *Dianthus*	*chinensis*	栽培	青海	西宁市二十里铺镇	药用
石竹 3	石竹科 Caryophyllaceae	石竹属 *Dianthus*	*chinensis*	栽培	青海		药用
红样锦红色	石竹科 Caryophyllaceae			野生	青海		药用
牡丹什锦	石竹科 Caryophyllaceae			栽培	青海		药用
拐枣	鼠李科 Rhamnaceae	*Hovenia*	*acerba*	野生	青海		食用
甘青鼠李 1	鼠李科 Rhamnaceae	鼠李属 *Rhamnus*	*tangutica*	野生	青海	循化县孟达天池	药用
甘青鼠李 2	鼠李科 Rhamnaceae	鼠李属 *Rhamnus*	*tangutica*	野生	青海		药用
酸枣	鼠李科 Rhamnaceae	枣属 *Ziziphus*	*jujuba*	野生	青海	循化县孟达天池	食用
华山松	松科 Pinaceae	松属 *Pinus*	*armandi*	野生	青海	循化县孟达天池	用材

（续表）

种质名称	物种名			属性（栽培或野生）	原产地	采集地	主要经济用途（食用等用途）
	科	属	种				
一把伞南星	天南星科 Araceae	天南星属 *Arisaema*	*erubesceus*	野生	青海	孟达	药用
卫矛	卫矛科 Celastraceae	卫矛属 *Euonymus*	*alatus*	野生	青海	班玛县	药用
栾树	无患子科 Sapindaceae	栾树属 *Koelreuteria*	*paniculata*	野生	青海	循化县孟达天池	用材
楤木	五加科 Araliaceae	楤木属 *Aralia*	*chinensis*	野生	青海	循化县孟达天池	用材
珠子参	五加科 Araliaceae	人参属 *Panax*	*japonicus*	野生	青海	班玛县	药用
苋菜 1	苋科 Amaranthaceae	苋属 *Amaranthus*	*tricolor*	栽培	青海	互助县	食用
苋菜 2	苋科 Amaranthaceae	苋属 *Amaranthus*	*tricolor*	栽培	青海	西宁市莫家泉湾农科院	食用
老来红	苋科 Amaranthaceae			野生	青海		观赏
紫绒球	苋科 Amaranthaceae			野生	青海		观赏
桃儿七 1	小檗科 Berberidaceae	桃儿七属 *Sinopodophyllum*	*hexandrum*	野生	青海	玛珂	观赏
桃儿七 2	小檗科 Berberidaceae	桃儿七属 *Sinopodophyllum*	*hexandrum*	野生	青海	循化孟达	观赏
鲜黄小檗 1	小檗科 Berberidaceae	小檗属 *Berberis*	*diaphana*	野生	青海	班玛县	观赏
鲜黄小檗 2	小檗科 Berberidaceae	小檗属 *Berberis*	*diaphana*	野生	青海	循化孟达	观赏
鲜黄小檗 3	小檗科 Berberidaceae	小檗属 *Berberis*	*dasystachya*	野生	青海	循化孟达	观赏
野胡麻	玄参科 Scrophulariaceae	*Dodartia*	*orientalis*	野生	青海	同德县巴沟乡	食用
马先蒿 1	玄参科 Scrophulariaceae	马先蒿属 *Pedicularis*		野生	青海	同仁县双朋西乡	药用

（续表）

种质名称	物种名			属性（栽培或野生）	原产地	采集地	主要经济用途（食用等用途）
	科	属	种				
马先蒿 2	玄参科 Scrophulariaceae	马先蒿属 *Pedicularis*		野生	青海		药用
短牵牛	玄参科 Scrophulariaceae	牵牛属 *Pharbitis*	*purpurea*	野生	青海		观赏
牵牛	玄参科 Scrophulariaceae	牵牛属 *Pharbitis*	*purpurea*	野生	青海		观赏
圆叶牵牛 1	玄参科 Scrophulariaceae	牵牛属 *Pharbitis*	*purpurea*	野生	青海	保安镇	观赏
圆叶牵牛 2	玄参科 Scrophulariaceae	牵牛属 *Pharbitis*	*purpurea*	野生	青海	化隆县	观赏
圆叶牵牛 3	玄参科 Scrophulariaceae	牵牛属 *Pharbitis*	*purpurea*	野生	青海	同德	观赏
圆叶牵牛 4	玄参科 Scrophulariaceae	牵牛属 *Pharbitis*	*purpurea*	野生	青海	同德	观赏
圆叶牵牛 5	玄参科 Scrophulariaceae	牵牛属 *Pharbitis*	*purpurea*	野生	青海		观赏
欧洲菟丝子	玄参科 Scrophulariaceae	菟丝子属 *Cuscuta*	*europaea*	野生	青海		药用
红参	玄参科 Scrophulariaceae			野生	青海	互助县	药用
大红胡麻	亚麻科 Linaceae	亚麻属 *Linum*	*usitatissimum*	栽培	青海	化隆县	食用
胡麻 1	亚麻科 Linaceae	亚麻属 *Linum*	*usitatissimum*	栽培	青海	化隆县	食用
胡麻 2	亚麻科 Linaceae	亚麻属 *Linum*	*usitatissimum*	栽培	青海	乐都县	食用
胡麻 3	亚麻科 Linaceae	亚麻属 *Linum*	*usitatissimum*	栽培	青海	同德县巴沟乡	食用
胡麻 4	亚麻科 Linaceae	亚麻属 *Linum*	*usitatissimum*	栽培	青海	同仁县曲库乎乡	食用
胡麻 5	亚麻科 Linaceae	亚麻属 *Linum*	*usitatissimum*	栽培	青海	同仁县双朋西乡	食用
胡麻 6	亚麻科 Linaceae	亚麻属 *Linum*	*usitatissimum*	栽培	青海		食用
胡麻亚麻	亚麻科 Linaceae	亚麻属 *Linum*	*usitatissimum*	栽培	青海	同德县巴沟乡	食用

（续表）

种质名称	物种名			属性（栽培或野生）	原产地	采集地	主要经济用途（食用等用途）
	科	属	种				
陇亚 9 号 亚麻	亚麻科 Linaceae	亚麻属 *Linum*	*usitatissimum*	栽培	青海		食用
亚麻 1	亚麻科 Linaceae	亚麻属 *Linum*	*usitatissimum*	栽培	青海	兴海县	食用
亚麻 2	亚麻科 Linaceae	亚麻属 *Linum*	*usitatissimum*	栽培	青海		食用
罂粟 1	罂粟科 Papaveraceae	罂粟属 *Papaver*	*somniferum*	栽培	青海	湟中县	观赏
罂粟 2	罂粟科 Papaveraceae	罂粟属 *Papaver*	*somniferum*	栽培	青海	西宁市二十里铺镇	观赏
罂粟 3	罂粟科 Papaveraceae	罂粟属 *Papaver*	*somniferum*	栽培	青海	兴海县曲什安大米滩	观赏
虞美人	罂粟科 Papaveraceae	罂粟属 *Papaver*	*rhoeas*	栽培	青海	同德县县城	观赏
小叶朴	榆科 Ulmaceae	朴属 *Celtis*	*bungeana*	野生	青海	循化县孟达天池	药用
唐菖蒲	鸢尾科 Iridaceae	唐菖蒲属 *Gladiolus*	*gandavensis*	栽培	青海	西宁市二十里铺镇	观赏
马蔺 1	鸢尾科 Iridaceae	鸢尾属 *Iris*	*lactea*	野生	青海		药用
马蔺 2	鸢尾科 Iridaceae	鸢尾属 *Iris*	*lactea*	野生	青海	101 省道	药用
马蔺 3	鸢尾科 Iridaceae	鸢尾属 *Iris*	*lactea*	野生	青海	同德县唐谷乡	药用
马蔺 4	鸢尾科 Iridaceae	鸢尾属 *Iris*	*lactea*	野生	青海	循化县孟达天池	药用
花椒	芸香科 Rutaceae	花椒属 *Zanthoxylum*	*bungeanum*	栽培	青海	同德	食用
臭檀 1	芸香科 Rutaceae	*Euodia*	*dalieuii*	野生	青海	循化县孟达天池	药用
臭檀 2	芸香科 Rutaceae	*Euodia*	*dalieuii*	野生	青海	循化县孟达天池	药用
花椒 1	芸香科 Rutaceae	花椒属 *Zanthoxylum*	*bungeanum*	栽培	青海	化隆县	食用
花椒 2	芸香科 Rutaceae	花椒属 *Zanthoxylum*	*bungeanum*	栽培	青海	化隆县	食用

（续表）

种质名称	物种名			属性（栽培或野生）	原产地	采集地	主要经济用途（食用等用途）
	科	属	种				
循化花椒	芸香科 Rutaceae	花椒属 *Zanthoxylum*	*bungeanum*	栽培	青海	循化县	食用
绢毛木姜子	樟科 Lauraceae			野生	青海	循化县孟达天池	药用
蓝刺鹤虱	紫草科 Boraginaceae	鹤虱属 *Lappula*	*consanguinea*	野生	青海	班玛县	药用
微孔草 1	紫草科 Boraginaceae	微孔草属 *Microula*	*sikimensis*	野生	青海	门源县	药用
微孔草 2	紫草科 Boraginaceae	微孔草属 *Microula*	*sikimensis*	野生	青海	兴海县	药用
西藏微孔草	紫草科 Boraginaceae	微孔草属 *Microula*	*tibetica*	野生	青海	玛沁县	药用
紫茉莉	紫茉莉科 Nyctaginaceae			野生	青海		观赏
白茅				栽培	青海	玉树州囊谦县	牧草
藏药				野生	青海	囊谦县	
刺柏				野生	青海	循化县孟达天池	观赏
大海种子				栽培	青海		观赏
大牛尾				野生	青海	互助县	
大头西端				野生	青海	班玛县	
大叶子尕然木				野生	青海	循化县孟达天池	
朵层花				野生	青海	循化县孟达天池	
甘保				野生	青海		
狗白利				野生	青海	化隆县	
花种子					青海	同德	

（续表）

种质名称	物种名			属性（栽培或野生）	原产地	采集地	主要经济用途（食用等用途）
	科	属	种				
拉萨郁金香				栽培	青海		观赏
兰花草 1				野生	青海	果洛大武	
兰花草 2				野生	青海	果洛州	
老美人				栽培	青海		观赏
灵巧花				野生	青海	循化县孟达天池	
麻花艽				野生	青海	循化县孟达天池	药用
满天星				栽培	青海	西宁市二十里铺镇莫家泉弯	观赏
糜子				野生	青海	循化县孟达天池	食用
明花木				野生	青海	循化县孟达天池	
七叶一枝花				野生	青海		
千瓣菊				栽培	青海	西宁市二十里铺镇莫家泉弯	观赏
山毛桃				野生	青海	循化县孟达天池	食用
鼠耳菜				野生	青海	麦秀	
太阳花				栽培	青海	西宁市二十里铺镇莫家泉弯	观赏
吐大新				野生	青海	循化县孟达天池	
未知种					青海		

（续表）

种质名称	物种名			属性（栽培或野生）	原产地	采集地	主要经济用途（食用等用途）
	科	属	种				
未知种					青海		
西树皮棠				野生	青海	化隆县	
小顺木				野生	青海	循化县孟达天池	
小叶丁香				野生	青海	循化县孟达天池	观赏
疑为金玉兰				栽培	青海		
油莎豆					青海	互助县	食用
云林花				野生	青海	循化县孟达天池	

附件六　云南省主要农作物种质资源调查收集目录

作物种类（作物名称）	种质名称	物种名				属性	原产地	物种濒危等级	保护保存现状	主要经济用途	价值
		科	属	种	亚种						
水稻	201	禾本科 Gramineae	稻属 *Oryza*	亚洲栽培稻 *sativa*	籼	栽培	墨江县	NE	就地保护	食用	食用
	7713	禾本科 Gramineae	稻属 *Oryza*	亚洲栽培稻 *sativa*	籼	栽培	墨江县	NE	就地保护	食用	食用
	7726	禾本科 Gramineae	稻属 *Oryza*	亚洲栽培稻 *sativa*	籼	栽培	墨江县	NE	就地保护	食用	食用
	勐腊糯	禾本科 Gramineae	稻属 *Oryza*	亚洲栽培稻 *sativa*	籼	栽培	墨江县	NE	就地保护	食用	食用
	Ⅱ型2号	禾本科 Gramineae	稻属 *Oryza*	亚洲栽培稻 *sativa*	籼	栽培	墨江县	NE	就地保护	食用	食用
	矮脚白谷	禾本科 Gramineae	稻属 *Oryza*	亚洲栽培稻 *sativa*	籼	栽培	元阳县	NE	就地保护	食用	食用
	矮脚大红谷	禾本科 Gramineae	稻属 *Oryza*	亚洲栽培稻 *sativa*	籼	栽培	墨江县	NE	就地保护	食用	食用
	矮脚糯	禾本科 Gramineae	稻属 *Oryza*	亚洲栽培稻 *sativa*	籼	栽培	墨江县	NE	就地保护	食用	食用
	矮中籼	禾本科 Gramineae	稻属 *Oryza*	亚洲栽培稻 *sativa*	籼	栽培	德宏州	NE	就地保护	食用	食用
	八宝香	禾本科 Gramineae	稻属 *Oryza*	亚洲栽培稻 *sativa*		栽培	德宏州	NE	就地保护	食用	食用
	白谷	禾本科 Gramineae	稻属 *Oryza*	亚洲栽培稻 *sativa*		栽培	维西县	NE	就地保护	食用	食用
	白壳糯	禾本科 Gramineae	稻属 *Oryza*	亚洲栽培稻 *sativa*		栽培	德宏州	NE	就地保护	食用	食用
	白糯	禾本科 Gramineae	稻属 *Oryza*	亚洲栽培稻 *sativa*	粳	栽培	墨江县	NE	就地保护	食用	食用
	白糯	禾本科 Gramineae	稻属 *Oryza*	亚洲栽培稻 *sativa*	籼	栽培	墨江县	NE	就地保护	食用	食用
	白天谷	禾本科 Gramineae	稻属 *Oryza*	亚洲栽培稻 *sativa*	籼	栽培	墨江县	NE	就地保护	食用	食用
	白云丹	禾本科 Gramineae	稻属 *Oryza*	亚洲栽培稻 *sativa*		栽培	德宏州	NE	就地保护	食用	食用
	版纳9号	禾本科 Gramineae	稻属 *Oryza*	亚洲栽培稻 *sativa*	籼	栽培	景洪市	NE	就地保护	食用	食用

（续表）

作物种类（作物名称）	种质名称	物种名				属性	原产地	物种濒危等级	保护保存现状	主要经济用途	价值
		科	属	种	亚种						
水稻	棒赛谷	禾本科 Gramineae	稻属 *Oryza*	亚洲栽培稻 *sativa*		栽培	德宏州	NE	就地保护	食用	食用
	宝仓米 1	禾本科 Gramineae	稻属 *Oryza*	亚洲栽培稻 *sativa*	籼	栽培	墨江县	NE	就地保护	食用	食用
	宝仓米 2	禾本科 Gramineae	稻属 *Oryza*	亚洲栽培稻 *sativa*	籼	栽培	墨江县	NE	就地保护	食用	食用
	本地白糯谷	禾本科 Gramineae	稻属 *Oryza*	亚洲栽培稻 *sativa*		栽培	澜沧县	NE	就地保护	食用	食用
	本地谷 1	禾本科 Gramineae	稻属 *Oryza*	亚洲栽培稻 *sativa*		栽培	维西县	NE	就地保护	食用	食用
	本地谷 2	禾本科 Gramineae	稻属 *Oryza*	亚洲栽培稻 *sativa*		栽培	维西县	NE	就地保护	食用	食用
	本地红谷	禾本科 Gramineae	稻属 *Oryza*	亚洲栽培稻 *sativa*	籼	栽培	维西县	NE	就地保护	食用	食用
	本地老谷	禾本科 Gramineae	稻属 *Oryza*	亚洲栽培稻 *sativa*		栽培	维西县	NE	就地保护	食用	食用
	本地水稻	禾本科 Gramineae	稻属 *Oryza*	亚洲栽培稻 *sativa*		栽培	德钦县	NE	就地保护	食用	食用
	本地紫谷 1	禾本科 Gramineae	稻属 *Oryza*	亚洲栽培稻 *sativa*	籼	栽培	墨江县	NE	就地保护	食用	食用
	本地紫谷 2	禾本科 Gramineae	稻属 *Oryza*	亚洲栽培稻 *sativa*	籼	栽培	墨江县	NE	就地保护	食用	食用
	本地紫谷 3	禾本科 Gramineae	稻属 *Oryza*	亚洲栽培稻 *sativa*	籼	栽培	墨江县	NE	就地保护	食用	食用
	本地紫谷 4	禾本科 Gramineae	稻属 *Oryza*	亚洲栽培稻 *sativa*	籼	栽培	墨江县	NE	就地保护	食用	食用
	本地紫谷 5	禾本科 Gramineae	稻属 *Oryza*	亚洲栽培稻 *sativa*	籼	栽培	墨江县	NE	就地保护	食用	食用
	本地紫谷 6	禾本科 Gramineae	稻属 *Oryza*	亚洲栽培稻 *sativa*	籼	栽培	墨江县	NE	就地保护	食用	食用
	本地紫谷 7	禾本科 Gramineae	稻属 *Oryza*	亚洲栽培稻 *sativa*	籼	栽培	墨江县	NE	就地保护	食用	食用
	本地紫谷 8	禾本科 Gramineae	稻属 *Oryza*	亚洲栽培稻 *sativa*	籼	栽培	墨江县	NE	就地保护	食用	食用
	本地紫谷 9	禾本科 Gramineae	稻属 *Oryza*	亚洲栽培稻 *sativa*	籼	栽培	墨江县	NE	就地保护	食用	食用

（续表）

作物种类（作物名称）	种质名称	物种名				属性	原产地	物种濒危等级	保护保存现状	主要经济用途	价值
		科	属	种	亚种						
水稻	本地紫谷10	禾本科 Gramineae	稻属 *Oryza*	亚洲栽培稻 *sativa*	籼	栽培	墨江县	NE	就地保护	食用	食用
	楚粳8号1	禾本科 Gramineae	稻属 *Oryza*	亚洲栽培稻 *sativa*		栽培	维西县	NE	就地保护	食用	食用
	楚粳8号2	禾本科 Gramineae	稻属 *Oryza*	亚洲栽培稻 *sativa*		栽培	维西县	NE	就地保护	食用	食用
	楚粳8号3	禾本科 Gramineae	稻属 *Oryza*	亚洲栽培稻 *sativa*		栽培	维西县	NE	就地保护	食用	食用
	楚粳三号	禾本科 Gramineae	稻属 *Oryza*	亚洲栽培稻 *sativa*	粳	栽培	墨江县	NE	就地保护	食用	食用
	楚粳系	禾本科 Gramineae	稻属 *Oryza*	亚洲栽培稻 *sativa*		栽培	维西县	NE	就地保护	食用	食用
	打洛糯	禾本科 Gramineae	稻属 *Oryza*	亚洲栽培稻 *sativa*	籼	栽培	景洪市	NE	就地保护	食用	食用
	大白8号	禾本科 Gramineae	稻属 *Oryza*	亚洲栽培稻 *sativa*		栽培	贡山县	NE	就地保护	食用	食用
	大白谷	禾本科 Gramineae	稻属 *Oryza*	亚洲栽培稻 *sativa*	粳	栽培	德宏州	NE	就地保护	食用	食用
	大白谷	禾本科 Gramineae	稻属 *Oryza*	亚洲栽培稻 *sativa*		栽培	澜沧县	NE	就地保护	食用	食用
	大白谷	禾本科 Gramineae	稻属 *Oryza*	亚洲栽培稻 *sativa*		栽培	维西县	NE	就地保护	食用	食用
	大白糯1	禾本科 Gramineae	稻属 *Oryza*	亚洲栽培稻 *sativa*	粳	栽培	墨江县	NE	就地保护	食用	食用
	大白糯2	禾本科 Gramineae	稻属 *Oryza*	亚洲栽培稻 *sativa*	籼	栽培	墨江县	NE	就地保护	食用	食用
	大红谷	禾本科 Gramineae	稻属 *Oryza*	亚洲栽培稻 *sativa*		栽培	德宏州	NE	就地保护	食用	食用
	大红谷	禾本科 Gramineae	稻属 *Oryza*	亚洲栽培稻 *sativa*	籼	栽培	墨江县	NE	就地保护	食用	食用
	大酒糯	禾本科 Gramineae	稻属 *Oryza*	亚洲栽培稻 *sativa*	粳	栽培	德宏州	NE	就地保护	食用	食用
	大理红谷	禾本科 Gramineae	稻属 *Oryza*	亚洲栽培稻 *sativa*	籼	栽培	维西县	NE	就地保护	食用	食用
	大粒香	禾本科 Gramineae	稻属 *Oryza*	亚洲栽培稻 *sativa*	籼	栽培	墨江县	NE	就地保护	食用	食用

（续表）

作物种类（作物名称）	种质名称	物种名				属性	原产地	物种濒危等级	保护保存现状	主要经济用途	价值
		科	属	种	亚种						
水稻	大粒香	禾本科 Gramineae	稻属 *Oryza*	亚洲栽培稻 *sativa*	籼	栽培	元阳县	NE	就地保护	食用	食用
	大罗平	禾本科 Gramineae	稻属 *Oryza*	亚洲栽培稻 *sativa*	籼	栽培	墨江县	NE	就地保护	食用	食用
	大麻去	禾本科 Gramineae	稻属 *Oryza*	亚洲栽培稻 *sativa*	籼	栽培	墨江县	NE	就地保护	食用	食用
	大勐卯	禾本科 Gramineae	稻属 *Oryza*	亚洲栽培稻 *sativa*		栽培	德宏州	NE	就地保护	食用	食用
	大山软米	禾本科 Gramineae	稻属 *Oryza*	亚洲栽培稻 *sativa*	籼	栽培	墨江县	NE	就地保护	食用	食用
	大香谷	禾本科 Gramineae	稻属 *Oryza*	亚洲栽培稻 *sativa*		栽培	德宏州	NE	就地保护	食用	食用
	大香糯 1	禾本科 Gramineae	稻属 *Oryza*	亚洲栽培稻 *sativa*	粳	栽培	墨江县	NE	就地保护	食用	食用
	大香糯 2	禾本科 Gramineae	稻属 *Oryza*	亚洲栽培稻 *sativa*	粳	栽培	墨江县	NE	就地保护	食用	食用
	大紫格糯	禾本科 Gramineae	稻属 *Oryza*	亚洲栽培稻 *sativa*		栽培	德宏州	NE	就地保护	食用	食用
	大紫壳糯	禾本科 Gramineae	稻属 *Oryza*	亚洲栽培稻 *sativa*		栽培	德宏州	NE	就地保护	食用	食用
	德糯 2 号	禾本科 Gramineae	稻属 *Oryza*	亚洲栽培稻 *sativa*		栽培	德宏州	NE	就地保护	食用	食用
	地白谷	禾本科 Gramineae	稻属 *Oryza*	亚洲栽培稻 *sativa*		栽培	耿马县	NE	就地保护	食用	食用
	地糯谷	禾本科 Gramineae	稻属 *Oryza*	亚洲栽培稻 *sativa*		栽培	澜沧县	NE	就地保护	食用	食用
	滇超 2 号	禾本科 Gramineae	稻属 *Oryza*	亚洲栽培稻 *sativa*	粳	栽培	元阳县	NE	就地保护	食用	食用
	滇黎 406	禾本科 Gramineae	稻属 *Oryza*	亚洲栽培稻 *sativa*	籼	栽培	景洪市	NE	就地保护	食用	食用
	滇阳 6 号	禾本科 Gramineae	稻属 *Oryza*	亚洲栽培稻 *sativa*		栽培	元阳县	NE	就地保护	食用	食用
	吨谷 2 号	禾本科 Gramineae	稻属 *Oryza*	亚洲栽培稻 *sativa*		栽培	德宏州	NE	就地保护	食用	食用
	躲叶谷	禾本科 Gramineae	稻属 *Oryza*	亚洲栽培稻 *sativa*		栽培	德宏州	NE	就地保护	食用	食用

（续表）

作物种类（作物名称）	种质名称	物种名				属性	原产地	物种濒危等级	保护保存现状	主要经济用途	价值
		科	属	种	亚种						
水稻	俄本领	禾本科 Gramineae	稻属 *Oryza*	亚洲栽培稻 *sativa*		栽培	澜沧县	NE	就地保护	食用	食用
	俄冷扎	禾本科 Gramineae	稻属 *Oryza*	亚洲栽培稻 *sativa*		栽培	澜沧县	NE	就地保护	食用	食用
	恩新糯	禾本科 Gramineae	稻属 *Oryza*	亚洲栽培稻 *sativa*		栽培	德宏州	NE	就地保护	食用	食用
	二罗平	禾本科 Gramineae	稻属 *Oryza*	亚洲栽培稻 *sativa*	籼	栽培	墨江县	NE	就地保护	食用	食用
	福优 838-1	禾本科 Gramineae	稻属 *Oryza*	亚洲栽培稻 *sativa*		栽培	贡山县	NE	就地保护	食用	食用
	福优 838-2	禾本科 Gramineae	稻属 *Oryza*	亚洲栽培稻 *sativa*		栽培	贡山县	NE	就地保护	食用	食用
	福优 838-3	禾本科 Gramineae	稻属 *Oryza*	亚洲栽培稻 *sativa*		栽培	贡山县	NE	就地保护	食用	食用
	福优 838-4	禾本科 Gramineae	稻属 *Oryza*	亚洲栽培稻 *sativa*		栽培	贡山县	NE	就地保护	食用	食用
	高杆花糯	禾本科 Gramineae	稻属 *Oryza*	亚洲栽培稻 *sativa*		栽培	耿马县	NE	就地保护	食用	食用
	高杆紫谷	禾本科 Gramineae	稻属 *Oryza*	亚洲栽培稻 *sativa*	籼	栽培	墨江县	NE	就地保护	食用	食用
	高脚香糯	禾本科 Gramineae	稻属 *Oryza*	亚洲栽培稻 *sativa*	籼	栽培	墨江县	NE	就地保护	食用	食用
	贡谷	禾本科 Gramineae	稻属 *Oryza*	亚洲栽培稻 *sativa*		栽培	德宏州	NE	就地保护	食用	食用
	谷把糯	禾本科 Gramineae	稻属 *Oryza*	亚洲栽培稻 *sativa*		栽培	耿马县	NE	就地保护	食用	食用
	广双 3 号	禾本科 Gramineae	稻属 *Oryza*	亚洲栽培稻 *sativa*	籼	栽培	德宏州	NE	就地保护	食用	食用
	规九九	禾本科 Gramineae	稻属 *Oryza*	亚洲栽培稻 *sativa*		栽培	耿马县	NE	就地保护	食用	食用
	鬼糯	禾本科 Gramineae	稻属 *Oryza*	亚洲栽培稻 *sativa*		栽培	德宏州	NE	就地保护	食用	食用
	海绿	禾本科 Gramineae	稻属 *Oryza*	亚洲栽培稻 *sativa*	粳	栽培	墨江县	NE	就地保护	食用	食用
	海南糯	禾本科 Gramineae	稻属 *Oryza*	亚洲栽培稻 *sativa*		栽培	德宏州	NE	就地保护	食用	食用

（续表）

作物种类（作物名称）	种质名称	物种名				属性	原产地	物种濒危等级	保护保存现状	主要经济用途	价值
		科	属	种	亚种						
水稻	旱地大白糯	禾本科 Gramineae	稻属 *Oryza*	亚洲栽培稻 *sativa*		栽培	耿马县	NE	就地保护	食用	食用
	毫发糯	禾本科 Gramineae	稻属 *Oryza*	亚洲栽培稻 *sativa*		栽培	德宏州	NE	就地保护	食用	食用
	毫干	禾本科 Gramineae	稻属 *Oryza*	亚洲栽培稻 *sativa*	籼	栽培	景洪市	NE	就地保护	食用	食用
	毫干 1	禾本科 Gramineae	稻属 *Oryza*	亚洲栽培稻 *sativa*	籼	栽培	勐海县	NE	就地保护	食用	食用
	毫干 2	禾本科 Gramineae	稻属 *Oryza*	亚洲栽培稻 *sativa*	籼	栽培	勐海县	NE	就地保护	食用	食用
	毫禾	禾本科 Gramineae	稻属 *Oryza*	亚洲栽培稻 *sativa*		栽培	勐海县	NE	就地保护	食用	食用
	毫母线	禾本科 Gramineae	稻属 *Oryza*	亚洲栽培稻 *sativa*	籼	栽培	德宏州	NE	就地保护	食用	食用
	毫目吕	禾本科 Gramineae	稻属 *Oryza*	亚洲栽培稻 *sativa*		栽培	德宏州	NE	就地保护	食用	食用
	合系 40	禾本科 Gramineae	稻属 *Oryza*	亚洲栽培稻 *sativa*		栽培	维西县	NE	就地保护	食用	食用
	合系 40	禾本科 Gramineae	稻属 *Oryza*	亚洲栽培稻 *sativa*		栽培	维西县	NE	就地保护	食用	食用
	合系 40 号	禾本科 Gramineae	稻属 *Oryza*	亚洲栽培稻 *sativa*		栽培	维西县	NE	就地保护	食用	食用
	合系 41	禾本科 Gramineae	稻属 *Oryza*	亚洲栽培稻 *sativa*	粳	栽培	元阳县	NE	就地保护	食用	食用
	黑谷 1	禾本科 Gramineae	稻属 *Oryza*	亚洲栽培稻 *sativa*		栽培	维西县	NE	就地保护	食用	食用
	黑谷 2	禾本科 Gramineae	稻属 *Oryza*	亚洲栽培稻 *sativa*		栽培	维西县	NE	就地保护	食用	食用
	黑谷 3	禾本科 Gramineae	稻属 *Oryza*	亚洲栽培稻 *sativa*		栽培	维西县	NE	就地保护	食用	食用
	黑节巴	禾本科 Gramineae	稻属 *Oryza*	亚洲栽培稻 *sativa*		栽培	景洪市	NE	就地保护	食用	食用
	红地谷	禾本科 Gramineae	稻属 *Oryza*	亚洲栽培稻 *sativa*		栽培	耿马县	NE	就地保护	食用	食用
	红谷 1	禾本科 Gramineae	稻属 *Oryza*	亚洲栽培稻 *sativa*	籼	栽培	维西县	NE	就地保护	食用	食用

（续表）

作物种类（作物名称）	种质名称	物种名				属性	原产地	物种濒危等级	保护保存现状	主要经济用途	价值
		科	属	种	亚种						
水稻	红谷 2	禾本科 Gramineae	稻属 *Oryza*	亚洲栽培稻 *sativa*	籼	栽培	维西县	NE	就地保护	食用	食用
	红谷 3	禾本科 Gramineae	稻属 *Oryza*	亚洲栽培稻 *sativa*	籼	栽培	维西县	NE	就地保护	食用	食用
	红谷罗平	禾本科 Gramineae	稻属 *Oryza*	亚洲栽培稻 *sativa*	粳	栽培	墨江县	NE	就地保护	食用	食用
	红谷糯	禾本科 Gramineae	稻属 *Oryza*	亚洲栽培稻 *sativa*		栽培	元阳县	NE	就地保护	食用	食用
	红海绿	禾本科 Gramineae	稻属 *Oryza*	亚洲栽培稻 *sativa*	粳	栽培	墨江县	NE	就地保护	食用	食用
	红街谷	禾本科 Gramineae	稻属 *Oryza*	亚洲栽培稻 *sativa*	粳	栽培	墨江县	NE	就地保护	食用	食用
	红镰刀谷	禾本科 Gramineae	稻属 *Oryza*	亚洲栽培稻 *sativa*		栽培	景洪市	NE	就地保护	食用	食用
	红皮旱谷	禾本科 Gramineae	稻属 *Oryza*	亚洲栽培稻 *sativa*	粳	栽培	德宏州	NE	就地保护	食用	食用
	红皮糯	禾本科 Gramineae	稻属 *Oryza*	亚洲栽培稻 *sativa*		栽培	耿马县	NE	就地保护	食用	食用
	红软米	禾本科 Gramineae	稻属 *Oryza*	亚洲栽培稻 *sativa*	籼	栽培	德宏州	NE	就地保护	食用	食用
	红山谷	禾本科 Gramineae	稻属 *Oryza*	亚洲栽培稻 *sativa*	粳	栽培	墨江县	NE	就地保护	食用	食用
	红心糯 1	禾本科 Gramineae	稻属 *Oryza*	亚洲栽培稻 *sativa*	粳	栽培	墨江县	NE	就地保护	食用	食用
	红心糯 2	禾本科 Gramineae	稻属 *Oryza*	亚洲栽培稻 *sativa*	籼	栽培	墨江县	NE	就地保护	食用	食用
	红心糯 3	禾本科 Gramineae	稻属 *Oryza*	亚洲栽培稻 *sativa*	籼	栽培	墨江县	NE	就地保护	食用	食用
	红心糯 4	禾本科 Gramineae	稻属 *Oryza*	亚洲栽培稻 *sativa*	籼	栽培	墨江县	NE	就地保护	食用	食用
	红心糯 5	禾本科 Gramineae	稻属 *Oryza*	亚洲栽培稻 *sativa*	籼	栽培	墨江县	NE	就地保护	食用	食用
	红阳 3 号	禾本科 Gramineae	稻属 *Oryza*	亚洲栽培稻 *sativa*	籼	栽培	元阳县	NE	就地保护	食用	食用
	花谷	禾本科 Gramineae	稻属 *Oryza*	亚洲栽培稻 *sativa*	籼	栽培	墨江县	NE	就地保护	食用	食用

（续表）

作物种类（作物名称）	种质名称	物种名				属性	原产地	物种濒危等级	保护保存现状	主要经济用途	价值
		科	属	种	亚种						
水稻	花谷子	禾本科 Gramineae	稻属 *Oryza*	亚洲栽培稻 *sativa*	籼	栽培	元阳县	NE	就地保护	食用	食用
	花黑谷	禾本科 Gramineae	稻属 *Oryza*	亚洲栽培稻 *sativa*		栽培	耿马县	NE	就地保护	食用	食用
	花壳谷	禾本科 Gramineae	稻属 *Oryza*	亚洲栽培稻 *sativa*	籼	栽培	墨江县	NE	就地保护	食用	食用
	花勐旺谷	禾本科 Gramineae	稻属 *Oryza*	亚洲栽培稻 *sativa*		栽培	景洪市	NE	就地保护	食用	食用
	花皮罗川 1	禾本科 Gramineae	稻属 *Oryza*	亚洲栽培稻 *sativa*	籼	栽培	墨江县	NE	就地保护	食用	食用
	花皮罗川 2	禾本科 Gramineae	稻属 *Oryza*	亚洲栽培稻 *sativa*	籼	栽培	墨江县	NE	就地保护	食用	食用
	黄板所	禾本科 Gramineae	稻属 *Oryza*	亚洲栽培稻 *sativa*	籼	栽培	德宏州	NE	就地保护	食用	食用
	黄翠谷	禾本科 Gramineae	稻属 *Oryza*	亚洲栽培稻 *sativa*		栽培	维西县	NE	就地保护	食用	食用
	黄谷 1	禾本科 Gramineae	稻属 *Oryza*	亚洲栽培稻 *sativa*		栽培	维西县	NE	就地保护	食用	食用
	黄谷 2	禾本科 Gramineae	稻属 *Oryza*	亚洲栽培稻 *sativa*		栽培	维西县	NE	就地保护	食用	食用
	黄谷系 2	禾本科 Gramineae	稻属 *Oryza*	亚洲栽培稻 *sativa*	籼	栽培	元阳县	NE	就地保护	食用	食用
	黄脚谷	禾本科 Gramineae	稻属 *Oryza*	亚洲栽培稻 *sativa*	籼	栽培	元阳县	NE	就地保护	食用	食用
	黄壳糯	禾本科 Gramineae	稻属 *Oryza*	亚洲栽培稻 *sativa*		栽培	德宏州	NE	就地保护	食用	食用
	黄糯谷 1	禾本科 Gramineae	稻属 *Oryza*	亚洲栽培稻 *sativa*	粳	栽培	墨江县	NE	就地保护	食用	食用
	黄糯谷 2	禾本科 Gramineae	稻属 *Oryza*	亚洲栽培稻 *sativa*	粳	栽培	墨江县	NE	就地保护	食用	食用
	黄皮挑	禾本科 Gramineae	稻属 *Oryza*	亚洲栽培稻 *sativa*	籼	栽培	元阳县	NE	就地保护	食用	食用
	黄早谷	禾本科 Gramineae	稻属 *Oryza*	亚洲栽培稻 *sativa*	籼	栽培	元阳县	NE	就地保护	食用	食用
	建水谷	禾本科 Gramineae	稻属 *Oryza*	亚洲栽培稻 *sativa*	籼	栽培	墨江县	NE	就地保护	食用	食用

（续表）

作物种类（作物名称）	种质名称	物种名				属性	原产地	物种濒危等级	保护保存现状	主要经济用途	价值
		科	属	种	亚种						
水稻	建水红谷	禾本科 Gramineae	稻属 *Oryza*	亚洲栽培稻 *sativa*		栽培	元阳县	NE	就地保护	食用	食用
	金背糯	禾本科 Gramineae	稻属 *Oryza*	亚洲栽培稻 *sativa*		栽培	德宏州	NE	就地保护	食用	食用
	金果云	禾本科 Gramineae	稻属 *Oryza*	亚洲栽培稻 *sativa*	籼	栽培	德宏州	NE	就地保护	食用	食用
	抗丰谷	禾本科 Gramineae	稻属 *Oryza*	亚洲栽培稻 *sativa*	籼	栽培	德宏州	NE	就地保护	食用	食用
	科砂	禾本科 Gramineae	稻属 *Oryza*	亚洲栽培稻 *sativa*		栽培	沧源县	NE	就地保护	食用	食用
	兰街谷	禾本科 Gramineae	稻属 *Oryza*	亚洲栽培稻 *sativa*	粳	栽培	墨江县	NE	就地保护	食用	食用
	烂地谷	禾本科 Gramineae	稻属 *Oryza*	亚洲栽培稻 *sativa*		栽培	澜沧县	NE	就地保护	食用	食用
	烂地谷	禾本科 Gramineae	稻属 *Oryza*	亚洲栽培稻 *sativa*		栽培	孟连县	NE	就地保护	食用	食用
	烂地糯谷	禾本科 Gramineae	稻属 *Oryza*	亚洲栽培稻 *sativa*		栽培	德宏州	NE	就地保护	食用	食用
	烂怕糯	禾本科 Gramineae	稻属 *Oryza*	亚洲栽培稻 *sativa*	粳	栽培	墨江县	NE	就地保护	食用	食用
	老埂糯 1	禾本科 Gramineae	稻属 *Oryza*	亚洲栽培稻 *sativa*		栽培	元阳县	NE	就地保护	食用	食用
	老粳糯 2	禾本科 Gramineae	稻属 *Oryza*	亚洲栽培稻 *sativa*		栽培	元阳县	NE	就地保护	食用	食用
	老佤谷	禾本科 Gramineae	稻属 *Oryza*	亚洲栽培稻 *sativa*		栽培	澜沧县	NE	就地保护	食用	食用
	老温糯	禾本科 Gramineae	稻属 *Oryza*	亚洲栽培稻 *sativa*	粳	栽培	德宏州	NE	就地保护	食用	食用
	老鲜糯	禾本科 Gramineae	稻属 *Oryza*	亚洲栽培稻 *sativa*		栽培	元阳县	NE	就地保护	食用	食用
	冷水谷	禾本科 Gramineae	稻属 *Oryza*	亚洲栽培稻 *sativa*		栽培	沧源县	NE	就地保护	食用	食用
	冷水谷	禾本科 Gramineae	稻属 *Oryza*	亚洲栽培稻 *sativa*	粳	栽培	墨江县	NE	就地保护	食用	食用
	冷水麻线	禾本科 Gramineae	稻属 *Oryza*	亚洲栽培稻 *sativa*	籼	栽培	墨江县	NE	就地保护	食用	食用

（续表）

作物种类（作物名称）	种质名称	物种名				属性	原产地	物种濒危等级	保护保存现状	主要经济用途	价值
		科	属	种	亚种						
水稻	冷水糯 1	禾本科 Gramineae	稻属 *Oryza*	亚洲栽培稻 *sativa*		栽培	德宏州	NE	就地保护	食用	食用
	冷水糯 2	禾本科 Gramineae	稻属 *Oryza*	亚洲栽培稻 *sativa*		栽培	元阳县	NE	就地保护	食用	食用
	镰刀谷	禾本科 Gramineae	稻属 *Oryza*	亚洲栽培稻 *sativa*		栽培	澜沧县	NE	就地保护	食用	食用
	凉粉米	禾本科 Gramineae	稻属 *Oryza*	亚洲栽培稻 *sativa*		栽培	耿马县	NE	就地保护	食用	食用
	临优 2 号	禾本科 Gramineae	稻属 *Oryza*	亚洲栽培稻 *sativa*		栽培	耿马县	NE	就地保护	食用	食用
	芦 谷	禾本科 Gramineae	薏苡属 *Coix*			栽培	孟连县	NE	就地保护	食用	食用
	芦谷	禾本科 Gramineae	薏苡属 *Coix*			栽培	耿马县	NE	就地保护	食用	食用
	鲁甸谷	禾本科 Gramineae	稻属 *Oryza*	亚洲栽培稻 *sativa*		栽培	维西县	NE	就地保护	食用	食用
	罗平谷	禾本科 Gramineae	稻属 *Oryza*	亚洲栽培稻 *sativa*	籼	栽培	墨江县	NE	就地保护	食用	食用
	罗平谷	禾本科 Gramineae	稻属 *Oryza*	亚洲栽培稻 *sativa*	粳	栽培	墨江县	NE	就地保护	食用	食用
	麻水谷	禾本科 Gramineae	稻属 *Oryza*	亚洲栽培稻 *sativa*	粳	栽培	德宏州	NE	就地保护	食用	食用
	蚂蚱谷	禾本科 Gramineae	稻属 *Oryza*	亚洲栽培稻 *sativa*	粳	栽培	景洪市	NE	就地保护	食用	食用
	蚂蚱谷	禾本科 Gramineae	稻属 *Oryza*	亚洲栽培稻 *sativa*	籼	栽培	墨江县	NE	就地保护	食用	食用
	蚂蚱谷	禾本科 Gramineae	稻属 *Oryza*	亚洲栽培稻 *sativa*	粳	栽培	墨江县	NE	就地保护	食用	食用
	曼又谷	禾本科 Gramineae	稻属 *Oryza*	亚洲栽培稻 *sativa*		栽培	景洪市	NE	就地保护	食用	食用
	忙信白谷	禾本科 Gramineae	稻属 *Oryza*	亚洲栽培稻 *sativa*	籼	栽培	墨江县	NE	就地保护	食用	食用
	勐稳谷	禾本科 Gramineae	稻属 *Oryza*	亚洲栽培稻 *sativa*	籼	栽培	德宏州	NE	就地保护	食用	食用
	勐牙红嘴谷	禾本科 Gramineae	稻属 *Oryza*	亚洲栽培稻 *sativa*	籼	栽培	德宏州	NE	就地保护	食用	食用

（续表）

作物种类（作物名称）	种质名称	物种名				属性	原产地	物种濒危等级	保护保存现状	主要经济用途	价值
		科	属	种	亚种						
水稻	孟连小红谷	禾本科 Gramineae	稻属 *Oryza*	亚洲栽培稻 *sativa*	籼	栽培	孟连县	NE	就地保护	食用	食用
	缅甸旱谷 1	禾本科 Gramineae	稻属 *Oryza*	亚洲栽培稻 *sativa*	粳	栽培	德宏州	NE	就地保护	食用	食用
	缅甸旱谷 2	禾本科 Gramineae	稻属 *Oryza*	亚洲栽培稻 *sativa*	粳	栽培	德宏州	NE	就地保护	食用	食用
	缅引旱谷	禾本科 Gramineae	稻属 *Oryza*	亚洲栽培稻 *sativa*	粳	栽培	德宏州	NE	就地保护	食用	食用
	墨江白谷	禾本科 Gramineae	稻属 *Oryza*	亚洲栽培稻 *sativa*	籼	栽培	墨江县	NE	就地保护	食用	食用
	墨江谷	禾本科 Gramineae	稻属 *Oryza*	亚洲栽培稻 *sativa*	籼	栽培	墨江县	NE	就地保护	食用	食用
	那浪谷	禾本科 Gramineae	稻属 *Oryza*	亚洲栽培稻 *sativa*	粳	栽培	墨江县	NE	就地保护	食用	食用
	糯稻	禾本科 Gramineae	稻属 *Oryza*	亚洲栽培稻 *sativa*	粳		贡山县	NE	就地保护	食用	食用
	糯稻	禾本科 Gramineae	稻属 *Oryza*	亚洲栽培稻 *sativa*	粳	栽培	景洪市	NE	就地保护	食用	食用
	糯稻	禾本科 Gramineae	稻属 *Oryza*	亚洲栽培稻 *sativa*		栽培	勐海县	NE	就地保护	食用	食用
	糯稻	禾本科 Gramineae	稻属 *Oryza*	亚洲栽培稻 *sativa*	粳	栽培	勐海县	NE	就地保护	食用	食用
	糯谷	禾本科 Gramineae	稻属 *Oryza*	亚洲栽培稻 *sativa*		栽培	耿马县	NE	就地保护	食用	食用
	糯谷	禾本科 Gramineae	稻属 *Oryza*	亚洲栽培稻 *sativa*	籼	栽培	景洪市	NE	就地保护	食用	食用
	糯谷	禾本科 Gramineae	稻属 *Oryza*	亚洲栽培稻 *sativa*	籼	栽培	维西县	NE	就地保护	食用	食用
	糯谷	禾本科 Gramineae	稻属 *Oryza*	亚洲栽培稻 *sativa*		栽培	元阳县	NE	就地保护	食用	食用
	攀农 1 号	禾本科 Gramineae	稻属 *Oryza*	亚洲栽培稻 *sativa*		栽培	维西县	NE	就地保护	食用	食用
	七籼谷	禾本科 Gramineae	稻属 *Oryza*	亚洲栽培稻 *sativa*		栽培	元阳县	NE	就地保护	食用	食用
	漆水谷	禾本科 Gramineae	稻属 *Oryza*	亚洲栽培稻 *sativa*	籼	栽培	墨江县	NE	就地保护	食用	食用

（续表）

作物种类（作物名称）	种质名称	物种名				属性	原产地	物种濒危等级	保护保存现状	主要经济用途	价值
		科	属	种	亚种						
水稻	祁干谷	禾本科 Gramineae	稻属 *Oryza*	亚洲栽培稻 *sativa*		栽培	德宏州	NE	就地保护	食用	食用
	箐稞糯	禾本科 Gramineae	稻属 *Oryza*	亚洲栽培稻 *sativa*		栽培	德宏州	NE	就地保护	食用	食用
	软红谷	禾本科 Gramineae	稻属 *Oryza*	亚洲栽培稻 *sativa*	籼	栽培	德宏州	NE	就地保护	食用	食用
	软米	禾本科 Gramineae	稻属 *Oryza*	亚洲栽培稻 *sativa*		栽培	德宏州	NE	就地保护	食用	食用
	软米谷 1	禾本科 Gramineae	稻属 *Oryza*	亚洲栽培稻 *sativa*	籼	栽培	墨江县	NE	就地保护	食用	食用
	软米谷 2	禾本科 Gramineae	稻属 *Oryza*	亚洲栽培稻 *sativa*	籼	栽培	墨江县	NE	就地保护	食用	食用
	软香糯	禾本科 Gramineae	稻属 *Oryza*	亚洲栽培稻 *sativa*		栽培	德宏州	NE	就地保护	食用	食用
	山白谷 1	禾本科 Gramineae	稻属 *Oryza*	亚洲栽培稻 *sativa*	粳	栽培	墨江县	NE	就地保护	食用	食用
	山白谷 2	禾本科 Gramineae	稻属 *Oryza*	亚洲栽培稻 *sativa*	粳	栽培	墨江县	NE	就地保护	食用	食用
	汕优 63–1	禾本科 Gramineae	稻属 *Oryza*	亚洲栽培稻 *sativa*		栽培	贡山县	NE	就地保护	食用	食用
	汕优 63–2	禾本科 Gramineae	稻属 *Oryza*	亚洲栽培稻 *sativa*		栽培	贡山县	NE	就地保护	食用	食用
	汕优 63–3	禾本科 Gramineae	稻属 *Oryza*	亚洲栽培稻 *sativa*		栽培	贡山县	NE	就地保护	食用	食用
	汕优 63–4	禾本科 Gramineae	稻属 *Oryza*	亚洲栽培稻 *sativa*		栽培	贡山县	NE	就地保护	食用	食用
	汕优 63–5	禾本科 Gramineae	稻属 *Oryza*	亚洲栽培稻 *sativa*		栽培	贡山县	NE	就地保护	食用	食用
	汕优 63–6	禾本科 Gramineae	稻属 *Oryza*	亚洲栽培稻 *sativa*		栽培	贡山县	NE	就地保护	食用	食用
	汕优 63–7	禾本科 Gramineae	稻属 *Oryza*	亚洲栽培稻 *sativa*		栽培	贡山县	NE	就地保护	食用	食用
	十里香	禾本科 Gramineae	稻属 *Oryza*	亚洲栽培稻 *sativa*	籼	栽培	墨江县	NE	就地保护	食用	食用
	石屏谷	禾本科 Gramineae	稻属 *Oryza*	亚洲栽培稻 *sativa*	籼	栽培	元阳县	NE	就地保护	食用	食用

（续表）

作物种类（作物名称）	种质名称	物种名				属性	原产地	物种濒危等级	保护保存现状	主要经济用途	价值
		科	属	种	亚种						
水稻	瘦田糯	禾本科 Gramineae	稻属 *Oryza*	亚洲栽培稻 *sativa*	籼	栽培	墨江县	NE	就地保护	食用	食用
	水稻	禾本科 Gramineae	稻属 *Oryza*	亚洲栽培稻 *sativa*		栽培	德钦县	NE	就地保护	食用	食用
	水稻 1	禾本科 Gramineae	稻属 *Oryza*	亚洲栽培稻 *sativa*		栽培	耿马县	NE	就地保护	食用	食用
	水稻 2	禾本科 Gramineae	稻属 *Oryza*	亚洲栽培稻 *sativa*		栽培	耿马县	NE	就地保护	食用	食用
	水稻 3	禾本科 Gramineae	稻属 *Oryza*	亚洲栽培稻 *sativa*		栽培	耿马县	NE	就地保护	食用	食用
	水稻 4	禾本科 Gramineae	稻属 *Oryza*	亚洲栽培稻 *sativa*		栽培	耿马县	NE	就地保护	食用	食用
	水稻 5	禾本科 Gramineae	稻属 *Oryza*	亚洲栽培稻 *sativa*		栽培	耿马县	NE	就地保护	食用	食用
	水稻 6	禾本科 Gramineae	稻属 *Oryza*	亚洲栽培稻 *sativa*		栽培	耿马县	NE	就地保护	食用	食用
	水稻 7	禾本科 Gramineae	稻属 *Oryza*	亚洲栽培稻 *sativa*		栽培	耿马县	NE	就地保护	食用	食用
	水稻 8	禾本科 Gramineae	稻属 *Oryza*	亚洲栽培稻 *sativa*		栽培	耿马县	NE	就地保护	食用	食用
	水稻 9	禾本科 Gramineae	稻属 *Oryza*	亚洲栽培稻 *sativa*		栽培	耿马县	NE	就地保护	食用	食用
	水稻 10	禾本科 Gramineae	稻属 *Oryza*	亚洲栽培稻 *sativa*		栽培	耿马县	NE	就地保护	食用	食用
	水稻	禾本科 Gramineae	稻属 *Oryza*	亚洲栽培稻 *sativa*		栽培	贡山县	NE	就地保护	食用	食用
	水稻（老品）1	禾本科 Gramineae	稻属 *Oryza*	亚洲栽培稻 *sativa*		栽培	贡山县	NE	就地保护	食用	食用
	水稻（老品）2	禾本科 Gramineae	稻属 *Oryza*	亚洲栽培稻 *sativa*		栽培	贡山县	NE	就地保护	食用	食用
	顺梁 1 号	禾本科 Gramineae	稻属 *Oryza*	亚洲栽培稻 *sativa*		栽培	德宏州	NE	就地保护	食用	食用
	天线米 1	禾本科 Gramineae	稻属 *Oryza*	亚洲栽培稻 *sativa*		栽培	贡山县	NE	就地保护	食用	食用

（续表）

作物种类（作物名称）	种质名称	物种名				属性	原产地	物种濒危等级	保护保存现状	主要经济用途	价值
		科	属	种	亚种						
水稻	天线米 2	禾本科 Gramineae	稻属 *Oryza*	亚洲栽培稻 *sativa*		栽培	贡山县	NE	就地保护	食用	食用
	天线米 3	禾本科 Gramineae	稻属 *Oryza*	亚洲栽培稻 *sativa*		栽培	贡山县	NE	就地保护	食用	食用
	天线米 4	禾本科 Gramineae	稻属 *Oryza*	亚洲栽培稻 *sativa*		栽培	贡山县	NE	就地保护	食用	食用
	天线米 5	禾本科 Gramineae	稻属 *Oryza*	亚洲栽培稻 *sativa*		栽培	贡山县	NE	就地保护	食用	食用
	团棵糯	禾本科 Gramineae	稻属 *Oryza*	亚洲栽培稻 *sativa*		栽培	元阳县	NE	就地保护	食用	食用
	团糯	禾本科 Gramineae	稻属 *Oryza*	亚洲栽培稻 *sativa*		栽培	元阳县	NE	就地保护	食用	食用
	无名谷	禾本科 Gramineae	稻属 *Oryza*	亚洲栽培稻 *sativa*		栽培	景洪市	NE	就地保护	食用	食用
	西芷谷	禾本科 Gramineae	稻属 *Oryza*	亚洲栽培稻 *sativa*	粳	栽培	墨江县	NE	就地保护	食用	食用
	细革 134	禾本科 Gramineae	稻属 *Oryza*	亚洲栽培稻 *sativa*	籼	栽培	德宏州	NE	就地保护	食用	食用
	细红谷 1	禾本科 Gramineae	稻属 *Oryza*	亚洲栽培稻 *sativa*		栽培	景洪市	NE	就地保护	食用	食用
	细红谷 2	禾本科 Gramineae	稻属 *Oryza*	亚洲栽培稻 *sativa*		栽培	景洪市	NE	就地保护	食用	食用
	细红糯	禾本科 Gramineae	稻属 *Oryza*	亚洲栽培稻 *sativa*		栽培	德宏州	NE	就地保护	食用	食用
	细罗平	禾本科 Gramineae	稻属 *Oryza*	亚洲栽培稻 *sativa*	籼	栽培	墨江县	NE	就地保护	食用	食用
	细砂谷	禾本科 Gramineae	稻属 *Oryza*	亚洲栽培稻 *sativa*	籼	栽培	墨江县	NE	就地保护	食用	食用
	香谷	禾本科 Gramineae	稻属 *Oryza*	亚洲栽培稻 *sativa*		栽培	元阳县	NE	就地保护	食用	食用
	香糯	禾本科 Gramineae	稻属 *Oryza*	亚洲栽培稻 *sativa*	籼	栽培	墨江县	NE	就地保护	食用	食用
	小矮谷	禾本科 Gramineae	稻属 *Oryza*	亚洲栽培稻 *sativa*		栽培	维西县	NE	就地保护	食用	食用
	小白谷	禾本科 Gramineae	稻属 *Oryza*	亚洲栽培稻 *sativa*		栽培	维西县	NE	就地保护	食用	食用

（续表）

作物种类（作物名称）	种质名称	物种名				属性	原产地	物种濒危等级	保护保存现状	主要经济用途	价值
		科	属	种	亚种						
水稻	小黑谷	禾本科 Gramineae	稻属 *Oryza*	亚洲栽培稻 *sativa*		栽培	元阳县	NE	就地保护	食用	食用
	小红谷	禾本科 Gramineae	稻属 *Oryza*	亚洲栽培稻 *sativa*	籼	栽培	墨江县	NE	就地保护	食用	食用
	小红米	禾本科 Gramineae	稻属 *Oryza*	亚洲栽培稻 *sativa*		栽培	澜沧县	NE	就地保护	食用	食用
	小红米	禾本科 Gramineae	稻属 *Oryza*	亚洲栽培稻 *sativa*		栽培	孟连县	NE	就地保护	食用	食用
	小红米	禾本科 Gramineae	稻属 *Oryza*	亚洲栽培稻 *sativa*		栽培	西盟县	NE	就地保护	食用	食用
	小黄谷	禾本科 Gramineae	稻属 *Oryza*	亚洲栽培稻 *sativa*	粳	栽培	墨江县	NE	就地保护	食用	食用
	小黄谷	禾本科 Gramineae	稻属 *Oryza*	亚洲栽培稻 *sativa*	籼	栽培	元阳县	NE	就地保护	食用	食用
	小黄糯	禾本科 Gramineae	稻属 *Oryza*	亚洲栽培稻 *sativa*		栽培	元阳县	NE	就地保护	食用	食用
	小粒香	禾本科 Gramineae	稻属 *Oryza*	亚洲栽培稻 *sativa*		栽培	元阳县	NE	就地保护	食用	食用
	小勐卯	禾本科 Gramineae	稻属 *Oryza*	亚洲栽培稻 *sativa*		栽培	德宏州	NE	就地保护	食用	食用
	小细谷	禾本科 Gramineae	稻属 *Oryza*	亚洲栽培稻 *sativa*	粳	栽培	墨江县	NE	就地保护	食用	食用
	小香谷	禾本科 Gramineae	稻属 *Oryza*	亚洲栽培稻 *sativa*	籼	栽培	德宏州	NE	就地保护	食用	食用
	小紫格	禾本科 Gramineae	稻属 *Oryza*	亚洲栽培稻 *sativa*	籼	栽培	德宏州	NE	就地保护	食用	食用
	新红谷	禾本科 Gramineae	稻属 *Oryza*	亚洲栽培稻 *sativa*	籼	栽培	维西县	NE	就地保护	食用	食用
	新选一号	禾本科 Gramineae	稻属 *Oryza*	亚洲栽培稻 *sativa*		栽培	德宏州	NE	就地保护	食用	食用
	雪山一号	禾本科 Gramineae	稻属 *Oryza*	亚洲栽培稻 *sativa*	粳	栽培	德宏州	NE	就地保护	食用	食用
	崖画糯	禾本科 Gramineae	稻属 *Oryza*	亚洲栽培稻 *sativa*		栽培	沧源县	NE	就地保护	食用	食用
	严霜糯 1	禾本科 Gramineae	稻属 *Oryza*	亚洲栽培稻 *sativa*	粳	栽培	德宏州	NE	就地保护	食用	食用

（续表）

作物种类（作物名称）	种质名称	物种名				属性	原产地	物种濒危等级	保护保存现状	主要经济用途	价值
		科	属	种	亚种						
水稻	严霜糯 2	禾本科 Gramineae	稻属 *Oryza*	亚洲栽培稻 *sativa*	粳	栽培	德宏州	NE	就地保护	食用	食用
	扬仁谷	禾本科 Gramineae	稻属 *Oryza*	亚洲栽培稻 *sativa*		栽培	景洪市	NE	就地保护	食用	食用
	杨梅糯	禾本科 Gramineae	稻属 *Oryza*	亚洲栽培稻 *sativa*		栽培	德宏州	NE	就地保护	食用	食用
	胰子糯	禾本科 Gramineae	稻属 *Oryza*	亚洲栽培稻 *sativa*		栽培	德宏州	NE	就地保护	食用	食用
	玉溪谷	禾本科 Gramineae	稻属 *Oryza*	亚洲栽培稻 *sativa*	粳	栽培	墨江县	NE	就地保护	食用	食用
	杂交红糯	禾本科 Gramineae	稻属 *Oryza*	亚洲栽培稻 *sativa*		栽培	元阳县	NE	就地保护	食用	食用
	杂交糯	禾本科 Gramineae	稻属 *Oryza*	亚洲栽培稻 *sativa*		栽培	德宏州	NE	就地保护	食用	食用
	杂交糯 1	禾本科 Gramineae	稻属 *Oryza*	亚洲栽培稻 *sativa*		栽培	元阳县	NE	就地保护	食用	食用
	杂交糯 2	禾本科 Gramineae	稻属 *Oryza*	亚洲栽培稻 *sativa*		栽培	元阳县	NE	就地保护	食用	食用
	旱地谷	禾本科 Gramineae	稻属 *Oryza*	亚洲栽培稻 *sativa*		栽培	澜沧县	NE	就地保护	食用	食用
	早谷	禾本科 Gramineae	稻属 *Oryza*	亚洲栽培稻 *sativa*	粳	栽培	墨江县	NE	就地保护	食用	食用
	早谷	禾本科 Gramineae	稻属 *Oryza*	亚洲栽培稻 *sativa*	籼	栽培	元阳县	NE	就地保护	食用	食用
	增果云	禾本科 Gramineae	稻属 *Oryza*	亚洲栽培稻 *sativa*		栽培	德宏州	NE	就地保护	食用	食用
	长芒谷	禾本科 Gramineae	稻属 *Oryza*	亚洲栽培稻 *sativa*	籼	栽培	德宏州	NE	就地保护	食用	食用
	长毛香	禾本科 Gramineae	稻属 *Oryza*	亚洲栽培稻 *sativa*		栽培	元阳县	NE	就地保护	食用	食用
	朱红章	禾本科 Gramineae	稻属 *Oryza*	亚洲栽培稻 *sativa*	粳	栽培	墨江县	NE	就地保护	食用	食用
	紫谷 1	禾本科 Gramineae	稻属 *Oryza*	亚洲栽培稻 *sativa*	籼	栽培	景洪市	NE	就地保护	食用	食用
	紫谷 2	禾本科 Gramineae	稻属 *Oryza*	亚洲栽培稻 *sativa*	籼	栽培	景洪市	NE	就地保护	食用	食用

（续表）

作物种类（作物名称）	种质名称	物种名				属性	原产地	物种濒危等级	保护保存现状	主要经济用途	价值
		科	属	种	亚种						
水稻	紫芒谷	禾本科 Gramineae	稻属 *Oryza*	亚洲栽培稻 *sativa*	籼	栽培	德宏州	NE	就地保护	食用	食用
	紫米 1	禾本科 Gramineae	稻属 *Oryza*	亚洲栽培稻 *sativa*		栽培	元阳县	NE	就地保护	食用	食用
	紫米 2	禾本科 Gramineae	稻属 *Oryza*	亚洲栽培稻 *sativa*		栽培	元阳县	NE	就地保护	食用	食用
	紫糯	禾本科 Gramineae	稻属 *Oryza*	亚洲栽培稻 *sativa*		栽培	元阳县	NE	就地保护	食用	食用
小麦	本地小麦 1	禾本科 Gramineae	小麦属 *triticum*			栽培	澜沧县	NE	就地保护	食用	食用
	本地小麦 2	禾本科 Gramineae	小麦属 *triticum*			栽培	澜沧县	NE	就地保护	食用	食用
	本地小麦	禾本科 Gramineae	小麦属 *triticum*			栽培	维西县	NE	就地保护	食用	食用
	小麦	禾本科 Gramineae	小麦属 *triticum*			栽培	贡山县	NE	就地保护	食用	食用
	小麦（老品种）1	禾本科 Gramineae	小麦属 *triticum*			栽培	贡山县	NE	就地保护	食用	食用
	小麦（老品种）2	禾本科 Gramineae	小麦属 *triticum*			栽培	贡山县	NE	就地保护	食用	食用
	小麦（老品种）3	禾本科 Gramineae	小麦属 *triticum*			栽培	贡山县	NE	就地保护	食用	食用
	小麦（老品种）4	禾本科 Gramineae	小麦属 *triticum*			栽培	贡山县	NE	就地保护	食用	食用
	小麦（老品种）5	禾本科 Gramineae	小麦属 *triticum*			栽培	贡山县	NE	就地保护	食用	食用
玉米	白矮足仓谷	禾本科 Gramineae	玉蜀黍属 *Zea*	玉米种 *mays*		栽培	墨江县	NE	就地保护	食用、饲料	食用、饲料

（续表）

作物种类（作物名称）	种质名称	物种名				属性	原产地	物种濒危等级	保护保存现状	主要经济用途	价值
		科	属	种	亚种						
玉米	白马牙	禾本科 Gramineae	玉蜀黍属 *Zea*	玉米种 *mays*		栽培	德宏州	NE	就地保护	食用、饲料	食用、饲料
	白糯包谷	禾本科 Gramineae	玉蜀黍属 *Zea*	玉米种 *mays*		栽培	元阳县	NE	就地保护	食用、饲料	食用、饲料
	白糯玉米	禾本科 Gramineae	玉蜀黍属 *Zea*	玉米种 *mays*		栽培	沧源县	NE	就地保护	食用	食用
	白糯玉米	禾本科 Gramineae	玉蜀黍属 *Zea*	玉米种 *mays*		栽培	孟连县	NE	就地保护	食用	食用
	白糯玉米 1	禾本科 Gramineae	玉蜀黍属 *Zea*	玉米种 *mays*		栽培	墨江县	NE	就地保护	食用	食用
	白糯玉米 2	禾本科 Gramineae	玉蜀黍属 *Zea*	玉米种 *mays*		栽培	墨江县	NE	就地保护	食用	食用
	白糯玉米 3	禾本科 Gramineae	玉蜀黍属 *Zea*	玉米种 *mays*		栽培	墨江县	NE	就地保护	食用	食用
	白糯玉米 4	禾本科 Gramineae	玉蜀黍属 *Zea*	玉米种 *mays*		栽培	墨江县	NE	就地保护	食用	食用
	白糯玉米 5	禾本科 Gramineae	玉蜀黍属 *Zea*	玉米种 *mays*		栽培	墨江县	NE	就地保护	食用	食用
	白糯玉米 6	禾本科 Gramineae	玉蜀黍属 *Zea*	玉米种 *mays*		栽培	墨江县	NE	就地保护	食用	食用
	白糯玉米 7	禾本科 Gramineae	玉蜀黍属 *Zea*	玉米种 *mays*		栽培	墨江县	NE	就地保护	食用	食用
	白糯玉米 8	禾本科 Gramineae	玉蜀黍属 *Zea*	玉米种 *mays*		栽培	墨江县	NE	就地保护	食用	食用
	白糯玉米 9	禾本科 Gramineae	玉蜀黍属 *Zea*	玉米种 *mays*		栽培	墨江县	NE	就地保护	食用	食用
	白糯玉米 10	禾本科 Gramineae	玉蜀黍属 *Zea*	玉米种 *mays*		栽培	墨江县	NE	就地保护	食用	食用
	白牙玉米	禾本科 Gramineae	玉蜀黍属 *Zea*	玉米种 *mays*		栽培	墨江县	NE	就地保护	食用、饲料	食用、饲料
	白玉米 1	禾本科 Gramineae	玉蜀黍属 *Zea*	玉米种 *mays*		栽培	耿马县	NE	就地保护	食用	食用

（续表）

作物种类（作物名称）	种质名称	物种名				属性	原产地	物种濒危等级	保护保存现状	主要经济用途	价值
		科	属	种	亚种						
玉米	白玉米 2	禾本科 Gramineae	玉蜀黍属 *Zea*	玉米种 *mays*		栽培	耿马县	NE	就地保护	食用	食用
	白玉米 3	禾本科 Gramineae	玉蜀黍属 *Zea*	玉米种 *mays*		栽培	耿马县	NE	就地保护	食用	食用
	白玉米	禾本科 Gramineae	玉蜀黍属 *Zea*	玉米种 *mays*		栽培	孟连县	NE	就地保护	食用	食用
	保玉 2 号	禾本科 Gramineae	玉蜀黍属 *Zea*	玉米种 *mays*		栽培	维西县	NE	就地保护	食用	食用
	保玉 7 号 1	禾本科 Gramineae	玉蜀黍属 *Zea*	玉米种 *mays*		栽培	维西县	NE	就地保护	食用	食用
	保玉 7 号 2	禾本科 Gramineae	玉蜀黍属 *Zea*	玉米种 *mays*		栽培	维西县	NE	就地保护	食用	食用
	本地白包谷 1	禾本科 Gramineae	玉蜀黍属 *Zea*	玉米种 *mays*		栽培	维西县	NE	就地保护	食用	食用
	本地白包谷 2	禾本科 Gramineae	玉蜀黍属 *Zea*	玉米种 *mays*		栽培	维西县	NE	就地保护	食用	食用
	本地白包谷 3	禾本科 Gramineae	玉蜀黍属 *Zea*	玉米种 *mays*		栽培	维西县	NE	就地保护	食用	食用
	本地白糯玉米	禾本科 Gramineae	玉蜀黍属 *Zea*	玉米种 *mays*		栽培	澜沧县	NE	就地保护	食用	食用
	本地白玉米 1	禾本科 Gramineae	玉蜀黍属 *Zea*	玉米种 *mays*		栽培	澜沧县	NE	就地保护	食用	食用
	本地白玉米 2	禾本科 Gramineae	玉蜀黍属 *Zea*	玉米种 *mays*		栽培	澜沧县	NE	就地保护	食用	食用
	本地包谷	禾本科 Gramineae	玉蜀黍属 *Zea*	玉米种 *mays*		栽培	德钦县	NE	就地保护	食用	食用
	本地黄包谷	禾本科 Gramineae	玉蜀黍属 *Zea*	玉米种 *mays*		栽培	维西县	NE	就地保护	食用	食用
	本地黄玉米	禾本科 Gramineae	玉蜀黍属 *Zea*	玉米种 *mays*		栽培	澜沧县	NE	就地保护	食用	食用

（续表）

作物种类（作物名称）	种质名称	物种名				属性	原产地	物种濒危等级	保护保存现状	主要经济用途	价值
		科	属	种	亚种						
玉米	本地老包谷1	禾本科 Gramineae	玉蜀黍属 *Zea*	玉米种 *mays*		栽培	维西县	NE	就地保护	食用	食用
	本地老包谷2	禾本科 Gramineae	玉蜀黍属 *Zea*	玉米种 *mays*		栽培	维西县	NE	就地保护	食用	食用
	本地老包谷3	禾本科 Gramineae	玉蜀黍属 *Zea*	玉米种 *mays*		栽培	维西县	NE	就地保护	食用	食用
	本地糯玉米1	禾本科 Gramineae	玉蜀黍属 *Zea*	玉米种 *mays*		栽培	贡山县	NE	就地保护	食用	食用
	本地糯玉米2	禾本科 Gramineae	玉蜀黍属 *Zea*	玉米种 *mays*		栽培	贡山县	NE	就地保护	食用	食用
	本地糯玉米3	禾本科 Gramineae	玉蜀黍属 *Zea*	玉米种 *mays*		栽培	贡山县	NE	就地保护	食用	食用
	本地糯玉米	禾本科 Gramineae	玉蜀黍属 *Zea*	玉米种 *mays*		栽培	澜沧县	NE	就地保护	食用	食用
	本地小黄玉米	禾本科 Gramineae	玉蜀黍属 *Zea*	玉米种 *mays*		栽培	维西县	NE	就地保护	食用	食用
	本地玉米1	禾本科 Gramineae	玉蜀黍属 *Zea*	玉米种 *mays*		栽培	贡山县	NE	就地保护	食用	食用
	本地玉米2	禾本科 Gramineae	玉蜀黍属 *Zea*	玉米种 *mays*		栽培	贡山县	NE	就地保护	食用	食用
	本地玉米3	禾本科 Gramineae	玉蜀黍属 *Zea*	玉米种 *mays*		栽培	贡山县	NE	就地保护	食用	食用
	毫发糯	禾本科 Gramineae	玉蜀黍属 *Zea*	玉米种 *mays*		栽培	德宏州	NE	就地保护	食用、饲料	食用、饲料
	毫帕奶果	禾本科 Gramineae	玉蜀黍属 *Zea*	玉米种 *mays*		栽培	德宏州	NE	就地保护	食用、饲料	食用、饲料

（续表）

作物种类（作物名称）	种质名称	物种名				属性	原产地	物种濒危等级	保护保存现状	主要经济用途	价值
		科	属	种	亚种						
玉米	黑花糯玉米	禾本科 Gramineae	玉蜀黍属 *Zea*	玉米种 *mays*		栽培	墨江县	NE	就地保护	食用	食用
	黑糯包谷	禾本科 Gramineae	玉蜀黍属 *Zea*	玉米种 *mays*		栽培	元阳县	NE	就地保护	食用、饲料	食用、饲料
	黑糯玉米	禾本科 Gramineae	玉蜀黍属 *Zea*	玉米种 *mays*		栽培	孟连县	NE	就地保护	食用	食用
	红玉米	禾本科 Gramineae	玉蜀黍属 *Zea*	玉米种 *mays*		栽培	耿马县	NE	就地保护	食用	食用
	红玉米	禾本科 Gramineae	玉蜀黍属 *Zea*	玉米种 *mays*		栽培	贡山县	NE	就地保护	食用	食用
	花糯玉米 1	禾本科 Gramineae	玉蜀黍属 *Zea*	玉米种 *mays*		栽培	墨江县	NE	就地保护	食用	食用
	花糯玉米 2	禾本科 Gramineae	玉蜀黍属 *Zea*	玉米种 *mays*		栽培	墨江县	NE	就地保护	食用	食用
	花玉米 1	禾本科 Gramineae	玉蜀黍属 *Zea*	玉米种 *mays*		栽培	贡山县	NE	就地保护	食用	食用
	花玉米 2	禾本科 Gramineae	玉蜀黍属 *Zea*	玉米种 *mays*		栽培	贡山县	NE	就地保护	食用	食用
	花玉米 3	禾本科 Gramineae	玉蜀黍属 *Zea*	玉米种 *mays*		栽培	贡山县	NE	就地保护	食用	食用
	花玉米 4	禾本科 Gramineae	玉蜀黍属 *Zea*	玉米种 *mays*		栽培	贡山县	NE	就地保护	食用	食用
	花玉米 5	禾本科 Gramineae	玉蜀黍属 *Zea*	玉米种 *mays*		栽培	贡山县	NE	就地保护	食用	食用
	花玉米（它布普）	禾本科 Gramineae	玉蜀黍属 *Zea*	玉米种 *mays*		栽培	贡山县	NE	就地保护	食用	食用
	花玉玉米	禾本科 Gramineae	玉蜀黍属 *Zea*	玉米种 *mays*		栽培	墨江县	NE	就地保护	食用	食用
	黄包谷	禾本科 Gramineae	玉蜀黍属 *Zea*	玉米种 *mays*		栽培	元阳县	NE	就地保护	食用、饲料	食用、饲料
	黄马牙	禾本科 Gramineae	玉蜀黍属 *Zea*	玉米种 *mays*		栽培	德宏州	NE	就地保护	食用、饲料	食用、饲料

（续表）

作物种类（作物名称）	种质名称	物种名				属性	原产地	物种濒危等级	保护保存现状	主要经济用途	价值
		科	属	种	亚种						
玉米	黄糯	禾本科 Gramineae	玉蜀黍属 *Zea*	玉米种 *mays*		栽培	德宏州	NE	就地保护	食用、饲料	食用、饲料
	黄糯玉米 1	禾本科 Gramineae	玉蜀黍属 *Zea*	玉米种 *mays*		栽培	墨江县	NE	就地保护	食用	食用
	黄糯玉米 2	禾本科 Gramineae	玉蜀黍属 *Zea*	玉米种 *mays*		栽培	墨江县	NE	就地保护	食用	食用
	黄牙玉米	禾本科 Gramineae	玉蜀黍属 *Zea*	玉米种 *mays*		栽培	墨江县	NE	就地保护	食用、饲料	食用、饲料
	黄玉米	禾本科 Gramineae	玉蜀黍属 *Zea*	玉米种 *mays*		栽培	沧源县	NE	就地保护	食用	食用
	黄玉米	禾本科 Gramineae	玉蜀黍属 *Zea*	玉米种 *mays*		栽培	德钦县	NE	就地保护	食用	食用
	黄玉米	禾本科 Gramineae	玉蜀黍属 *Zea*	玉米种 *mays*		栽培	孟连县	NE	就地保护	食用	食用
	黄玉米	禾本科 Gramineae	玉蜀黍属 *Zea*	玉米种 *mays*		栽培	墨江县	NE	就地保护	食用、饲料	食用、饲料
	会单 4 号 1	禾本科 Gramineae	玉蜀黍属 *Zea*	玉米种 *mays*		栽培	贡山县	NE	就地保护	食用	食用
	会单 4 号 2	禾本科 Gramineae	玉蜀黍属 *Zea*	玉米种 *mays*		栽培	贡山县	NE	就地保护	食用	食用
	会单 4 号 3	禾本科 Gramineae	玉蜀黍属 *Zea*	玉米种 *mays*		栽培	贡山县	NE	就地保护	食用	食用
	会单 4 号 4	禾本科 Gramineae	玉蜀黍属 *Zea*	玉米种 *mays*		栽培	贡山县	NE	就地保护	食用	食用
	会单 4 号 5	禾本科 Gramineae	玉蜀黍属 *Zea*	玉米种 *mays*		栽培	贡山县	NE	就地保护	食用	食用
	会单 4 号 6	禾本科 Gramineae	玉蜀黍属 *Zea*	玉米种 *mays*		栽培	贡山县	NE	就地保护	食用	食用
	会单 4 号 1	禾本科 Gramineae	玉蜀黍属 *Zea*	玉米种 *mays*		栽培	维西县	NE	就地保护	食用	食用
	会单 4 号 2	禾本科 Gramineae	玉蜀黍属 *Zea*	玉米种 *mays*		栽培	维西县	NE	就地保护	食用	食用

（续表）

作物种类（作物名称）	种质名称	物种名				属性	原产地	物种濒危等级	保护保存现状	主要经济用途	价值
		科	属	种	亚种						
玉米	会单4号3	禾本科 Gramineae	玉蜀黍属 *Zea*	玉米种 *mays*		栽培	维西县	NE	就地保护	食用	食用
	会单4号4	禾本科 Gramineae	玉蜀黍属 *Zea*	玉米种 *mays*		栽培	维西县	NE	就地保护	食用	食用
	会单4号5	禾本科 Gramineae	玉蜀黍属 *Zea*	玉米种 *mays*		栽培	维西县	NE	就地保护	食用	食用
	会单4号6	禾本科 Gramineae	玉蜀黍属 *Zea*	玉米种 *mays*		栽培	维西县	NE	就地保护	食用	食用
	会单4号7	禾本科 Gramineae	玉蜀黍属 *Zea*	玉米种 *mays*		栽培	维西县	NE	就地保护	食用	食用
	会单4号8	禾本科 Gramineae	玉蜀黍属 *Zea*	玉米种 *mays*		栽培	维西县	NE	就地保护	食用	食用
	临改白	禾本科 Gramineae	玉蜀黍属 *Zea*	玉米种 *mays*		栽培	沧源县	NE	就地保护	食用	食用
	鲁单3号1	禾本科 Gramineae	玉蜀黍属 *Zea*	玉米种 *mays*		栽培	维西县	NE	就地保护	食用	食用
	鲁单3号2	禾本科 Gramineae	玉蜀黍属 *Zea*	玉米种 *mays*		栽培	维西县	NE	就地保护	食用	食用
	罗单3号	禾本科 Gramineae	玉蜀黍属 *Zea*	玉米种 *mays*		栽培	贡山县	NE	就地保护	食用	食用
	罗单9号1	禾本科 Gramineae	玉蜀黍属 *Zea*	玉米种 *mays*		栽培	贡山县	NE	就地保护	食用	食用
	罗单9号2	禾本科 Gramineae	玉蜀黍属 *Zea*	玉米种 *mays*		栽培	贡山县	NE	就地保护	食用	食用
	罗单9号3	禾本科 Gramineae	玉蜀黍属 *Zea*	玉米种 *mays*		栽培	贡山县	NE	就地保护	食用	食用
	罗单9号4	禾本科 Gramineae	玉蜀黍属 *Zea*	玉米种 *mays*		栽培	贡山县	NE	就地保护	食用	食用
	罗单9号5	禾本科 Gramineae	玉蜀黍属 *Zea*	玉米种 *mays*		栽培	贡山县	NE	就地保护	食用	食用
	罗单9号6	禾本科 Gramineae	玉蜀黍属 *Zea*	玉米种 *mays*		栽培	贡山县	NE	就地保护	食用	食用
	罗单9号7	禾本科 Gramineae	玉蜀黍属 *Zea*	玉米种 *mays*		栽培	贡山县	NE	就地保护	食用	食用
	马牙白玉米	禾本科 Gramineae	玉蜀黍属 *Zea*	玉米种 *mays*		栽培	德钦县	NE	就地保护	食用	食用

（续表）

作物种类（作物名称）	种质名称	物种名				属性	原产地	物种濒危等级	保护保存现状	主要经济用途	价值
		科	属	种	亚种						
玉米	马牙包谷	禾本科 Gramineae	玉蜀黍属 *Zea*	玉米种 *mays*		栽培	元阳县	NE	就地保护	食用、饲料	食用、饲料
	马牙玉米 1	禾本科 Gramineae	玉蜀黍属 *Zea*	玉米种 *mays*		栽培	墨江县	NE	就地保护	食用	食用
	马牙玉米 2	禾本科 Gramineae	玉蜀黍属 *Zea*	玉米种 *mays*		栽培	墨江县	NE	就地保护	食用	食用
	马牙玉米 3	禾本科 Gramineae	玉蜀黍属 *Zea*	玉米种 *mays*		栽培	墨江县	NE	就地保护	食用、饲料	食用、饲料
	马牙玉米 4	禾本科 Gramineae	玉蜀黍属 *Zea*	玉米种 *mays*		栽培	墨江县	NE	就地保护	食用、饲料	食用、饲料
	马牙玉米 5	禾本科 Gramineae	玉蜀黍属 *Zea*	玉米种 *mays*		栽培	墨江县	NE	就地保护	食用、饲料	食用、饲料
	勐腊玉米 1	禾本科 Gramineae	玉蜀黍属 *Zea*	玉米种 *mays*		栽培	墨江县	NE	就地保护	食用、饲料	食用、饲料
	勐腊玉米 2	禾本科 Gramineae	玉蜀黍属 *Zea*	玉米种 *mays*		栽培	墨江县	NE	就地保护	食用、饲料	食用、饲料
	墨白一号玉米 1	禾本科 Gramineae	玉蜀黍属 *Zea*	玉米种 *mays*		栽培	墨江县	NE	就地保护	食用、饲料	食用、饲料
	墨白一号玉米 2	禾本科 Gramineae	玉蜀黍属 *Zea*	玉米种 *mays*		栽培	墨江县	NE	就地保护	食用、饲料	食用、饲料
	普照玉米 1	禾本科 Gramineae	玉蜀黍属 *Zea*	玉米种 *mays*		栽培	墨江县	NE	就地保护	食用、饲料	食用、饲料
	普照玉米 2	禾本科 Gramineae	玉蜀黍属 *Zea*	玉米种 *mays*		栽培	墨江县	NE	就地保护	食用、饲料	食用、饲料

（续表）

作物种类（作物名称）	种质名称	物种名				属性	原产地	物种濒危等级	保护保存现状	主要经济用途	价值
		科	属	种	亚种						
玉米	普照玉米 3	禾本科 Gramineae	玉蜀黍属 *Zea*	玉米种 *mays*		栽培	墨江县	NE	就地保护	食用、饲料	食用、饲料
	曲晨	禾本科 Gramineae	玉蜀黍属 *Zea*	玉米种 *mays*		栽培	维西县	NE	就地保护	食用	食用
	思茅玉米	禾本科 Gramineae	玉蜀黍属 *Zea*	玉米种 *mays*		栽培	墨江县	NE	就地保护	食用、饲料	食用、饲料
	泰国 888	禾本科 Gramineae	玉蜀黍属 *Zea*	玉米种 *mays*		栽培	德宏州	NE	就地保护	食用、饲料	食用、饲料
	天蒙一号	禾本科 Gramineae	玉蜀黍属 *Zea*	玉米种 *mays*		栽培	贡山县	NE	就地保护	食用	食用
	小白玉米	禾本科 Gramineae	玉蜀黍属 *Zea*	玉米种 *mays*		栽培	德钦县	NE	就地保护	食用	食用
	玉米 1	禾本科 Gramineae	玉蜀黍属 *Zea*	玉米种 *mays*		栽培	耿马县	NE	就地保护	食用	食用
	玉米 2	禾本科 Gramineae	玉蜀黍属 *Zea*	玉米种 *mays*		栽培	耿马县	NE	就地保护	食用	食用
	玉米 3	禾本科 Gramineae	玉蜀黍属 *Zea*	玉米种 *mays*		栽培	耿马县	NE	就地保护	食用	食用
	玉米 4	禾本科 Gramineae	玉蜀黍属 *Zea*	玉米种 *mays*		栽培	耿马县	NE	就地保护	食用	食用
	玉米 5	禾本科 Gramineae	玉蜀黍属 *Zea*	玉米种 *mays*		栽培	耿马县	NE	就地保护	食用	食用
	玉米 6	禾本科 Gramineae	玉蜀黍属 *Zea*	玉米种 *mays*		栽培	耿马县	NE	就地保护	食用	食用
	玉米	禾本科 Gramineae	玉蜀黍属 *Zea*	玉米种 *mays*		栽培	景洪市	NE	就地保护	食用、饲料	食用、饲料
	玉米(白)	禾本科 Gramineae	玉蜀黍属 *Zea*	玉米种 *mays*		栽培	景洪市	NE	就地保护	食用、饲料	食用、饲料
	玉米(红)	禾本科 Gramineae	玉蜀黍属 *Zea*	玉米种 *mays*		栽培	景洪市	NE	就地保护	食用、饲料	食用、饲料

（续表）

作物种类（作物名称）	种质名称	物种名				属性	原产地	物种濒危等级	保护保存现状	主要经济用途	价值
		科	属	种	亚种						
玉米	玉米(黄)	禾本科 Gramineae	玉蜀黍属 *Zea*	玉米种 *mays*		栽培	景洪市	NE	就地保护	食用、饲料	食用、饲料
	玉米(老品种) 1	禾本科 Gramineae	玉蜀黍属 *Zea*	玉米种 *mays*		栽培	贡山县	NE	就地保护	食用	食用
	玉米(老品种) 2	禾本科 Gramineae	玉蜀黍属 *Zea*	玉米种 *mays*		栽培	贡山县	NE	就地保护	食用	食用
	玉米(老品种) 3	禾本科 Gramineae	玉蜀黍属 *Zea*	玉米种 *mays*		栽培	贡山县	NE	就地保护	食用	食用
	玉米(老品种) 4	禾本科 Gramineae	玉蜀黍属 *Zea*	玉米种 *mays*		栽培	贡山县	NE	就地保护	食用	食用
	锥形玉米	禾本科 Gramineae	玉蜀黍属 *Zea*	玉米种 *mays*		栽培	沧源县	NE	就地保护	食用	食用
	紫糯玉米	禾本科 Gramineae	玉蜀黍属 *Zea*	玉米种 *mays*		栽培	墨江县	NE	就地保护	食用	食用
高粱	本地高粱	禾本科 Gramineae	高粱属 *Sorghum*	*vulgare*		栽培	德钦县	NE	就地保护	食用	食用
	大米高粱	禾本科 Gramineae	高粱属 *Sorghum*	*vulgare*		栽培	德钦县	NE	就地保护	食用	食用
	高粱 1	禾本科 Gramineae	高粱属 *Sorghum*	*vulgare*		栽培	贡山县	NE	就地保护	食用	食用
	高粱 2	禾本科 Gramineae	高粱属 *Sorghum*	*vulgare*		栽培	贡山县	NE	就地保护	食用	食用
	高粱 1	禾本科 Gramineae	高粱属 *Sorghum*	*vulgare*		栽培	澜沧县	NE	就地保护	食用	食用
	高粱	禾本科 Gramineae	高粱属 *Sorghum*	*vulgare*		栽培	墨江县	NE	就地保护	食用	食用
	高粱	禾本科 Gramineae	高粱属 *Sorghum*	*vulgare*		栽培	沧源县	NE	就地保护	食用	食用
	高粱	禾本科 Gramineae	高粱属 *Sorghum*	*vulgare*		栽培	耿马县	NE	就地保护	食用	食用

（续表）

作物种类（作物名称）	种质名称	物种名				属性	原产地	物种濒危等级	保护保存现状	主要经济用途	价值
		科	属	种	亚种						
高粱	红高粱	禾本科 Gramineae	高粱属 *Sorghum*	*vulgare*		栽培	德钦县	NE	就地保护	食用	食用
	高脚高粱	禾本科 Gramineae	高粱属 *Sorghum*	*vulgare*		栽培	墨江县	NE	就地保护	食用、饲料	食用、饲料
	高粱 2	禾本科 Gramineae	高粱属 *Sorghum*	*vulgare*		栽培	墨江县	NE	就地保护	食用、饲料	食用、饲料
	高粱	禾本科 Gramineae	高粱属 *Sorghum*			栽培	景洪市	NE	就地保护	蔬菜	蔬菜
	红高粱	禾本科 Gramineae	高粱属 *Sorghum*	*vulgare*		栽培	墨江县	NE	就地保护	食用、饲料	食用、饲料
	食杆高粱	禾本科 Gramineae	高粱属 *Sorghum*			栽培	景洪市	NE	就地保护	蔬菜	蔬菜
	凸眼高粱	禾本科 Gramineae	高粱属 *Sorghum*			栽培	景洪市	NE	就地保护	蔬菜	蔬菜
	小红高粱 1	禾本科 Gramineae	高粱属 *Sorghum*	*vulgare*		栽培	墨江县	NE	就地保护	食用、饲料	食用、饲料
	小红高粱 2	禾本科 Gramineae	高粱属 *Sorghum*	*vulgare*		栽培	墨江县	NE	就地保护	食用、饲料	食用、饲料
荞麦	本地苦荞	蓼科 Polygonaceae	荞麦属 *Fagopyrum*	*esculentum*		栽培	维西县	NE	就地保护	食用	食用
	金荞麦	蓼科 Polygonaceae	荞麦属 *Fagopyrum*	*cumosum*		野生	墨江县	NE	就地保护	食用、药用	食用、药用
	苦荞	蓼科 Polygonaceae	荞麦属 *Fagopyrum*	*esculentum*		栽培	维西县	NE	就地保护	食用	食用
	苦荞	蓼科 Polygonaceae	荞麦属 *Fagopyrum*	*esculentum*		栽培	沧源县	NE	就地保护	食用	食用
	苦荞 1	蓼科 Polygonaceae	荞麦属 *Fagopyrum*	*esculentum*		栽培	澜沧县	NE	就地保护	食用	食用
	苦荞 2	蓼科 Polygonaceae	荞麦属 *Fagopyrum*	*esculentum*		栽培	澜沧县	NE	就地保护	食用	食用

（续表）

作物种类（作物名称）	种质名称	物种名				属性	原产地	物种濒危等级	保护保存现状	主要经济用途	价值
		科	属	种	亚种						
荞麦	苦荞 1	蓼科 Polygonaceae	荞麦属 *Fagopyrum*	*tartaricum*		栽培	墨江县	NE	就地保护	副食、饲料	副食、饲料
	苦荞 2	蓼科 Polygonaceae	荞麦属 *Fagopyrum*	*tartaricum*		栽培	墨江县	NE	就地保护	副食、饲料	副食、饲料
	苦荞 3	蓼科 Polygonaceae	荞麦属 *Fagopyrum*	*tartaricum*		栽培	墨江县	NE	就地保护	副食、饲料	副食、饲料
	苦荞 4	蓼科 Polygonaceae	荞麦属 *Fagopyrum*	*tartaricum*		栽培	墨江县	NE	就地保护	副食、饲料	副食、饲料
	苦荞 5	蓼科 Polygonaceae	荞麦属 *Fagopyrum*	*tartaricum*		栽培	墨江县	NE	就地保护	副食、饲料	副食、饲料
	苦荞 6	蓼科 Polygonaceae	荞麦属 *Fagopyrum*	*tartaricum*		栽培	墨江县	NE	就地保护	副食、饲料	副食、饲料
	苦荞 7	蓼科 Polygonaceae	荞麦属 *Fagopyrum*	*tartaricum*		栽培	墨江县	NE	就地保护	副食、饲料	副食、饲料
	苦荞 8	蓼科 Polygonaceae	荞麦属 *Fagopyrum*	*tartaricum*		栽培	墨江县	NE	就地保护	食、饲、药	食、饲、药
	苦荞 1	蓼科 Polygonaceae	荞麦属 *Fagopyrum*	*esculentum*		栽培	贡山县	NE	就地保护	食用	食用
	苦荞 2	蓼科 Polygonaceae	荞麦属 *Fagopyrum*	*esculentum*		栽培	贡山县	NE	就地保护	食用	食用
	苦荞	蓼科 Polygonaceae	荞麦属 *Fagopyrum*	*tartaricum*		栽培	元阳县	NE	就地保护	食用、药用	食用、药用
	苦荞（冬荞）	蓼科 Polygonaceae	荞麦属 *Fagopyrum*	*tartaricum*		栽培	墨江县	NE	就地保护	副食、饲料	副食、饲料

（续表）

作物种类（作物名称）	种质名称	物种名				属性	原产地	物种濒危等级	保护保存现状	主要经济用途	价值
		科	属	种	亚种						
荞麦	荞麦 1	蓼科 Polygonaceae	荞麦属 *Fagopyrum*	*esculentum*		栽培	贡山县	NE	就地保护	食用	食用
	荞麦 2	蓼科 Polygonaceae	荞麦属 *Fagopyrum*	*esculentum*		栽培	贡山县	NE	就地保护	食用	食用
	荞麦 3	蓼科 Polygonaceae	荞麦属 *Fagopyrum*	*esculentum*		栽培	贡山县	NE	就地保护	食用	食用
	荞麦 4	蓼科 Polygonaceae	荞麦属 *Fagopyrum*	*esculentum*		栽培	贡山县	NE	就地保护	食用	食用
	甜荞	蓼科 Polygonaceae	荞麦属 *Fagopyrum*	*esculentum*		栽培	贡山县	NE	就地保护	食用	食用
	甜荞 1	蓼科 Polygonaceae	荞麦属 *Fagopyrum*	*esculentum*		栽培	澜沧县	NE	就地保护	食用	食用
	甜荞 2	蓼科 Polygonaceae	荞麦属 *Fagopyrum*	*esculentum*		栽培	澜沧县	NE	就地保护	食用	食用
	甜荞 1	蓼科 Polygonaceae	荞麦属 *Fagopyrum*	*esculentum*		栽培	墨江县	NE	就地保护	副食、饲料	副食、饲料
	甜荞 2	蓼科 Polygonaceae	荞麦属 *Fagopyrum*	*esculentum*		栽培	墨江县	NE	就地保护	副食、饲料	副食、饲料
	西盟米荞	蓼科 Polygonaceae	荞麦属 *Fagopyrum*	*esculentum*		栽培	西盟县	NE	就地保护	食用	食用
	小米荞	蓼科 Polygonaceae	荞麦属 *Fagopyrum*	*esculentum*		栽培	澜沧县	NE	就地保护	食用	食用
	野生荞麦	蓼科 Polygonaceae	荞麦属 *Fagopyrum*	*esculentum*		栽培	贡山县	NE	就地保护	食用	食用
豆类	大黑豆	豆科 Leguminosae	山黑豆属 *Dumasia*			栽培	德宏州	NE	就地保护	食用	食用
	白豆	豆科 Leguminosae				栽培	元阳县	NE	就地保护	食用	食用
	白花生	豆科 Leguminosae	花生属 *Arachis*			栽培	墨江县	NE	就地保护	副食、油料	副食、油料
	白黄豆	豆科 Leguminosae					维西县	NE	就地保护	食用	食用

（续表）

作物种类（作物名称）	种质名称	物种名				属性	原产地	物种濒危等级	保护保存现状	主要经济用途	价值
		科	属	种	亚种						
豆类	白汤豆	豆科 Leguminosae				栽培	墨江县	NE	就地保护	副食、饲料	副食、饲料
	白芸豆 1	豆科 Leguminosae					维西县	NE	就地保护	食用	食用
	白芸豆 2	豆科 Leguminosae					维西县	NE	就地保护	食用	食用
	白芸豆 3	豆科 Leguminosae					维西县	NE	就地保护	食用	食用
	白芸豆 4	豆科 Leguminosae					维西县	NE	就地保护	食用	食用
	本地花豆	豆科 Leguminosae				栽培	维西县	NE	就地保护	食用	食用
	扁豆	豆科 Leguminosae	扁豆属 *Dolichos*			栽培	德宏州	NE	就地保护	食用	食用
	扁豆	豆科 Leguminosae					耿马县	NE	就地保护	食用	食用
	蚕豆	豆科 Leguminosae	蚕豆属 *Vicia*			栽培	孟连县	NE	就地保护	食用	食用
	蚕豆	豆科 Leguminosae	蚕豆属 *Vicia*			栽培	澜沧县	NE	就地保护	食用	食用
	蚕豆	豆科 Leguminosae	蚕豆属 *Vicia*			栽培	澜沧县	NE	就地保护	食用	食用
	豉豆（白皮）	豆科 Leguminosae	豇豆属 *Vigna*			栽培	德宏州	NE	就地保护	食用	食用
	豉豆（红皮）	豆科 Leguminosae	豇豆属 *Vigna*			栽培	德宏州	NE	就地保护	食用	食用
	春豆	豆科 Leguminosae					孟连县	NE	就地保护	食用	食用
	大白豆	豆科 Leguminosae	大豆属 *Glycine*			栽培	墨江县	NE	就地保护	副食、饲料	副食、饲料
	大白豆	豆科 Leguminosae				栽培	元阳县	NE	就地保护	食用	食用

（续表）

作物种类（作物名称）	种质名称	物种名				属性	原产地	物种濒危等级	保护保存现状	主要经济用途	价值
		科	属	种	亚种						
豆类	大蚕豆	豆科 Leguminosae	蚕豆属 *Vicia*			栽培	墨江县	NE	就地保护	副食、饲料	副食、饲料
	大豆	豆科 Leguminosae	大豆属 *Glycine*			栽培	沧源县	NE	就地保护	食用	食用
	大豆 1	豆科 Leguminosae	大豆属 *Glycine*			栽培	耿马县	NE	就地保护	食用	食用
	大豆 2	豆科 Leguminosae	大豆属 *Glycine*			栽培	耿马县	NE	就地保护	食用	食用
	大豆 1	豆科 Leguminosae	大豆属 *Glycine*			栽培	澜沧县	NE	就地保护	食用	食用
	大豆 2	豆科 Leguminosae	大豆属 *Glycine*			栽培	澜沧县	NE	就地保护	食用	食用
	大黑豆	豆科 Leguminosae	大豆属 *Glycine*			栽培	墨江县	NE	就地保护	副食、饲料	副食、饲料
	大黄豆	豆科 Leguminosae	大豆属 *Glycine*			栽培	墨江县	NE	就地保护	副食、饲料	副食、饲料
	饭豆	豆科 Leguminosae	豇豆属 *Vigna*			栽培	元阳县	NE	就地保护	食用	食用
	缸豆	豆科 Leguminosae	豇豆属 *Vigna*			栽培	元阳县	NE	就地保护	食用	食用
	黑大豆	豆科 Leguminosae	大豆属 *Glycine*			栽培	墨江县	NE	就地保护	副食、饲料	副食、饲料
	黑豆	豆科 Leguminosae	山黑豆属 *Dumasia*			栽培	元阳县	NE	就地保护	食用	食用
	红花生 1	豆科 Leguminosae	花生属 *Arachis*			栽培	墨江县	NE	就地保护	副食、油料	副食、油料
	红花生 2	豆科 Leguminosae	花生属 *Arachis*			栽培	墨江县	NE	就地保护	副食、油料	副食、油料
	黄豆	豆科 Leguminosae	大豆属 *Glycine*			栽培	孟连县	NE	就地保护	食用	食用

（续表）

作物种类（作物名称）	种质名称	物种名				属性	原产地	物种濒危等级	保护保存现状	主要经济用途	价值
		科	属	种	亚种						
豆类	黄豆 1	豆科 Leguminosae	大豆属 *Glycine*			栽培	贡山县	NE	就地保护	食用	食用
	黄豆 2	豆科 Leguminosae	大豆属 *Glycine*			栽培	贡山县	NE	就地保护	食用	食用
	黄豆 3	豆科 Leguminosae	大豆属 *Glycine*			栽培	贡山县	NE	就地保护	食用	食用
	黄豆 4	豆科 Leguminosae	大豆属 *Glycine*			栽培	贡山县	NE	就地保护	食用	食用
	黄豆 5	豆科 Leguminosae	大豆属 *Glycine*			栽培	贡山县	NE	就地保护	食用	食用
	黄豆 6	豆科 Leguminosae	大豆属 *Glycine*			栽培	贡山县	NE	就地保护	食用	食用
	黄豆	豆科 Leguminosae	大豆属 *Glycine*			栽培	景洪市	NE	就地保护	食用	食用
	黄豆	豆科 Leguminosae	大豆属 *Glycine*			栽培	墨江县	NE	就地保护	副食、饲料	副食、饲料
	黄豆	豆科 Leguminosae	大豆属 *Glycine*			栽培	维西县	NE	就地保护	食用	食用
	灰豆	豆科 Leguminosae				栽培	元阳县	NE	就地保护	食用	食用
	恢豆	豆科 Leguminosae				栽培	元阳县	NE	就地保护	食用	食用
	夹豆 1	豆科 Leguminosae				栽培	元阳县	NE	就地保护	食用	食用
	夹豆 2	豆科 Leguminosae				栽培	元阳县	NE	就地保护	食用	食用
	豇豆	豆科 Leguminosae	豇豆属 *Vigna*			栽培	耿马县	NE	就地保护	食用	食用
	卡多豆	豆科 Leguminosae				栽培	墨江县	NE	就地保护	副食、饲料	副食、饲料
	六月豆	豆科 Leguminosae				栽培	元阳县	NE	就地保护	食用	食用
	绿扁豆	豆科 Leguminosae	扁豆属 *Dolichos*			栽培	德宏州	NE	就地保护	食用	食用

（续表）

作物种类（作物名称）	种质名称	物种名				属性	原产地	物种濒危等级	保护保存现状	主要经济用途	价值
		科	属	种	亚种						
豆类	绿埂豆	豆科 Leguminosae				栽培	元阳县	NE	就地保护	食用	食用
	绿谷豆	豆科 Leguminosae				栽培	元阳县	NE	就地保护	食用	食用
	马料蚕豆	豆科 Leguminosae	蚕豆属 *Vicia*			栽培	墨江县	NE	就地保护	副食、饲料	副食、饲料
	毛大豆	豆科 Leguminosae	大豆属 *Glycine*			栽培	德宏州	NE	就地保护	食用	食用
	棉花豆	豆科 Leguminosae	菜豆属 *Phaseolus*			栽培	德宏州	NE	就地保护	食用	食用
	墨江豆	豆科 Leguminosae				栽培	景洪市	NE	就地保护	食用	食用
	南京豆	豆科 Leguminosae					沧源县	NE	就地保护	食用	食用
	爬豆	豆科 Leguminosae					西盟县	NE	就地保护	食用	食用
	三粒花生	豆科 Leguminosae	花生属 *Arachis*			栽培	墨江县	NE	就地保护	副食、油料	副食、油料
	三月豆	豆科 Leguminosae				栽培	元阳县	NE	就地保护	食用	食用
	沙拉豆	豆科 Leguminosae	大豆属 *Glycine*			栽培	墨江县	NE	就地保护	副食、饲料	副食、饲料
	四季豆	豆科 Leguminosae	菜豆属 *Phaseolus*			栽培	耿马县	NE	就地保护	食用	食用
	四季豆 1	豆科 Leguminosae	菜豆属 *Phaseolus*			栽培	贡山县	NE	就地保护	食用	食用
	四季豆 2	豆科 Leguminosae	菜豆属 *Phaseolus*			栽培	贡山县	NE	就地保护	食用	食用
	四季豆 3	豆科 Leguminosae	菜豆属 *Phaseolus*			栽培	贡山县	NE	就地保护	食用	食用
	四季豆 4	豆科 Leguminosae	菜豆属 *Phaseolus*			栽培	贡山县	NE	就地保护	食用	食用

（续表）

作物种类（作物名称）	种质名称	物种名				属性	原产地	物种濒危等级	保护保存现状	主要经济用途	价值
		科	属	种	亚种						
豆类	四季豆 5	豆科 Leguminosae	菜豆属 *Phaseolus*			栽培	贡山县	NE	就地保护	食用	食用
	四季豆 6	豆科 Leguminosae	菜豆属 *Phaseolus*			栽培	贡山县	NE	就地保护	食用	食用
	四季豆 7	豆科 Leguminosae	菜豆属 *Phaseolus*			栽培	贡山县	NE	就地保护	食用	食用
	四季豆 8	豆科 Leguminosae	菜豆属 *Phaseolus*			栽培	贡山县	NE	就地保护	食用	食用
	四季豆 9	豆科 Leguminosae	菜豆属 *Phaseolus*			栽培	贡山县	NE	就地保护	食用	食用
	四季豆 10	豆科 Leguminosae	菜豆属 *Phaseolus*			栽培	贡山县	NE	就地保护	食用	食用
	四季豆 11	豆科 Leguminosae	菜豆属 *Phaseolus*			栽培	贡山县	NE	就地保护	食用	食用
	四季豆 12	豆科 Leguminosae	菜豆属 *Phaseolus*			栽培	贡山县	NE	就地保护	食用	食用
	四季豆 13	豆科 Leguminosae	菜豆属 *Phaseolus*			栽培	贡山县	NE	就地保护	食用	食用
	四季豆	豆科 Leguminosae	菜豆属 *Phaseolus*			栽培	景洪市	NE	就地保护	食用、蔬菜	食用、蔬菜
	四棱豆	豆科 Leguminosae	四棱豆属 *Psophocarpus*			栽培	德宏州	NE	就地保护	食用	食用
	四棱豆	豆科 Leguminosae					耿马县	NE	就地保护	食用	食用
	四月豆	豆科 Leguminosae	菜豆属 *Phaseolus*			栽培	墨江县	NE	就地保护	副食、饲料	副食、饲料
	汤豆	豆科 Leguminosae				栽培	元阳县	NE	就地保护	食用	食用
	托饼	豆科 Leguminosae				栽培	德宏州	NE	就地保护	食用	食用
	托得	豆科 Leguminosae				栽培	德宏州	NE	就地保护	食用	食用

（续表）

作物种类（作物名称）	种质名称	物种名				属性	原产地	物种濒危等级	保护保存现状	主要经济用途	价值
		科	属	种	亚种						
豆类	托连	豆科 Leguminosae				栽培	德宏州	NE	就地保护	食用	食用
	拖拉亥	豆科 Leguminosae				栽培	德宏州	NE	就地保护	食用	食用
	外托肩	豆科 Leguminosae				栽培	德宏州	NE	就地保护	食用	食用
	豌豆	豆科 Leguminosae	豌豆属 *Pisum*			栽培	孟连县	NE	就地保护	食用	食用
	豌豆 1	豆科 Leguminosae	豌豆属 *Pisum*			栽培	贡山县	NE	就地保护	食用	食用
	豌豆 2	豆科 Leguminosae	豌豆属 *Pisum*			栽培	贡山县	NE	就地保护	食用	食用
	豌豆	豆科 Leguminosae	豌豆属 *Pisum*			栽培	澜沧县	NE	就地保护	食用	食用
	豌豆 1	豆科 Leguminosae	豌豆属 *Pisum*			栽培	元阳县	NE	就地保护	食用	食用
	豌豆 2	豆科 Leguminosae	豌豆属 *Pisum*			栽培	元阳县	NE	就地保护	食用	食用
	碗豆	豆科 Leguminosae	豌豆属 *Pisum*			栽培	澜沧县	NE	就地保护	食用	食用
	碗豆 1	豆科 Leguminosae	豌豆属 *Pisum*			栽培	墨江县	NE	就地保护	副食、饲料	副食、饲料
	碗豆 2	豆科 Leguminosae	豌豆属 *Pisum*			栽培	墨江县	NE	就地保护	副食、饲料	副食、饲料
	细埂豆	豆科 Leguminosae				栽培	元阳县	NE	就地保护	食用	食用
	细绿豆	豆科 Leguminosae	豇豆属 *Vigna*			栽培	元阳县	NE	就地保护	食用	食用
	小白豆	豆科 Leguminosae					德钦县	NE	就地保护	食用	食用
	小饭豆 1	豆科 Leguminosae	豇豆属 *Vigna*			栽培	沧源县	NE	就地保护	食用	食用
	小饭豆 2	豆科 Leguminosae	豇豆属 *Vigna*			栽培	沧源县	NE	就地保护	食用	食用

（续表）

作物种类（作物名称）	种质名称	物种名				属性	原产地	物种濒危等级	保护保存现状	主要经济用途	价值
		科	属	种	亚种						
豆类	小饭豆	豆科 Leguminosae	豇豆属 *Vigna*			栽培	耿马县	NE	就地保护	食用	食用
	小饭豆	豆科 Leguminosae	豇豆属 *Vigna*			栽培	景洪市	NE	就地保护	食用	食用
	小饭豆 1	豆科 Leguminosae	豇豆属 *Vigna*			栽培	澜沧县	NE	就地保护	食用	食用
	小饭豆 2	豆科 Leguminosae	豇豆属 *Vigna*			栽培	澜沧县	NE	就地保护	食用	食用
	小黄豆	豆科 Leguminosae	大豆属 *Glycine*			栽培	德宏州	NE	就地保护	食用	食用
	小黄豆	豆科 Leguminosae	大豆属 *Glycine*			栽培	墨江县	NE	就地保护	副食、饲料	副食、饲料
	小粒黄豆	豆科 Leguminosae	大豆属 *Glycine*			栽培	景洪市	NE	就地保护	食用	食用
	小米豆 1	豆科 Leguminosae					澜沧县	NE	就地保护	食用	食用
	小米豆 2	豆科 Leguminosae				栽培	墨江县	NE	就地保护	副食、饲料	副食、饲料
	小米豆	豆科 Leguminosae						NE	就地保护	食用	食用
	小玉豆	豆科 Leguminosae				栽培	墨江县	NE	就地保护	副食、饲料	副食、饲料
	羊角豆（紫）	豆科 Leguminosae				栽培	德宏州	NE	就地保护	食用	食用
	洋东豆	豆科 Leguminosae				栽培	元阳县	NE	就地保护	食用	食用
	腰京豆	豆科 Leguminosae				栽培	元阳县	NE	就地保护	食用	食用
	翼豆	豆科 Leguminosae	大翼豆属			栽培	元阳县	NE	就地保护	食用	食用
	硬壳黑豆	豆科 Leguminosae	山黑豆属 *Dumasia*			栽培	元阳县	NE	就地保护	食用	食用

（续表）

作物种类（作物名称）	种质名称	物种名				属性	原产地	物种濒危等级	保护保存现状	主要经济用途	价值
		科	属	种	亚种						
豆类	硬壳京豆	豆科 Leguminosae				栽培	元阳县	NE	就地保护	食用、药用	食用、药用
	硬亮京豆	豆科 Leguminosae				栽培	元阳县	NE	就地保护	食用	食用
	杂交豆	豆科 Leguminosae				栽培	墨江县	NE	就地保护	食、饲、油	食、饲、油
	长豇豆	豆科 Leguminosae	豇豆属 *Vigna*			栽培	德宏州	NE	就地保护	食用	食用
	紫豆	豆科 Leguminosae				栽培	元阳县	NE	就地保护	食用	食用
	紫豇豆	豆科 Leguminosae	豇豆属 *Vigna*			栽培	耿马县	NE	就地保护	食用	食用
花生	白花生	豆科 Leguminosae	落花生属 *Arachis*			栽培	景洪市	NE	就地保护	食用、油料	食用、油料
	白皮花生	豆科 Leguminosae	落花生属 *Arachis*			栽培	景洪市	NE	就地保护	食用、油料	食用、油料
	本地花生	豆科 Leguminosae	落花生属 *Arachis*			栽培	景洪市	NE	就地保护	食用、油料	食用、油料
	红花生	豆科 Leguminosae	落花生属 *Arachis*			栽培	景洪市	NE	就地保护	食用、油料	食用、油料
	红花生	豆科 Leguminosae	花生属 *Arachis*			栽培	元阳县	NE	就地保护	食用、油料	食用、油料
	红皮花生	豆科 Leguminosae	落花生属 *Arachis*			栽培	景洪市	NE	就地保护	食用、油料	食用、油料

（续表）

作物种类（作物名称）	种质名称	物种名				属性	原产地	物种濒危等级	保护保存现状	主要经济用途	价值
		科	属	种	亚种						
花生	花生 1	豆科 Leguminosae	落花生属 *Arachis*			栽培	耿马县	NE	就地保护	副食、油料	副食、油料
	花生 2	豆科 Leguminosae	落花生属 *Arachis*			栽培	耿马县	NE	就地保护	副食、油料	副食、油料
	花生 1	豆科 Leguminosae	落花生属 *Arachis*			栽培	贡山县	NE	就地保护	副食、油料	副食、油料
	花生 2	豆科 Leguminosae	落花生属 *Arachis*			栽培	贡山县	NE	就地保护	副食、油料	副食、油料
	花生 3	豆科 Leguminosae	落花生属 *Arachis*			栽培	贡山县	NE	就地保护	副食、油料	副食、油料
	花生	豆科 Leguminosae	落花生属 *Arachis*			栽培	景洪市	NE	就地保护	食用、油料	食用、油料
	花生 1	豆科 Leguminosae	落花生属 *Arachis*			栽培	澜沧县	NE	就地保护	副食、油料	副食、油料
	花生 2	豆科 Leguminosae	落花生属 *Arachis*			栽培	澜沧县	NE	就地保护	副食、油料	副食、油料
	花生	豆科 Leguminosae	花生属 *Arachis*			栽培	元阳县	NE	就地保护	食用、油料	食用、油料
	小红花生	豆科 Leguminosae	落花生属 *Arachis*			栽培	景洪市	NE	就地保护	食用、油料	食用、油料
向日葵	向日葵	菊科 Compostiae	向日葵属 *Helianthus*			栽培	耿马县	NE	就地保护	副食、油料	副食、油料

（续表）

作物种类（作物名称）	种质名称	物种名				属性	原产地	物种濒危等级	保护保存现状	主要经济用途	价值
		科	属	种	亚种						
向日葵	向日葵 1	菊科 Compostiae	向日葵属 *Helianthus*			栽培	贡山县	NE	就地保护	副食、油料	副食、油料
	向日葵 2	菊科 Compostiae	向日葵属 *Helianthus*			栽培	贡山县	NE	就地保护	副食、油料	副食、油料
	向日葵 3	菊科 Compostiae	向日葵属 *Helianthus*			栽培	贡山县	NE	就地保护	副食、油料	副食、油料
	向日葵 4	菊科 Compostiae	向日葵属 *Helianthus*			栽培	贡山县	NE	就地保护	副食、油料	副食、油料
	向日葵 5	菊科 Compostiae	向日葵属 *Helianthus*			栽培	贡山县	NE	就地保护	副食、油料	副食、油料
	向日葵 6	菊科 Compostiae	向日葵属 *Helianthus*			栽培	贡山县	NE	就地保护	副食、油料	副食、油料
	向日葵 7	菊科 Compostiae	向日葵属 *Helianthus*			栽培	贡山县	NE	就地保护	副食、油料	副食、油料
	向日葵 8	菊科 Compostiae	向日葵属 *Helianthus*			栽培	贡山县	NE	就地保护	副食、油料	副食、油料
	向日葵 9	菊科 Compostiae	向日葵属 *Helianthus*			栽培	贡山县	NE	就地保护	副食、油料	副食、油料
	向日葵 10	菊科 Compostiae	向日葵属 *Helianthus*			栽培	贡山县	NE	就地保护	副食、油料	副食、油料
	向日葵 11	菊科 Compostiae	向日葵属 *Helianthus*			栽培	贡山县	NE	就地保护	副食、油料	副食、油料

（续表）

作物种类（作物名称）	种质名称	物种名				属性	原产地	物种濒危等级	保护保存现状	主要经济用途	价值
		科	属	种	亚种						
向日葵	向日葵 12	菊科 Compostiae	向日葵属 *Helianthus*			栽培	贡山县	NE	就地保护	副食、油料	副食、油料
	向日葵	菊科 Compostiae	向日葵属 *Helianthus*			栽培	墨江县	NE	就地保护	副食、油料	副食、油料
	向日葵	菊科 Compostiae	向日葵属 *Helianthus*			栽培	维西县	NE	就地保护	副食、油料	副食、油料
果树	芭蕉						耿马县				
	菠萝蜜						耿马县				
	番木瓜						耿马县				
	番石榴						耿马县				
	橄榄						耿马县				
	黄果						耿马县				
	李子						耿马县				
	柠檬						耿马县				
	酸木瓜 1						耿马县				
	酸木瓜 2						耿马县				
	酸木瓜 3						耿马县				
	甜木瓜						耿马县				
	西番莲						耿马县				

（续表）

作物种类（作物名称）	种质名称	物种名				属性	原产地	物种濒危等级	保护保存现状	主要经济用途	价值
		科	属	种	亚种						
果树	香茵						沧源县				
	香樱 1						耿马县				
	香樱 2						耿马县				
	杨桃						耿马县				
	柚子						耿马县				
蔬菜	白菜	十字花科 Cruciferae	云薹属 *Brassica*			栽培	孟连县	NE	就地保护	蔬菜	蔬菜
	白萝卜	十字花科 Cruciferae	萝卜属 *Raphanus*			栽培	德宏州	NE	就地保护	蔬菜	蔬菜
	白山药						贡山县	NE	就地保护	蔬菜	蔬菜
	白山药 1						贡山县	NE	就地保护	蔬菜	蔬菜
	白山药 2						贡山县	NE	就地保护	蔬菜	蔬菜
	白山药 3						贡山县	NE	就地保护	蔬菜	蔬菜
	本地南瓜	葫芦科 Cucurbitaceae	南瓜属 *Cucurbita*			栽培	贡山县	NE	就地保护	蔬菜	蔬菜
	本地丝瓜	葫芦科 Cucurbitaceae	丝瓜属 *Luffa*			栽培	景洪市	NE	就地保护	蔬菜	蔬菜
	本地香芫荽	伞形科 Umbelliferae	芫荽属 *Coriandrum*			栽培	景洪市	NE	就地保护	蔬菜	蔬菜
	本地小白菜	十字花科 Cruciferae	云薹属 *Brassica*			栽培	景洪市	NE	就地保护	蔬菜	蔬菜
	本地小东瓜	葫芦科 Cucurbitaceae	冬瓜属 *Benincase*			栽培	景洪市	NE	就地保护	蔬菜	蔬菜
	本地小米辣	茄科 Solanaceae	辣椒属 *Capsicum*			栽培	澜沧县	NE	就地保护	蔬菜	蔬菜
	本地小青菜	十字花科 Cruciferae	云薹属 *Brassica*			栽培	景洪市	NE	就地保护	蔬菜	蔬菜

（续表）

作物种类（作物名称）	种质名称	物种名				属性	原产地	物种濒危等级	保护保存现状	主要经济用途	价值
		科	属	种	亚种						
蔬菜	本地芋头						贡山县	NE	就地保护	蔬菜	蔬菜
	朝天辣	茄科 Solanaceae	辣椒属 *Capsicum*			栽培	景洪市	NE	就地保护	蔬菜	蔬菜
	脆茄	茄科 Solanaceae	茄属 *Solanum*			栽培	景洪市	NE	就地保护	蔬菜	蔬菜
	大黄瓜	葫芦科 Cucurbitaceae	香瓜属 *Ccucumis*			栽培	德宏州	NE	就地保护	蔬菜	蔬菜
	大米辣	茄科 Solanaceae	辣椒属 *Capsicum*			栽培	沧源县	NE	就地保护	蔬菜	蔬菜
	大树番茄	茄科 Solanaceae	番茄属 *Lycopersicon*			栽培	沧源县	NE	就地保护	蔬菜	蔬菜
	大树番茄 1	茄科 Solanaceae	番茄属 *Lycopersicon*			栽培	耿马县	NE	就地保护	蔬菜	蔬菜
	大树番茄 2	茄科 Solanaceae	番茄属 *Lycopersicon*			栽培	耿马县	NE	就地保护	蔬菜	蔬菜
	大丝瓜	葫芦科 Cucurbitaceae	丝瓜属 *Luffa*			栽培	德宏州	NE	就地保护	蔬菜	蔬菜
	大芋头 1						贡山县	NE	就地保护	蔬菜	蔬菜
	大芋头 2						贡山县	NE	就地保护	蔬菜	蔬菜
	大芋头 3						贡山县	NE	就地保护	蔬菜	蔬菜
	大芋头 4						贡山县	NE	就地保护	蔬菜	蔬菜
	大芫荽	伞形科 Umbelliferae	芫荽属 *Coriandrum*			栽培	景洪市	NE	就地保护	蔬菜	蔬菜
	灯笼辣	茄科 Solanaceae	辣椒属 *Capsicum*			栽培	德宏州	NE	就地保护	蔬菜	蔬菜
	东瓜 1	葫芦科 Cucurbitaceae	冬瓜属 *Benincase*			栽培	沧源县	NE	就地保护	蔬菜	蔬菜
	东瓜 2	葫芦科 Cucurbitaceae	冬瓜属 *Benincase*			栽培	沧源县	NE	就地保护	蔬菜	蔬菜
	东瓜	葫芦科 Cucurbitaceae	香瓜属 *Ccucumis*			栽培	元阳县	NE	就地保护	食用、饲料	食用、饲料

（续表）

作物种类（作物名称）	种质名称	物种名				属性	原产地	物种濒危等级	保护保存现状	主要经济用途	价值
		科	属	种	亚种						
蔬菜	冬瓜	葫芦科 Cucurbitaceae	冬瓜属 *Benincase*			栽培	孟连县	NE	就地保护	蔬菜	蔬菜
	冬瓜 1	葫芦科 Cucurbitaceae	冬瓜属 *Benincase*			栽培	耿马县	NE	就地保护	蔬菜	蔬菜
	冬瓜 2	葫芦科 Cucurbitaceae	冬瓜属 *Benincase*			栽培	耿马县	NE	就地保护	蔬菜	蔬菜
	冬瓜	葫芦科 Cucurbitaceae	冬瓜属 *Benincase*			栽培	景洪市	NE	就地保护	蔬菜	蔬菜
	番茄	茄科 Solanaceae	番茄属 *Lycopersicon*			栽培	耿马县	NE	就地保护	蔬菜	蔬菜
	喊饭					半训化	德宏州	NE	就地保护	蔬菜	蔬菜
	黑籽南瓜	葫芦科 Cucurbitaceae	南瓜属 *Cucurbita*			栽培	德宏州	NE	就地保护	蔬菜	蔬菜
	红萝卜 1						贡山县	NE	就地保护	蔬菜	蔬菜
	红萝卜 2						贡山县	NE	就地保护	蔬菜	蔬菜
	红叶莴笋	菊科 Compositae	莴苣属 *Lactuca*			栽培	德宏州	NE	就地保护	蔬菜	蔬菜
	葫芦	葫芦科 Cucurbitaceae	葫芦属 *Lagenaria*			栽培	耿马县	NE	就地保护	蔬菜	蔬菜
	葫芦	葫芦科 Cucurbitaceae	葫芦属 *Magenaria*			栽培	景洪市	NE	就地保护	蔬菜	蔬菜
	葫芦	葫芦科 Cucurbitaceae	葫芦属 *Lagenaria*			栽培	元阳县	NE	就地保护	蔬菜	蔬菜
	花斑丝瓜	葫芦科 Cucurbitaceae	丝瓜属 *Luffa*			栽培	沧源县	NE	就地保护	蔬菜	蔬菜
	黄瓜	葫芦科 Cucurbitaceae	香瓜属 *Ccucumis*			栽培	孟连县	NE	就地保护	蔬菜	蔬菜
	黄瓜	葫芦科 Cucurbitaceae	香瓜属 *Ccucumis*			栽培	沧源县	NE	就地保护	蔬菜	蔬菜
	黄瓜 1	葫芦科 Cucurbitaceae	香瓜属 *Ccucumis*			栽培	耿马县	NE	就地保护	蔬菜	蔬菜
	黄瓜 2	葫芦科 Cucurbitaceae	香瓜属 *Ccucumis*			栽培	耿马县	NE	就地保护	蔬菜	蔬菜

（续表）

作物种类（作物名称）	种质名称	物种名				属性	原产地	物种濒危等级	保护保存现状	主要经济用途	价值
		科	属	种	亚种						
蔬菜	黄瓜 3	葫芦科 Cucurbitaceae	香瓜属 *Ccucumis*			栽培	耿马县	NE	就地保护	蔬菜	蔬菜
	黄瓜 1	葫芦科 Cucurbitaceae	香瓜属 *Ccucumis*			栽培	贡山县	NE	就地保护	蔬菜	蔬菜
	黄瓜 2	葫芦科 Cucurbitaceae	香瓜属 *Ccucumis*			栽培	贡山县	NE	就地保护	蔬菜	蔬菜
	黄瓜 1	葫芦科 Cucurbitaceae	香瓜属 *Ccucumis*			栽培	景洪市	NE	就地保护	蔬菜	蔬菜
	黄瓜 2	葫芦科 Cucurbitaceae	香瓜属 *Ccucumis*			栽培	景洪市	NE	就地保护	蔬菜	蔬菜
	黄瓜	葫芦科 Cucurbitaceae	香瓜属 *Ccucumis*			栽培	澜沧县	NE	就地保护	蔬菜	蔬菜
	茴香	伞形科 Umbelliferae	茴香属 *Foeniculum*			栽培	德宏州	NE	就地保护	蔬菜	蔬菜
	茴香	伞形科 Umbelliferae	茴香属 *Foeniculum*			栽培	景洪市	NE	就地保护	蔬菜	蔬菜
	姜						孟连县	NE	就地保护	蔬菜	蔬菜
	绞丝瓜 1	葫芦科 Cucurbitaceae	丝瓜属 *Luffa*			栽培	耿马县	NE	就地保护	蔬菜	蔬菜
	绞丝瓜 2	葫芦科 Cucurbitaceae	丝瓜属 *Luffa*			栽培	耿马县	NE	就地保护	蔬菜	蔬菜
	苦葫芦	葫芦科 Cucurbitaceae	葫芦属 *Lagenaria*			栽培	耿马县	NE	就地保护	蔬菜	蔬菜
	苦茄	茄科 Solanaceae	茄属 *Solanum*			栽培	景洪市	NE	就地保护	蔬菜	蔬菜
	苦藤菜					栽培	景洪市	NE	就地保护	蔬菜	蔬菜
	苦子果	茄科 Solanaceae					景洪市	NE	就地保护	蔬菜	蔬菜
	苦子果						孟连县	NE	就地保护	蔬菜	蔬菜
	辣椒	茄科 Solanaceae	辣椒属 *Capsicum*			栽培	孟连县	NE	就地保护	蔬菜	蔬菜
	辣椒 1	茄科 Solanaceae	辣椒属 *Capsicum*			栽培	贡山县	NE	就地保护	蔬菜	蔬菜

（续表）

作物种类（作物名称）	种质名称	物种名				属性	原产地	物种濒危等级	保护保存现状	主要经济用途	价值
		科	属	种	亚种						
蔬菜	辣椒 2	茄科 Solanaceae	辣椒属 *Capsicum*			栽培	贡山县	NE	就地保护	蔬菜	蔬菜
	辣椒 3	茄科 Solanaceae	辣椒属 *Capsicum*			栽培	贡山县	NE	就地保护	蔬菜	蔬菜
	辣椒 4	茄科 Solanaceae	辣椒属 *Capsicum*			栽培	贡山县	NE	就地保护	蔬菜	蔬菜
	辣椒 5	茄科 Solanaceae	辣椒属 *Capsicum*			栽培	贡山县	NE	就地保护	蔬菜	蔬菜
	辣椒 6	茄科 Solanaceae	辣椒属 *Capsicum*			栽培	贡山县	NE	就地保护	蔬菜	蔬菜
	老缅芫荽	伞形科 Umbelliferae	芫荽属 *Coriandrum*			栽培	德宏州	NE	就地保护	蔬菜	蔬菜
	萝卜						孟连县	NE	就地保护	蔬菜	蔬菜
	绿皮茄子	茄科 Solanaceae	茄属 *Solanum*			栽培	景洪市	NE	就地保护	蔬菜	蔬菜
	米辣 1	茄科 Solanaceae	辣椒属 *Capsicum*			栽培	景洪市	NE	就地保护	蔬菜	蔬菜
	米辣 2	茄科 Solanaceae	辣椒属 *Capsicum*			栽培	景洪市	NE	就地保护	蔬菜	蔬菜
	缅甸芋头 1						贡山县	NE	就地保护	蔬菜	蔬菜
	缅甸芋头 2						贡山县	NE	就地保护	蔬菜	蔬菜
	缅甸芋头 3						贡山县	NE	就地保护	蔬菜	蔬菜
	缅甸芋头 4						贡山县	NE	就地保护	蔬菜	蔬菜
	缅甸芋头 5						贡山县	NE	就地保护	蔬菜	蔬菜
	缅甸芋头 6						贡山县	NE	就地保护	蔬菜	蔬菜
	缅引青菜	十字花科 Cruciferae	云薹属 *Brassica*			栽培	德宏州	NE	就地保护	蔬菜	蔬菜
	磨盘南瓜	葫芦科 Cucurbitaceae	南瓜属 *Cucurbita*			栽培	德宏州	NE	就地保护	蔬菜	蔬菜

（续表）

作物种类（作物名称）	种质名称	物种名				属性	原产地	物种濒危等级	保护保存现状	主要经济用途	价值
		科	属	种	亚种						
蔬菜	南瓜	葫芦科 Cucurbitaceae	南瓜属 *Cucurbita*			栽培	孟连县	NE	就地保护	蔬菜	蔬菜
	南瓜 1	葫芦科 Cucurbitaceae	南瓜属 *Cucurbita*			栽培	耿马县	NE	就地保护	蔬菜	蔬菜
	南瓜 2	葫芦科 Cucurbitaceae	南瓜属 *Cucurbita*			栽培	耿马县	NE	就地保护	蔬菜	蔬菜
	南瓜 1	葫芦科 Cucurbitaceae	南瓜属 *Cucurbita*			栽培	贡山县	NE	就地保护	蔬菜	蔬菜
	南瓜 2	葫芦科 Cucurbitaceae	南瓜属 *Cucurbita*			栽培	贡山县	NE	就地保护	蔬菜	蔬菜
	南瓜	葫芦科 Cucurbitaceae	南瓜属 *Cucurbita*			栽培	景洪市	NE	就地保护	蔬菜	蔬菜
	南瓜	葫芦科 Cucurbitaceae	南瓜属 *Cucurbita*	*moschata*		栽培	元阳县	NE	就地保护	蔬菜	蔬菜
	糯茄	茄科 Solanaceae	茄属 *Solanum*			栽培	景洪市	NE	就地保护	蔬菜	蔬菜
	帕感干					半训化	德宏州	NE	就地保护	蔬菜	蔬菜
	帕感闷					半训化	德宏州	NE	就地保护	蔬菜	蔬菜
	皮厚辣	茄科 Solanaceae	番茄属 *Lycopersicon*			栽培	沧源县	NE	就地保护	蔬菜	蔬菜
	茄子	茄科 Solanaceae	茄属 *Solanum*			栽培	孟连县	NE	就地保护	蔬菜	蔬菜
	茄子 1	茄科 Solanaceae	茄属 *Solanum*			栽培	耿马县	NE	就地保护	蔬菜	蔬菜
	茄子 2	茄科 Solanaceae	茄属 *Solanum*			栽培	耿马县	NE	就地保护	蔬菜	蔬菜
	茄子 3	茄科 Solanaceae	茄属 *Solanum*			栽培	耿马县	NE	就地保护	蔬菜	蔬菜
	青菜	十字花科 Cruciferae	云薹属 *Brassica*			栽培	孟连县	NE	就地保护	蔬菜	蔬菜
	青菜 1	十字花科 Cruciferae	云薹属 *Brassica*			栽培	贡山县	NE	就地保护	蔬菜	蔬菜
	青菜 2	十字花科 Cruciferae	云薹属 *Brassica*			栽培	贡山县	NE	就地保护	蔬菜	蔬菜

（续表）

作物种类（作物名称）	种质名称	物种名				属性	原产地	物种濒危等级	保护保存现状	主要经济用途	价值
		科	属	种	亚种						
蔬菜	青菜 3	十字花科 Cruciferae	云薹属 *Brassica*			栽培	贡山县	NE	就地保护	蔬菜	蔬菜
	青菜 4	十字花科 Cruciferae	云薹属 *Brassica*			栽培	贡山县	NE	就地保护	蔬菜	蔬菜
	青菜	十字花科 Cruciferae	云薹属 *Brassica*			栽培	澜沧县	NE	就地保护	蔬菜	蔬菜
	青菜（紫叶）	十字花科 Cruciferae	云薹属 *Brassica*			栽培	德宏州	NE	就地保护	蔬菜	蔬菜
	青皮冬瓜	葫芦科 Cucurbitaceae	香瓜属 *Ccucumis*			栽培	德宏州	NE	就地保护	蔬菜	蔬菜
	雀屎辣	茄科 Solanaceae	辣椒属 *Capsicum*			栽培	墨江县	NE	就地保护	蔬菜	蔬菜
	散白菜	十字花科 Cruciferae	云薹属 *Brassica*			栽培	德宏州	NE	就地保护	蔬菜	蔬菜
	山黄瓜	葫芦科 Cucurbitaceae	香瓜属 *Ccucumis*			栽培	景洪市	NE	就地保护	蔬菜	蔬菜
	山药						贡山县	NE	就地保护	蔬菜	蔬菜
	生姜				经济作物		贡山县				
	石扁瓜	葫芦科 Cucurbitaceae				栽培	元阳县	NE	就地保护	蔬菜	蔬菜
	树蕃茄	茄科 Solanaceae	番茄属 *Lycopersicon*			栽培	澜沧县	NE	就地保护	蔬菜	蔬菜
	涮涮辣	茄科 Solanaceae	辣椒属 *Capsicum*			栽培	德宏州	NE	就地保护	蔬菜	蔬菜
	丝瓜	葫芦科 Cucurbitaceae	丝瓜属 *Luffa*			栽培	德宏州	NE	就地保护	蔬菜	蔬菜
	丝瓜 1	葫芦科 Cucurbitaceae	丝瓜属 *Luffa*			栽培	耿马县	NE	就地保护	蔬菜	蔬菜
	丝瓜 2	葫芦科 Cucurbitaceae	丝瓜属 *Luffa*			栽培	耿马县	NE	就地保护	蔬菜	蔬菜
	丝瓜	葫芦科 Cucurbitaceae	丝瓜属 *Luffa*			栽培	景洪市	NE	就地保护	蔬菜	蔬菜

（续表）

作物种类（作物名称）	种质名称	物种名				属性	原产地	物种濒危等级	保护保存现状	主要经济用途	价值
		科	属	种	亚种						
蔬菜	丝瓜	葫芦科 Cucurbitaceae	丝瓜属 *Luffa*			栽培	元阳县	NE	就地保护	食用、饲料	食用、饲料
	酸尖叶					栽培	德宏州	NE	就地保护	蔬菜	蔬菜
	蒜辣	茄科 Solanaceae	辣椒属 *Capsicum*			栽培	澜沧县	NE	就地保护	蔬菜	蔬菜
	甜丝瓜	葫芦科 Cucurbitaceae	丝瓜属 *Luffa*			栽培	沧源县	NE	就地保护	蔬菜	蔬菜
	茼蒿	菊科 Compositae	茼蒿属 *Chrysanthemum*			栽培	德宏州	NE	就地保护	蔬菜	蔬菜
	土瓜	豆科 Leguminosae	豆薯属 *Pachyrhizus*			栽培	德宏州	NE	就地保护	蔬菜	蔬菜
	托混					半训化	德宏州	NE	就地保护	蔬菜	蔬菜
	托灭卵					半训化	德宏州	NE	就地保护	蔬菜	蔬菜
	托咬奶					半训化	德宏州	NE	就地保护	蔬菜	蔬菜
	娃娃瓜	葫芦科 Cucurbitaceae				栽培	元阳县	NE	就地保护	蔬菜	蔬菜
	晚青菜	十字花科 Cruciferae	云薹属 *Brassica*			栽培	德宏州	NE	就地保护	蔬菜	蔬菜
	五月瓜 1	葫芦科 Cucurbitaceae				栽培	元阳县	NE	就地保护	食用、饲料	食用、饲料
	五月瓜 2	葫芦科 Cucurbitaceae				栽培	元阳县	NE	就地保护	蔬菜	蔬菜
	西葫芦	葫芦科 Cucurbitaceae	南瓜属 *Cucurbita*			栽培	德宏州	NE	就地保护	蔬菜	蔬菜
	香廖	茄科 Solanaceae					澜沧县	NE	就地保护	蔬菜	蔬菜
	小白茄	茄科 Solanaceae	茄属 *Solanum*			栽培	景洪市	NE	就地保护	蔬菜	蔬菜

（续表）

作物种类（作物名称）	种质名称	物种名				属性	原产地	物种濒危等级	保护保存现状	主要经济用途	价值
		科	属	种	亚种						
蔬菜	小番茄	茄科 Solanaceae	番茄属 *Lycopersicon*			栽培	孟连县	NE	就地保护	蔬菜	蔬菜
	小黄瓜	葫芦科 Cucurbitaceae	香瓜属 *Ccucumis*			栽培	德宏州	NE	就地保护	蔬菜	蔬菜
	小苦瓜	葫芦科 Cucurbitaceae	苦瓜属 *Momordica*			栽培	德宏州	NE	就地保护	蔬菜	蔬菜
	小萝卜	十字花科 Cruciferae	萝卜属 *Raphanus*			栽培	德宏州	NE	就地保护	蔬菜	蔬菜
	小米辣	茄科 Solanaceae	辣椒属 *Capsicum*			栽培	沧源县	NE	就地保护	蔬菜	蔬菜
	小米辣 1	茄科 Solanaceae	辣椒属 *Capsicum*			栽培	耿马县	NE	就地保护	蔬菜	蔬菜
	小米辣 2	茄科 Solanaceae	辣椒属 *Capsicum*			栽培	耿马县	NE	就地保护	蔬菜	蔬菜
	小米辣 1	茄科 Solanaceae	辣椒属 *Capsicum*			栽培	景洪市	NE	就地保护	蔬菜	蔬菜
	小米辣 2	茄科 Solanaceae	辣椒属 *Capsicum*			栽培	景洪市	NE	就地保护	蔬菜	蔬菜
	小米辣	茄科 Solanaceae	辣椒属 *Capsicum*			栽培	澜沧县	NE	就地保护	蔬菜	蔬菜
	小米辣（绿）	茄科 Solanaceae	辣椒属 *Capsicum*			栽培	德宏州	NE	就地保护	蔬菜	蔬菜
	小米辣（紫黑）	茄科 Solanaceae	辣椒属 *Capsicum*			栽培	德宏州	NE	就地保护	蔬菜	蔬菜
	小芫荽	伞形科 Umbelliferae	芫荽属 *Coriandrum*			栽培	德宏州	NE	就地保护	蔬菜	蔬菜
	洋丝瓜	葫芦科 Cucurbitaceae	丝瓜属 *Luffa*			栽培	西盟县	NE	就地保护	蔬菜	蔬菜
	野辣椒	茄科 Solanaceae	辣椒属 *Capsicum*			栽培	耿马县	NE	就地保护	蔬菜	蔬菜
	芋头						贡山县	NE	就地保护	蔬菜	蔬菜

（续表）

作物种类（作物名称）	种质名称	物种名				属性	原产地	物种濒危等级	保护保存现状	主要经济用途	价值
		科	属	种	亚种						
蔬菜	芋头（根紫色）1						贡山县	NE	就地保护	蔬菜	蔬菜
	芋头（根紫色）2						贡山县	NE	就地保护	蔬菜	蔬菜
	芋头（根紫色）3						贡山县	NE	就地保护	蔬菜	蔬菜
	芫荽 1				香料		耿马县				
	芫荽 2				香料		耿马县				
	紫杆小芫荽	伞形科 Umbelliferae	芫荽属 *Coriandrum*			栽培	德宏州	NE	就地保护	蔬菜	蔬菜
	紫米辣	茄科 Solanaceae	辣椒属 *Capsicum*			栽培	耿马县	NE	就地保护	蔬菜	蔬菜
	紫茄	茄科 Solanaceae	茄属 *Solanum*			栽培	景洪市	NE	就地保护	蔬菜	蔬菜
	紫青菜	十字花科 Cruciferae	云薹属 *Brassica*			栽培	澜沧县	NE	就地保护	蔬菜	蔬菜
其他	阿佤芸荽						澜沧县	NE	就地保护	蔬菜	蔬菜
	阿佤芸荽						澜沧县	NE	就地保护	蔬菜	蔬菜
	白皮马铃薯						贡山县	NE	就地保护	蔬菜	蔬菜
	白籽粒苋						德钦县	NE	就地保护	蔬菜	蔬菜
	稗子	禾本科 Gramineae					沧源县	NE	就地保护	食用	食用
	稗子	禾本科 Gramineae					贡山县	NE	就地保护	食用	食用
	稗子 1	禾本科 Gramineae					维西县	NE	就地保护	食用	食用

（续表）

作物种类（作物名称）	种质名称	物种名				属性	原产地	物种濒危等级	保护保存现状	主要经济用途	价值
		科	属	种	亚种						
其他	稗子 2	禾本科 Gramineae					维西县	NE	就地保护	食用	食用
	稗子 3	禾本科 Gramineae					维西县	NE	就地保护	食用	食用
	板栗						耿马县	NE	就地保护	蔬菜	蔬菜
	本地烟 1				经济作物		贡山县				
	本地烟 2				经济作物		贡山县				
	本地芝麻				油料		澜沧县	NE	就地保护	蔬菜、油料	蔬菜、油料
	草烟				烟		孟连县				
	草果				香料		耿马县				
	草果 1				经济作物		贡山县				
	草果 2				经济作物		贡山县				
	草果 3				经济作物		贡山县				
	草果 4				经济作物		贡山县				
	草果 5				经济作物		贡山县				
	草果 6				经济作物		贡山县				
	大苦果						沧源县				
	大苦子						澜沧县	NE	就地保护	蔬菜	蔬菜

（续表）

作物种类（作物名称）	种质名称	物种名				属性	原产地	物种濒危等级	保护保存现状	主要经济用途	价值
		科	属	种	亚种						
其他	地干豆						澜沧县	NE	就地保护	蔬菜	蔬菜
	核桃						耿马县	NE	就地保护	蔬菜	蔬菜
	红苦果						沧源县				
	红皮马铃薯						贡山县	NE	就地保护	蔬菜	蔬菜
	红薯						贡山县	NE	就地保护	蔬菜	蔬菜
	红宿米	禾本科 Gramineae					沧源县	NE	就地保护	食用	食用
	红籽粒苋						德钦县	NE	就地保护	蔬菜	蔬菜
	胡椒				香料		耿马县				
	花椒 1						耿马县	NE	就地保护	蔬菜	蔬菜
	花椒 2						耿马县	NE	就地保护	蔬菜	蔬菜
	花椒						宣威市	NE	就地保护	蔬菜	蔬菜
	鸡爪菜						澜沧县	NE	就地保护	蔬菜	蔬菜
	六谷 1	禾本科 Gramineae					西盟县	NE	就地保护	食用	食用
	六谷 2	禾本科 Gramineae					西盟县	NE	就地保护	食用	食用
	芦谷	禾本科 Gramineae	薏苡属 *Coix*			栽培	元阳县	NE	就地保护	食 用、药用	食用、药用
	芦谷（薏米）	禾本科 Gramineae	薏苡属 *Coix*			半驯化	墨江县	NE	就地保护	药用	药用

（续表）

作物种类（作物名称）	种质名称	物种名				属性	原产地	物种濒危等级	保护保存现状	主要经济用途	价值
		科	属	种	亚种						
其他	麻子				经济作物		沧源县				
	马铃薯						贡山县	NE	就地保护	蔬菜	蔬菜
	魔芋 1						贡山县	NE	就地保护	蔬菜	蔬菜
	魔芋 2						贡山县	NE	就地保护	蔬菜	蔬菜
	魔芋 3						贡山县	NE	就地保护	蔬菜	蔬菜
	魔芋 4						贡山县	NE	就地保护	蔬菜	蔬菜
	魔芋 5						贡山县	NE	就地保护	蔬菜	蔬菜
	魔芋 6						贡山县	NE	就地保护	蔬菜	蔬菜
	魔芋 7						贡山县	NE	就地保护	蔬菜	蔬菜
	糯薏仁米	禾本科 Gramineae					沧源县	NE	就地保护	食用	食用
	撇菜根						孟连县	NE	就地保护	蔬菜	蔬菜
	水香菜						澜沧县				
	苏麻 1				经济作物		贡山县	NE	就地保护	蔬菜、油料	蔬菜、油料
	苏麻 2				经济作物		贡山县	NE	就地保护	蔬菜、油料	蔬菜、油料
	苏麻 3				经济作物		贡山县	NE	就地保护	蔬菜、油料	蔬菜、油料

（续表）

作物种类（作物名称）	种质名称	物种名				属性	原产地	物种濒危等级	保护保存现状	主要经济用途	价值
		科	属	种	亚种						
其他	苏麻 4				苏麻类		贡山县	NE	就地保护	蔬 菜、油料	蔬菜、油料
	苏子						沧源县				
	粟米 1	禾本科 Gramineae					耿马县	NE	就地保护	食用	食用
	粟米 2	禾本科 Gramineae					耿马县	NE	就地保护	食用	食用
	粟米 3	禾本科 Gramineae					耿马县	NE	就地保护	食用	食用
	粟米 4	禾本科 Gramineae					耿马县	NE	就地保护	食用	食用
	小狗豆						澜沧县	NE	就地保护	蔬菜	蔬菜
	小米	禾本科 Gramineae					澜沧县	NE	就地保护	食用	食用
	烟（本 地品种				经济作物		贡山县				
	野八角				香料		耿马县				
	野八角				香料		耿马县				
	薏苡 1	禾本科 Gramineae					澜沧县	NE	就地保护	食用	食用
	薏苡 2	禾本科 Gramineae					澜沧县	NE	就地保护	食用	食用
	油菜						澜沧县				
	鱼腥草 1						澜沧县	NE	就地保护	蔬菜	蔬菜
	渔腥草 2						澜沧县	NE	就地保护	蔬菜	蔬菜

（续表）

作物种类（作物名称）	种质名称	物种名				属性	原产地	物种濒危等级	保护保存现状	主要经济用途	价值
		科	属	种	亚种						
其他	粤油 32	豆科 Leguminosae	花生属 *Arachis*			栽培	元阳县	NE	就地保护	食用、油料	食用、油料
	粤油 33	豆科 Leguminosae	花生属 *Arachis*			栽培	元阳县	NE	就地保护	食用、油料	食用、油料
	芝麻	胡麻科 Pedliaceae	胡麻属 *Sesamum*			栽培	耿马县	NE	就地保护	蔬菜、油料	蔬菜、油料
	芝麻	胡麻科 Pedliaceae	胡麻属 *Sesamum*			栽培	澜沧县	NE	就地保护	蔬菜、油料	蔬菜、油料
	子粒苋						贡山县	*NE*	就地保护	蔬菜	蔬菜
	籽粒花						德钦县	NE	就地保护	蔬菜	蔬菜
	紫苏	唇形科 Labiatae	紫苏属 *Perilla*	*frutescens*		栽培	墨江县	NE	就地保护	药用	药用
	黑苏子	苋科 Amaranthaceae	苋属 *Amaranthus*			栽培	景洪市	NE	就地保护	蔬菜	蔬菜
	金芥	唇形科 Labiatae				栽培	景洪市	NE	就地保护	蔬菜	蔬菜
	苦果					栽培	景洪市	NE	就地保护	蔬菜	蔬菜
	帕嘎兰					半训化	景洪市	NE	就地保护	蔬菜	蔬菜
	香瘳					栽培	景洪市	NE	就地保护	蔬菜	蔬菜
	野花椒 1	芸香科 Rutaceae	花椒属 *Zanthoxylum*			野生	景洪市	NE	就地保护	蔬菜	蔬菜
	野花椒 2	芸香科 Rutaceae	花椒属 *Zanthoxylum*			野生	景洪市	NE	就地保护	蔬菜	蔬菜